**中国环境百科全书**

—— 选编本 ——

# 清洁生产

《清洁生产》编写委员会　编著

主编　周长波　于秀玲

中国环境出版集团·北京

**图书在版编目（CIP）数据**

清洁生产 /《清洁生产》编写委员会编著. —北京：中国环境出版集团，2023.9

（《中国环境百科全书》选编本）

ISBN 978-7-5111-5610-5

Ⅰ.①清…　Ⅱ.①清…　Ⅲ.①无污染工艺　Ⅳ.①X383

中国国家版本馆 CIP 数据核字（2023）第 173661 号

---

**出版发行**　中国环境出版集团

（100062　北京市东城区广渠门内大街 16 号）

网　　址：http://www.cesp.com.cn

电子邮箱：bjgl@cesp.com.cn

联系电话：010-67112765（编辑管理部）

发行热线：010-67125803，010-67113405（传真）

**印　　刷**　北京盛通印刷股份有限公司

**经　　销**　各地新华书店

**版　　次**　2023 年 9 月第 1 版

**印　　次**　2023 年 9 月第 1 次印刷

**开　　本**　787×1092　1/16

**印　　张**　12.25

**字　　数**　320 千字

**定　　价**　128.00 元

---

# 编写委员会

主　　编　周长波　于秀玲

编　　委　白艳英　尹　洁　王　璠　庆怀韬　方　刚

# 出版说明

《中国环境百科全书》（以下简称《全书》）是一部大型的专业百科全书，选收条目8 000余条，总字数达1 000多万字，对环境保护的理论知识及相关技术进行了全面、系统的介绍和阐述，可供环境科学研究、教育、管理人员参考和使用，也可供具有高中以上文化程度的广大读者查阅和学习。

《全书》是在生态环境部的领导下，组织近1 000名环境科学、环境工程及相关领域的专家学者共同编写的。在《全书》按条目的汉语拼音字母顺序混编分卷出版以前，我们先按分支和知识门类整理成选编本，不分顺序，先编完的先出，以求早日提供给广大读者使用。

《全书》是一项重大环境文化和科学技术基础平台建设工程。其内容横跨自然科学、技术与工程科学、社会科学等众多领域，编纂工作难度是可想而知的，加上我们编辑水平有限，一定会有许多不足之处。此外，各选编本是陆续编辑出版的，有关条目的调整、内容和体例的统一、参见和检索系统的建立，以及《全书》的编写组织和审校等，还有大量工作须在混编成卷时进行，我们诚恳地期望广大读者提出批评和改进意见。

中国环境出版集团

2018年10月

# 前　言

当前，我国进入社会主义现代化强国建设的新阶段，新阶段发展的主题是高质量发展，实现高质量发展的原则是贯彻创新、协调、绿色、开放、共享的新发展理念，绿色必然是高质量发展的基本特征和衡量标准。在继续对资源能源节约与效率提升、生态保护、环境质量改善等方面提出更高要求的同时，中国的“十四五”规划和 2035 年远景目标纲要将碳达峰、碳中和的承诺纳入生态文明建设总体布局，并首次将绿色发展内容独立成篇，首次对推动绿色生产消费提出目标要求，把实现减污降碳协同增效作为促进经济社会全面绿色转型的总抓手。

清洁生产是统筹落实节约资源、保护环境基本国策的重要举措，是依法推动生产方式绿色化、推进经济高质量发展、促进经济社会发展全面绿色转型的有效途径，是协同推进提升能源资源利用效率、减少污染物产生、降低碳排放的重要手段。《中国环境百科全书》清洁生产卷针对当前社会经济发展全面绿色转型和生态文明建设的迫切需求，为改变“高污染、高能耗、高浪费”的生产和消费模式，紧紧围绕生产和服务的源头、过程和末端的各个环节，提供切实可行的实施路径和成功案例。

《清洁生产》是一部专门介绍清洁生产理念及不同行业清洁生产实践的工具书，主要阐述各个行业在节能、降耗、减污、增效、低碳、提质等方面的源头削减和过程减排思路与做法。该卷主要收录两类词条：一类是清洁生产、清洁生产审核等基本概念类词条，另一类是采矿业、制造业、建筑业、维修业、农林牧业、电力供应业、交通运输业、商业零售业、住宿餐饮业、环境和公共设施管理业，以及卫生业等行业清洁生产应用类词条。概念类清洁生产词条主要由定义、沿革和发展状况等内容组成，行业类清洁生产词条主要由定义、沿革、清洁生产技术、工艺和措施等内容组成。

本卷的编写得到了各行业、各领域编者的大力支持和鼎力相助。他们都是各行业和领域的专家学者，不仅对清洁生产有着深刻的理解和独特的见解，同时对清洁生产有着深厚的感情和执着的热情。正是他们所拥有的无比的耐心和所付出的无私的奉献，才得以让此卷在历经十余年的修改补充后，最终编制成稿，直至印刷成书。

本卷可服务于高等院校本科生和研究生的教学，也可作为组织开展清洁生产活动的参考，还可为政府机构决策者、经济管理部门和生态环境部门的管理人员、行业协会从业人员提供借鉴。

由于本卷编者学识有限和实践不足，条目中定有不妥乃至错误之处，望广大读者和专家批评指正。

周长波

2023 年 9 月

# 凡　例

1．本选编本共收条目 90 条。

2．本选编本条目按条目标题的汉语拼音字母顺序排列。首字同音时，按阴平、阳平、上声、去声的声调顺序排列；同音同调字按笔画由少到多排列。笔画数相同时，按首字的起笔笔形一（横）、丨（竖）、丿（撇）、丶（点）、乛（折，包括㇇乚𡿨等）的顺序排列。首字相同时，按第二字的音、调、笔画、起笔笔形的顺序排列，余类推。

3．本选编本附有条目分类索引，以便读者了解本学科的全貌和按知识结构查阅有关条目。

4．条目标题上方加注汉语拼音，所有条目标题均附有外文名。

5．条目释文开始一般不重复条目标题，释文力求规范、简明。

6．较长条目的释文，设置层次标题，并用不同的字体表示不同的层次标题。

7．一个条目的内容涉及其他条目并需由其他条目的释文补充的，采用“参见”的方式。所参见的条目标题用楷体字排印。

8．在重要的条目释文后附有推荐书目，供读者选读。

9．本选编本附有全部条目的汉字笔画索引、外文索引。

10．本选编本中的科学技术名词，以全国科学技术名词审定委员会公布的为准，未经审定和尚未统一的，从习惯。

# 目　录

# 条目音序目录

# A

anlun gongye qingjie shengchan

**氨纶工业清洁生产** (cleaner production in spandex industry) 在氨纶生产过程中采用高效先进的节能、减排、节水、降耗工艺，使用清洁的能源和溶剂，提高资源的综合利用率，减少或者避免污染物的产生和排放，以减轻或者消除对人类健康和环境的危害。

**沿革** 2003年1月1日，《中华人民共和国清洁生产促进法》的正式实施，标志着我国清洁生产步入法治化轨道。2007年，国家环境保护总局发布了《清洁生产标准 化纤行业（氨纶）》（HJ/T 359—2007），该标准包括生产工艺与装备要求、资源能源利用指标、产品指标、污染物产生指标（末端处理前）、废物回收利用指标和环境管理要求等六类指标，每一项指标又分为三级，一级代表国际清洁生产先进水平，二级代表国内清洁生产先进水平，三级代表国内清洁生产基本水平，可以用于氨纶企业的清洁生产审核和清洁生产潜力与机会的判断，也可以用于氨纶企业清洁生产绩效评定和清洁生产绩效公告等。2015年，环境保护部发布的《环境保护综合名录（2015年版）》将氨纶从高污染、高环境风险产品名录中删去，进一步说明随着氨纶生产技术的进步，溶剂采用更为环保的二甲基乙酰胺（DMAC）溶剂，各项排放指标均已达到清洁生产的相关标准。

我国氨纶生产起步于20世纪80年代，在经历快速发展及行业的洗牌重组后，到2020年年底，我国氨纶生产企业共有30家左右，总生产能力达到92万t左右，占世界总产能的比例约为80%。随着我国氨纶生产工艺技术的不断进步，国产化大容量、连续聚合和高速纺丝成套装备工程技术研发成功并得到快速推广，提升了我国氨纶工业的整体竞争力，同时在节能减排方面也取得了较大进步。

**主要污染物** 氨纶生产过程中产生的废液主要源于精制工序所排放的含有高聚物、DMAC、乙酸等有机物的浓缩废液。在纺丝过程中更换原液过滤器及喷丝板时排放的废原液，用水凝固析出溶剂后，剩下的废固体胶块即为工艺废渣。废气主要源于生产过程中DMAC蒸发后产生的气体和燃烧产生的气体，经一系列处理后可排放到大气中。

**清洁生产** 主要包括以下几个方面：①采用先进技术和装备。优化提升国产化连续聚合氨纶生产工艺和装备，在连续纺生产线推广双层纺丝技术，对东洋纺、日清纺生产技术进行持续改进，不断优化工艺、配方等，降低综合能耗、物料消耗。采用纺丝废气喷淋回收新技术，减少纺丝过程中的废气排放，推广蒸汽锅炉除尘脱硫一体化技术和水膜除尘技术等。②推广环保纺丝溶剂。加快推动使用更加环保的DMAC溶剂，改进DMAC溶剂精制回收技术，提高DMAC回收利用率。③加强能源、资源等的综合利用，包括循环水综合利用以及氨纶废丝回收利用等。 （戎中钰 李增俊）

# B

binglun gongye qingjie shengchan

**丙纶工业清洁生产** （cleaner production in polypropylene fiber industry） 生产过程采用清洁能源、先进的工艺技术和装备，降低能耗、物耗，推广废旧聚丙烯的再生利用，提高资源利用率，减少污染物排放，促进丙纶工业健康持续发展。

丙纶相对于其他化纤品种，具有原料来源丰富、生产工艺简单、原料消耗和综合能耗低、生产过程清洁环保、应用广泛等特点。常见的丙纶生产技术主要为熔融纺丝、膜裂纺丝、膨体变形纺丝、纺黏及熔喷非织造布生产工艺，其生产过程是聚丙烯树脂的物理变化过程，生产过程中仅有少量废料、废水、油剂挥发废气产生，废料可回收利用，废水经市政处理后可达标排放，少量废气经喷淋处理后也可直接排放，因此丙纶是化纤生产中能耗最低、污染最小的品种。

**沿革** 丙纶凭借其优良的性能及广泛的用途而快速发展，20 世纪初首次超越锦纶成为第二大合成纤维品种。进入 21 世纪，由于聚酯工业以及再生聚酯纤维的快速发展，加之丙纶不易染色、耐光性能差，丙纶在一些民用领域被其他纤维替代，产量逐渐减少。

在丙纶工业的发展过程中，纺前着色技术的应用解决了丙纶染色困难的问题，同时省去了染色流程，每吨纤维可减少污水排放 100～200 t，这是最早也是最常用的丙纶染色方法，有效实现了丙纶产业链的清洁生产。此后，一步法纺丝技术替代了二步法纺丝技术，高速纺丝技术（由 1 000 m/min 以下提高到 3 000 m/min 以上）的应用推广以及单部位纺丝头数的成倍增加（由传统的 4 头纺增加到 16 头纺和 32 头纺）有效提高了企业生产效率，降低了单位成品丝的电耗。丙纶短流程大容量纺丝工艺技术将纺丝工序与拉伸工序相连，螺杆挤出机可与纺丝卷绕机放置在同一平面上，使工艺流程缩短，产量提高，大幅降低了企业生产成本及单位产品能耗。废旧聚丙烯的回收利用技术不仅实现了资源的再生利用，而且有效解决了聚丙烯白色污染的问题。

**清洁生产** 丙纶工业清洁生产主要涉及清洁的原材料、清洁生产工艺技术和清洁生产管理三部分。

①清洁的原材料。针对服用、家纺用和产业用领域采用不同熔指的聚丙烯原料，实现丙纶原料的专用化；推广再生聚丙烯的高质量生产，提高资源的循环利用率，减少固体废物排放；采用高品质油剂，减少废气排放。

②清洁生产工艺技术。采用一步法高速纺丝工艺技术，降低丙纶工业生产的能耗、物耗，提高生产效率；推广剪切发热量低、吐出能力大的新型螺杆挤出机和多头纺高速卷绕机，以及精密卷绕控制系统；推广节能型多头纺丝箱体、专用纺丝组件、节能热媒加热循环系统。

③清洁生产管理。加强废物回收管理，提高丙纶生产过程中废切片、粉末、废丝、废胶块的回收利用率。细化废水处理技术，主厂房、

冷冻站、空调室、机修间、锅炉房等排出的清洁废水直接排入市政污水处理系统；油剂调配冲洗水经隔油处理后，同组件清洗污水、化验室排出的污水一起排入市政污水处理系统。真空煅烧喷丝板等组件、短纤蒸汽热定型、聚丙烯切片及添加母料熔融热解过程产生的少量废气，可采用喷淋方法处理。

**发展趋势** 未来，丙纶工业将重点围绕聚丙烯专用料的研发应用及废旧聚丙烯高效回收开展清洁生产工作，通过提高丙纶企业的生产效率，有效降低能耗，促进丙纶工业的清洁生产。

（窦娟 李增俊）

# C

changsi zhizaoye qingjie shengchan

**长丝织造业清洁生产** （cleaner production in filament weaving industry） 以化纤长丝织造工业环境保护和可持续发展为目的，实行生产全过程环境质量控制，不断改进生产设备和工艺，减少原材料和能源的消耗，从源头预防和减少污染物的产生和排放，将化纤长丝织造企业对环境的负面影响消除或使之尽可能地减少。

长丝织造业是指以化纤长丝为主要原料进行织造生产、研究的行业及与之配套的相关产业，其产品主要包括合成纤维丝织物和再生纤维素纤维丝织物，广泛应用于服饰、床上用品、装饰等多个领域，产品品种丰富，市场潜力大。目前，我国长丝织物年产量超过 500 亿 m，其中合成纤维丝织物所占比重超过 80%。长丝织造业起步虽晚，但在近 20 年来发展非常迅猛，已成为我国纺织工业中发展最快的支柱产业之一，在推动化纤纺丝技术、织造技术及印染后整理技术发展，开发高性能、多功能纺织品的过程中发挥着不可替代的作用。

**沿革** 1989 年，联合国环境规划署首次提出“清洁生产”的概念。我国开始接触清洁生产理念后，政府采取了一系列激励措施在工业企业中推进清洁生产，引导企业采用先进的工艺和技术，积极防治工业污染。长丝织物的 1/3 用于直接出口，因此，一些主要的长丝织造企业都对清洁生产相当重视。自 2012 年起，针对长丝织造业喷水织机数量多、用水量较大的情况，为了统一规范企业的用水行为，在行业中先后制定了《取水定额　第 20 部分：化纤长丝织造产品》（GB/T 18916.20—2016）和《节水型企业　化纤长丝织造行业》（GB/T 37832—2019）两项国家标准。与此同时，全行业依据国家相关政策，及时淘汰落后的生产工艺技术和设备，大力宣传推广清洁生产技术，积极配合有关主管部门开展企业清洁生产审核，清洁生产模式在我国长丝织造行业持续推进，在原料选择、工艺优化、设备改造、清洁能源使用、污水处理与回用、企业管理等方面都有了较大的改进，有效促进了长丝织造业生产水平的提升。

**工艺特点** 在整个长丝织造过程中，视不同原料、不同产品、不同生产工艺要求，需添加与之相适应的一定剂量的化学药剂，增加了废水处理的难度。长丝织造所用织造设备有喷水织机、喷气织机、剑杆织机和其他非用水型织机，只有合成纤维既可用喷水织机生产，也可用其他非用水型织机生产，再生纤维和其他亲水性的天然纤维均不适合用喷水织机生产，否则需要在后道增加烘干程序，能源消耗较高。由于喷水织机生产效率较高，90%以上的合成纤维均用喷水织机生产。单台喷水织机用水量受产品品种、当地水资源情况、企业管理水平和设备状况影响较大，一般来讲，对于采用喷水织机生产的长丝织物而言，100 m 产品平均取水量为 2 $m^3$ 左右，$COD_{Cr}$ 排放量在 0.4 kg 左右。因此，长丝织造的清洁生产重点在喷水织造工序。此外，在长丝织造每个环节的运行过程中，都有可能造成废水、废气的外排，原料与能源的消耗和噪声、固体废物等污染。

**生产过程及产排污节点** 长丝织造的生产过程包括整经、上浆、并轴、络丝、加捻、定形、倒筒和织造（经、纬交织）等，设备一般包括整经机、浆丝机、并轴机、络丝机、倍捻机、定形机、织机、验布机以及其他辅助设备。下图为长丝织造的工艺流程。

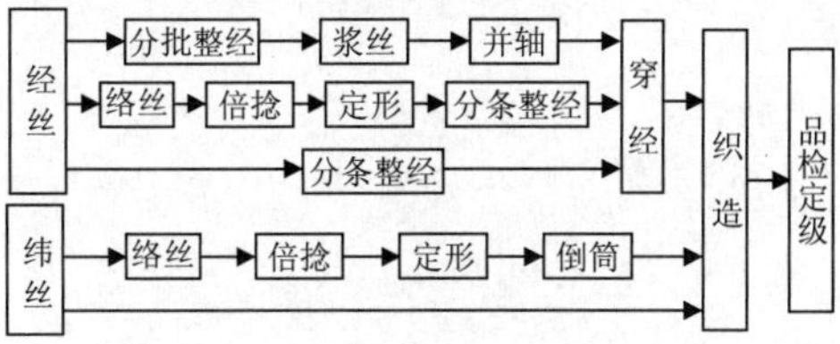


**长丝织造生产工艺流程图**

长丝织造废水主要为喷水织机的引纬织造废水，产生在织造工序。污染物的来源主要为化纤长丝的纺丝生产过程，此外，为了满足织造工艺需要，一般会在纺丝及织前准备过程中加入一定量的油剂与润滑剂，在经丝上浆过程中为保护经丝而加入一定量的浆料，在纬丝准备过程中为区分不同纬丝而加入一定量的着色剂等．在引纬织造过程中，高压水流会冲下部分丝线上的油剂、润滑剂、浆料和着色剂，并与织机自身的油污一起混合形成污染物，随喷射后的废水一同排放。大多数织造企业均将污水排入污水管网进行集中处理，还有少部分家庭作坊式小企业违规排放，给当地环境造成了一定的污染。

喷水织造废水的主要特征污染指标为COD、悬浮物、氨氮、色度和油类。其中，COD为长丝织造工业最主要的污染物，悬浮物和氨氮主要来源于保护丝线表层所上的浆料，色度主要由着色剂和其他污染物的混合体决定，油类主要来源于丝线上的油剂和织机上的油污。

**清洁生产** 长丝织造业清洁生产主要涉及以下几方面。

**清洁的能源与原料** 大力推广常规能源（如煤、石油等）的清洁使用，充分利用可再生能源（如太阳能、水能、风能等）和清洁能源（如天然气等），少用或不用非清洁的能源。推进新型绿色环保纤维在行业内的应用，鼓励多用原液着色丝等清洁原料（可免除后道染色环节造成的水、电、汽消耗和废水排放），鼓励使用环保型浆料和助剂等。加强原料管理，如加大检查力度、实施分类管理、提高员工操作技能水平等，对原料的消耗进行规范管理，降低废原料的产生。

**清洁的生产过程** 采用各种节能降耗、控制污染的技术，注重设备的技术改造、更新，优化生产工艺，推广使用喷气织造空压机节能技术、喷水织机节能节水技术、织造工序废水处理与中水回用技术，利用在线检测与生产过程智能信息化管控系统（MES），严格控制生产工艺流程，最大限度减少污染物的产生，同时降低资源消耗，提高能源利用率和水资源的重复利用率。

空压机节能 喷气织机通过高压空气的喷嘴进行引纬，需要配备相应的空气压缩机。由于空压机装机容量的设计都是按照工厂的最大运行负荷来考虑，实际用能只能达到 50%～80%，设备耗能较大。通过增加变频系统，使工频/变频互锁切换，可减少电能损耗。还可建立内部联网的压缩空气系统，通过储气罐及管网向各喷气织造车间设备供气，可以有效避免多余能量的损耗，改善空压机运行工况。

喷水织机节能 目前，行业使用的喷水织机均在成卷前通过电机带动吸水风机，将布面的水分吸出约 80%，但大多数企业采用的原料通常为化纤长丝，吸水性不强，相对而言吸水风机功率偏大，造成能源的浪费。可将小电机连在主机马达上，充分利用织机主马达的剩余功率带动风机运行，节约用电，同时降低了马达的维修频率。另外，通过对风轮的叶片进行改进，可明显地提高吸水效率，降低噪声。

织造工序废水处理与中水回用 由于废水偏酸性且水中含有浆料、油类和有机悬浮物等杂质，一般选用沉淀和气浮相结合的处理工艺。目前，已有部分企业安装了污水处理系统，经处理后的中水可全部或部分回用于织造。

**发展现状与趋势**　为了适应国内外市场环境的要求，在国家及地方政府和行业组织的积极推动下，长丝织造业的清洁生产经历了一个持续推动、持续改进、持续提高的过程，各种先进的节能降耗和污水处理与中水回用技术在行业中得到了普遍使用，实施清洁生产已逐渐成为业内共识。但在行业快速发展的同时，也出现了部分企业，尤其是部分家庭作坊式企业，不注重清洁生产，存在浪费原料、能源、水资源和生产污水乱排乱放现象。

长丝织造业的清洁生产标准与清洁生产评价指标体系有待列入制定计划，企业亟须相应的标准和评价指标体系提供技术指导，相关管理部门也需要相应的管理依据。因此，尽快制定长丝织造业的清洁生产标准与清洁生产评价指标体系势在必行。　　（吕思晨　廖梦虎）

# D

**dianchi zhizaoye qingjie shengchan**

**电池制造业清洁生产** （cleaner production in battery industry） 通过源头预防和全过程控制来减少或者消除电池制造业对人类健康和生态环境的危害。主要措施包括推行电池产品的绿色设计、提高资源利用效率、减少或替代有毒有害原料的使用、强化电池的回收利用以及推行清洁生产技术改造等。

目前，铅蓄电池制造和锂离子电池制造占据电池制造业的绝大部分产量和产值。铅蓄电池以铅及其氧化物为正负极材料，以电解液为硫酸水溶液。锂离子电池主要依靠锂离子在正极和负极之间移动来工作。

**沿革** 我国电池制造业清洁生产起步于20世纪90年代末期，此后陆续制定了一系列清洁生产相关政策法规，研发并推广了一批清洁生产技术。截至2019年年底，已发布的电池制造业清洁生产标准和评价指标体系包括《清洁生产标准　废铅酸蓄电池铅回收业》（HJ 510—2009）、《电池行业清洁生产评价指标体系》等。在电池制造业规范管理方面，工业和信息化部牵头发布了《铅蓄电池行业准入条件》《锂离子电池行业规范条件》《新能源汽车废旧动力蓄电池综合利用行业规范条件》等规范行业发展的政策文件。另外，为加强电池行业清洁生产和重金属污染预防工作，工业和信息化部印发了《电池行业清洁生产实施方案》，明确了电池行业清洁生产推行工作的重要任务和重点清洁生产技术。

**铅蓄电池制造业清洁生产** 我国铅蓄电池制造业起步较早，但专业的设备研发和制造能力与国际先进水平相比还有较大差距。国内的铅蓄电池生产企业仍以半自动机械化和单工位自动化的设备为主，部分企业和工序仍有人工作业的情况。2009—2011年，国内“血铅”超标事件频发，引起了国家及社会的高度重视，各界群众强烈呼吁政府有关部门采取果断措施，抓好源头管控工作，切实杜绝“血铅”事件再次发生。

①在源头预防层面，严格落实行业准入条件。2012年5月11日，工业和信息化部、环境保护部发布《铅蓄电池行业准入条件》，从企业布局、生产能力、不符合准入条件的建设项目、工艺与装备、环境保护、职业卫生与安全生产、节能与回收利用、监督管理等方面提出了规范要求。该准入条件对行业投资行为进行了规范，有效防止了低水平重复建设，对行业的清洁生产水平提升起到了推动作用。自其实施以来，中国铅蓄电池行业已初步完成结构调整和产业升级。

②在过程控制层面，大力实施清洁生产技术改造工程。针对铅蓄电池生产过程中重金属污染物产生的关键工艺环节，结合清洁生产审核要求，采用一批先进成熟适用的技术，实施清洁生产技术改造工程。在行业内全面推广集中供铅、铅粒冷切、自动铸板及铅零件、自动分刷板、自动铸焊、机械包板等先进的自动化、机械化工艺装备，大幅提升生产效率和产品质

量，提高职工职业健康防护水平。例如，通过实施集中供铅工艺和内化成工艺、铅锭冷加工造粒、自动全密闭合膏、自动双面涂膏、能量回馈式充放电、机械化分板刷板、自动铸焊及密闭式自动灌酸等一系列技术改造，在设计、生产过程中引入铅减量化、减酸及废酸回收工艺技术，可最大限度节约铅、浓硫酸等主要原材料，显著提升企业清洁生产水平。

③在污染治理和回收利用方面，推动建立绿色循环生产模式。全面推广先进高效的环保技术，例如，产生铅尘、铅烟的环节均采用梯级微负压收集系统，运用“初级沉降+滤筒+高效过滤器”处理工艺，酸雾采用二级碱液喷淋处理工艺，确保废气稳定达标排放。大力推动产品原料绿色化、循环化，积极建设再生铅生产基地，利用再生原料替代原生料，例如，某企业通过研制再生铅精炼除铜组合物除杂剂、引入绿色供应链管理模式提高电解铅中再生铅的利用率等措施，使再生铅利用率达35%以上；通过改性、烘干、注塑等工序重新制成铅蓄电池塑壳，塑壳再利用率达到85%以上。

**锂离子电池制造业清洁生产** 锂离子电池是20世纪90年代开发出的一种新型二次电池，从诞生至今技术在逐步突破，由以往主要用于手机、笔记本电脑等电子消费领域逐步拓展到新能源汽车动力电池、储能电池等领域，未来技术突破和市场空间发展潜力巨大。锂离子电池产业链主要包括锂矿开采、锂盐生产、电池材料生产、电池生产、电池回收利用等环节，实现清洁生产是锂离子电池产业迅速发展必须同步妥善解决的重要问题。

①注重锂离子电池产品生态设计。近年来，锂离子电池制造业清洁生产的核心已逐步走向生态设计和生命周期管理。生态设计也称绿色设计或生命周期设计，是将环境因素纳入设计之中，从而帮助确定设计的决策方向。生态设计要求在产品开发的所有阶段均考虑环境因素，从产品的整个生命周期减少对环境的影响，最终引导产生一个更具可持续性的市场和消费系统。研究表明，70%的资源消耗和环境影响取决于产品的设计阶段，对于锂离子电池制造业，在设计阶段充分考虑现有的技术条件、原材料保障等因素，采用合理的结构和功能设计，选择绿色环保与原材料易拆解利用的部件，优化解决各个环节的资源环境问题，最大限度地节约资源，从源头减少环境污染，提升锂离子电池制造业的绿色发展水平。例如，动力电池的CTP（Cell to Pack，即电芯直接集成为电池包，从而省去了中间模组环节）设计就是典型的生态设计，通过采用无模组技术实现动力电池的轻量化，同时大量节约了资源。

②推广绿色制造和智能制造等清洁生产模式。绿色制造是综合考虑资源利用和环境影响的先进制造模式，是清洁生产模式在制造业的具体体现形式。锂离子电池绿色制造追求产品从设计、制造、包装、运输、使用到报废处置的整个生命周期中，环境影响最小化、资源利用最大化，实现绿色低碳循环发展。锂离子电池制造企业推行清洁生产的重点是加快创建具备用地集约化、生产洁净化、废物资源化、能源低碳化等特点的绿色工厂。同时，锂离子电池制造是一种多工序、多物料、高精度、技术密集型的作业，生产过程中影响产品质量的因素很多，只有每一道工序都严格满足质量要求，才能确保生产出高质量的产品。随着电池工艺水平不断提升、信息化技术不断发展，推行智能制造是保障电池生产企业产品质量的关键途径，通过导入感知、分析、推理、决策和控制的功能，真正实现生产过程的自动化、智能化、精密化和绿色化。

③强化锂离子电池材料的绿色发展和循环利用。锂离子电池生产材料主要包括正极材料、负极材料、电解液、隔膜和黏结剂等其他材料，材料对锂离子电池的性能发挥起着至关重要的作用，同时也决定着锂离子电池的环境影响，是锂离子电池制造业推行清洁生产应关注的重点。其中，电解液通常由六氟磷酸锂、六氟砷酸锂等含氟锂盐电解质，以及碳酸乙烯酯、碳酸亚乙烯酯、氟代碳酸乙烯酯、环己基苯等有机溶剂和添加剂组成，存在环境风险隐患。应

加强锂离子电池生产企业的有毒有害物质管理，通过推行清洁生产技术，减少有毒有害物质的使用，并逐步采用绿色材料。此外，强化锂离子电池梯次利用和材料循环再生也是推动锂离子电池制造业清洁生产的重要手段，可以大量节约资源，减少环境污染。

（杨俊峰　曹国庆）

*diandu gongye qingjie shengchan*

**电镀工业清洁生产**　（cleaner production in electroplating industry）　应用清洁生产技术，从电镀生产的源头和生产过程中削减或消除对环境有害的污染物。

电镀是利用电解在制件表面形成均匀、致密、结合良好的金属或合金沉积层的过程。电镀工业大量使用重金属盐及氧化物、氰化物、螯合剂等物质，在生产、原料贮存和搬运、镀液调整和废弃处理过程中，会产生大量有毒有害气体、液体和固体残渣，污染环境，还直接对员工身体健康造成危害。

**沿革**　2002年6月29日，颁布了《中华人民共和国清洁生产促进法》，并于2003年1月1日开始施行。为了配合宣传贯彻新发布的《中华人民共和国清洁生产促进法》，推进电镀工业的清洁生产工作，2002年9月11—12日中国表面工程协会、北京电镀协会和国家清洁生产中心共同举办了“2002年北京电镀行业清洁生产研讨会”，会上全国24个省级行政区表面工程协会（电镀协会）的代表签署了联合国环境规划署制定的《国际清洁生产宣言》。研讨会期间还举办了电镀清洁生产工艺与设备展览会，全国40多家科研、生产单位参展。

电镀工业是我国启动清洁生产审核比较早的行业，范围几乎涉及全国各个省（区、市），甚至香港电镀业界也积极促进清洁生产审核。中国表面工程协会于2004年11月成立了“中国表面工程协会清洁生产指导工作委员会”，在全国电镀行业宣传推广清洁生产活动。

2005年6月，国家发展和改革委员会、国家环境保护总局发布了《电镀行业清洁生产评价指标体系（试行）》，经过十年的贯彻执行，积累了丰富的经验。2015年10月，国家发展和改革委员会、环境保护部、工业和信息化部对原有的电镀工业清洁生产相关标准进行了整合，联合发布了《电镀行业清洁生产评价指标体系》。该体系的清洁生产评价指标分为定量指标和定性指标两类，定量指标选取了有代表性的，能反映节能、降耗、减污和增效等清洁生产最终目标的指标，综合考评企业实施清洁生产的状况和企业清洁生产程度；定性指标根据国家有关推行清洁生产的产业发展和技术进步政策、资源环境保护政策规定以及行业发展规划等选取，用于考核企业对有关政策法规的符合性及其清洁生产工作实施情况。

2012年12月，工业和信息化部印发《电镀行业清洁生产技术推行方案》，要求各地工业主管部门大力推动清洁生产技术推广工作，加快实施方案；要求行业协会充分发挥企业和政府之间的桥梁和纽带作用，做好信息咨询、技术服务、交流研讨等工作；要求电镀企业作为应用清洁生产技术的主体，把实施清洁生产技术改造作为从源头预防和减少污染物产生、实施清洁发展的根本途径。

**电镀污染物**　电镀产生的污染物以废水和废水中的重金属离子为主，还有少量的废气和废渣。这些污染物的来源是电镀生产中使用的含酸碱清洗液、含重金属废镀液，可能包括氰化物、铬酐及镍离子、镉离子、铜离子、锌离子等有毒有害物质，这些有毒有害物质可通过废水和废渣排入环境。废气中可能有铬酸雾、氰化氢、酸碱液电解产物等。废渣主要是将电镀废水用化学沉淀法等各种方法处理后产生的沉淀物，包含重金属盐和少量有机物，此外，还有阳极在电解过程中产生的阳极泥。

**清洁生产途径**　①替代电镀的清洁技术：气相沉积、热喷涂、热浸镀、粉末喷涂、激光熔覆等。②清洁的生产工艺：用水基清洗剂代替溶剂脱脂、用酸性盐代替酸性溶液进行弱腐蚀、用无氰电镀代替含氰电镀、用三价铬代替六价铬、用锌合金代替镉以及采用低浓度低温电镀工艺（利用稀土添加剂镀铬）。③清洁的生产过程：延长溶液使用寿命（可采用去离子水、连续过滤、补加调整溶液、定期去除溶液中的杂质、减少杂质的带入等手段）；减少工艺溶液的带出（可采用在工艺槽之间加挡液板、延长镀件出槽停留时间、控制浓度在低限范围、控制溶液温度、镀件的合理装挂、气刀吹除带出液、增加带出液回收槽等手段）；减少清洗水的用量（可采用逆流清洗、喷淋清洗、搅拌清洗、清洗水的复用、控制用水量等手段）。④良好的管理：具体包括建立和健全环境管理体系，完善有环境指标的岗位责任制考核办法，建立物料系统管理程序，加强设备维护和检查，加强培训，提高职工素质等。⑤排放物循环利用：如清洗水的循环使用，废工艺溶液的再生复用，废溶剂的回收利用等。

**典型清洁生产工艺** 电镀工业实现清洁生产，核心在于从工艺上减污，现将典型清洁生产工艺介绍如下。

**主要镀种清洁生产工艺** 主要包括以下几种。

*镀锌清洁生产工艺* ①采用无氰镀锌工艺。无氰镀锌工艺中使用最广泛的是钾盐镀锌，成功取代了含氰镀锌。②三价铬钝化。锌镀层为了提高防腐蚀能力，通常采用六价铬钝化处理，通过改用三价铬钝化可降低钝化液毒性。

*替代镀镉清洁生产工艺* 镉镀层在海洋性气候条件下或在海水中耐腐蚀性能好，但镉毒性大。含镍 10%～20%的锌镍合金镀层防护性能好，毒性低，可部分替代镉镀层。

*镀铜、镍清洁生产工艺* 金属铜和镍是战略物资，从电镀过程中回收铜和镍不仅有经济效益，还有环境效益。电镀生产中采用化学沉淀法和电解法等可有效回收金属铜和镍。

*镀铬清洁生产工艺* ①提高镀铬电流效率。传统镀铬电流效率仅为 13%，加入稀土等添加剂后，可提高到 20%～25%，不仅节约了电能，还可减少铬酸雾的析出。②低铬酸镀铬。传统镀铬液中，铬酸质量浓度约为 250 g/L，低铬酸镀铬液含铬酸 100～150 g/L，可大大减少镀件带出液中的铬酸含量，减少污染。③三价铬镀铬。使用三价铬盐溶液镀铬，可避免六价铬的消耗和污染。目前，三价铬镀装饰铬已经成功并投入生产，三价铬镀硬铬正在研究开发中。

**电镀工业通用清洁生产工艺** 主要包括以下几种。

*减少镀件附着液的带出* 镀件从镀槽提出进入清洗槽时，镀件表面附着的镀液进入清洗水中，成为电镀污染的主要来源，约占电镀废水污染物的 80%。在槽上停留 10s 能使 50%左右的镀液滴落返回镀槽；科学设计挂具和吊挂方式也可减少镀液带出。

*改善镀件漂洗方法* 可减少清洗水用量并回收部分镀液，如逆流漂洗法、回收清洗法、喷淋喷雾清洗法等。

*运用节能技术* 电镀是消耗电能的生产过程，采用整流效率高的整流设备，对镀液温度要求较高的镀槽加装保温层，尽量选择电流效率较高的镀液，均可节约电能。

*严格物资管理* 电镀用物资大部分属于重金属及其盐类，注意科学运输、保管和发放，不仅能降低成本，也可防止环境污染。镀液中物料的补充应根据化验单投放，尽量多批次、小批量，减少镀液成分的波动。 （樊景星）

**dianjiemeng hangye qingjie shengchan**

**电解锰行业清洁生产** （cleaner production in electrolytic manganese industry） 在以碳酸锰矿和还原二氧化锰矿为主要原料、以酸浸和湿法电解为主要生产工艺的电解锰企业，按清洁生产审核的程序对生产过程进行剖析，通过物料平衡计算等手段找出原料消耗量大、污染严重的环节，继而采用先进的技术和设备，提高原料利用率、促进废物资源化和循环利用。

**沿革** 锰是国民经济中重要的基础物质，是国家的重要战略资源之一。电解锰行业是我国黑色冶金领域的第二大行业，目前我国已成为世界最大的电解锰生产、消费和出口国，电解锰产能已超过 200 万 t，占世界总产能的

98%以上，几乎垄断了全球电解锰的生产。电解锰行业在为国民经济建设作出重大贡献的同时，也产生了严重的环境污染问题，例如，曾于2004—2005年在湖南、重庆、贵州交界的“锰三角”地区引发严重的污染事件。针对污染问题，国家领导人及相关部门要求通过推进电解锰行业清洁生产加以解决。此后，电解锰行业清洁生产工作逐步开展，包括政策研究、技术研发与试点、工程示范与应用推广等。

在“锰三角”地区暴发严重的污染事件以后，国家发展和改革委员会、原国家环境保护总局等陆续出台了一系列的政策、法规、清洁生产标准、清洁生产评价指标体系等文件。例如，国家环境保护总局于2007年制定了《清洁生产标准　电解锰行业》（HJ/T 357—2007）并于同年10月1日开始施行，该标准规定了电解锰行业清洁生产的一般要求，将电解锰行业清洁生产标准分成六类，即生产工艺与装备要求、资源能源利用指标、产品指标、污染物产生指标（末端处理前）、废物回收利用指标和环境管理要求，为电解锰生产企业的清洁生产审核与清洁生产潜力与机会的判断，以及清洁生产绩效评定和清洁生产绩效公告制度提供了依据。国家发展和改革委员会于2007年9月29日发布了《电解金属锰行业清洁生产评价指标体系（试行）》，该文件于发布之日起施行。2016年，国家发展和改革委员会与环境保护部、工业和信息化部联合发布《电解锰行业清洁生产评价指标体系》，替代《电解金属锰行业清洁生产评价指标体系（试行）》《清洁生产标准　电解锰行业》（HJ/T 357—2007)。《电解锰行业清洁生产评价指标体系》的发布为评价电解锰企业清洁生产水平提供了依据。2008年，国家发展和改革委员会修订了电解锰行业的准入条件，对工艺技术、装备、产能、清洁生产水平、环境保护等均作出了明确规定，有效遏制了电解锰行业低水平重复建设和盲目发展，促进了产业结构升级，充分体现了调整结构、有效竞争、降低消耗、保护环境和安全生产的原则。2010年，工业和信息化部发布了《电解锰行业清洁生产技术推行方案》，方案中包含了电解锰电解后序工段连续抛沥逆洗及自控技术、电解锰锰粉酸浸液二段酸浸洗涤压滤一体化技术、电解锰行业锰渣制砖工艺技术、电解锰废水铬锰离子回收技术、新型环保节能型电解槽技术，以加快清洁生产技术在电解锰行业的应用和推广。同年，环境保护部发布了《电解锰行业污染防治技术政策》，明确规定了重点控制的污染物种类、原辅料选择与污染防治技术、生产过程污染控制技术、废水废渣末端循环及处理处置技术、二次污染防治、鼓励研发和推广的新技术、运行管理、监督管理等内容。其中，原辅料选择、生产过程污染控制、废水废渣末端循环及处理处置均属于清洁生产技术范畴。该文件的发布和贯彻，有利于降低电解锰行业资源、能源消耗，降低污染物排放强度，加强污染防治，促进电解锰行业可持续、健康发展。2014年，环境保护部发布了《电解锰行业污染防治可行技术指南（试行）》，对比分析了目前电解锰行业常用的清洁生产与污染防治技术的绩效，推荐了与水、气、渣、噪声等元素相关的清洁生产技术和污染防治技术，介绍了可行的技术工艺路线，为电解锰企业开展工艺改造、技术升级及污染防治提供了依据，进一步推进了电解锰行业的清洁生产和污染防治。

在生产工艺技术方面，许多企业也开展了清洁生产技术改造工作。传统的电解锰生产工艺主要采用酸浸电解的湿法冶金工艺，以菱锰矿（主要成分是$MnCO_3$，品位14%～20%）和软锰矿（主要成分是$MnO_2$，品位30%～45%）为主要原料，硫酸、氨水、福美钠盐、二氧化硒、重铬酸钾等为辅料。生产过程中首先将菱锰矿石粉碎，然后与硫酸化合生成以$MnSO_4$为主的粗电解液，经软锰矿（或$MnO_2$）等氧化剂氧化、氨水中和除Fe后，再以福镁钠（或NaHS、$NH_4HS$）等硫化剂硫化除Co、Ni，即为合格电解液。在电解过程中，为防止$Mn^{2+}$的氧化，添加$SO_2$或$SeO_2$作为抗氧化剂并提高电流效率，电解后即得到金属锰产品。为了防止金属锰片在空气中被氧化，绝大部分企业采用重铬酸钾对产品表面进行钝化。生产过程中的污染问题主要有三类：锰矿石酸浸后产生的锰渣、废水处理过程中产生的含铬废渣、电解过程中产生的阳极泥等固体废物；矿石粉碎工段产生的粉尘、酸浸过程中产生的有毒废气酸雾、电解过程中产生的氨雾等废气；极板清洗、产品钝化、板框清洗产生的废水以及渣库渗滤液等。

为解决电解锰生产过程中的污染问题，绝大部分企业都建设了“三废”污染治理设施，部分企业还对某些生产工艺进行了清洁生产技术改造。这些清洁生产技术主要包括：在矿石粉碎工段采用封闭式微负压磨粉系统，可以大幅削减粉尘的产生量；采用空气氧化等工艺代替软锰矿（或 $MnO_2$），使软锰矿的用量从每吨电解产品添加 700 kg 下降到 300 kg，从而降低矿渣中锰的含量；部分采用 $SO_2$ 替代 $SeO_2$ 作为抗氧化剂，使每吨电解锰产品 $SeO_2$ 的使用量从 2.9 kg 下降到 1 kg 左右；改进产品、设备清洗工艺，使每吨产品新鲜水使用量从 100t 下降至 3 t 左右；调整和精细化控制电解工艺参数，使每吨产品电解直流电耗从 8 000 kW·h 下降至 6 800 kW·h 左右。以上技术细节的改进均属于局部改良性质，对电解锰的生产过程、污染防治并未起到革命性的推动作用。

目前，国内许多科研院所、生产企业均加紧开发电解锰行业清洁生产技术，如锰矿富集技术、废水全过程控制技术、锰渣二次洗涤技术、锰渣资源化技术等。这些技术已在国内部分厂家完成了示范工程建设，试运行结果均达到了预期的效果。

**清洁生产技术原理和工艺特点** 电解锰行业清洁生产技术可分为源头削减类、过程减排类和末端循环类，具体包括锰矿选矿、矿粉回收、无铬钝化、锰粉洗涤压滤一体化、电解后序工段抛沥洗涤自动控制、锰渣资源化回收、废水中有价金属离子的回收等。

**锰渣二段酸浸洗涤一体化技术** 是针对锰渣中可溶性锰含量高、锰资源回收率低等问题开发的技术，即利用电解过程产生的阳极液的高酸度特点，使阳极液中的硫酸与锰渣进一步反应，同时利用阳极液的低锰含量特点洗涤锰渣中的高浓度锰离子，从而实现回收锰渣中的可溶性锰。该技术在同一台压滤机上原位同步实现滤饼中锰的二次浸出和洗涤，以隔膜压滤机为反应器进行阳极液穿流式反应及阳极液与清水的活塞式洗涤，控制了电解液量，保持整个系统的溶液平衡，避免发生阳极液膨胀导致的系统崩溃。该技术可回收锰渣中 50%可溶性锰、30%硫酸铵。

**电解锰工艺废水全过程控制技术** 是针对电解锰企业废水产生量大、传统处理工艺不能稳定达标、存在二次污染隐患等问题开发的技术。采用抛沥技术将大部分电解液直接回用到电解槽中，大幅削减电极板表面电解液的挟带量，并将针喷技术和新型洗涤材料引入逆流清洗中，比传统逆流清洗更节省水量，新鲜水使用量仅为传统工艺的 20%左右；同时引入自动化控制技术，使每片阴极板的钝化时间、洗涤水量均控制在一定范围之内，最大限度地消除了操作过程中因人为因素造成工作条件偏差，导致的废水产生量和锰铬等污染物浓度波动较大的问题。该技术可在大跨度（10～20 m）、长距离（60～80 m）的生产流水线上通过激光精准定位，实现运动误差不超过 2 mm，整体提升了行业的装备水平和自动化水平。此外，该技术可在一套设备上全自动实现废水的三次减量、二次循环，实现工艺废水的全部回用、六价铬回收 97%以上。

**锰渣无害化资源化技术** 针对锰渣中污染物成分复杂的问题，开发了特定的预处理技术将锰渣中可溶性锰和重金属固化、氨氮去除，保证产品的环境安全性；开发了专用设备以解决锰渣黏滞力大、难均匀分散的问题，使无害化药剂可以更加充分地与锰渣混合均匀，实现锰渣无害化；利用压力成型和养护设备制备建筑材料，实现了锰渣添加量不低于 30%，产品质量、浸出毒性及放射性均符合国家相关标准。

**发展现状和存在问题** 我国电解锰行业污染较严重的主要技术原因是清洁生产水平过低，与国际先进水平相比（见下表），可以发现我国电解锰生产过程存在三个“不清洁”：①原料路线不清洁，原料含锰品位低、杂质高。由于近年来我国矿石品位逐年贫化，企业使用含锰15%～16%甚至更低的碳酸锰矿石，耗酸多，渣量大，并导致回收率下降。② 生产工艺不清洁。使用以 $SeO_2$ 为添加剂的电解工艺和以重铬酸钾作钝化剂的钝化工艺，在生产过程中引入有毒有害物质，导致含铬含硒废水和废渣的产生。③过程控制不清洁。我国电解锰企业普遍未采用自动化控制技术，依靠人工操作关键工艺参数导致管理水平不高，且工作人员平均文化水平较低，操作方式原始粗放，大量资源被浪费流失，造成严重的环境污染。

国内外电解锰生产能源物耗比较

| 项目 | 国际先进水平 | 中国 |
|---|---|---|
| 锰矿石品位/% | 44 | 16 |
| 产品纯度/% | 99.9 | 99.7 |
| 消耗矿石/（t/t 锰） | 2.67 | 8.68 |
| 消耗 $H_2SO_4$/（t/t 锰） | 0.25 | 1.96 |
| 固体废物产生量/（t/t 锰） | 1.67 | 7.68 |
| 消耗硒/（kg/t 锰） | 无 | 0.8～1.2 |
| 消耗铬/（kg/t 锰） | 无 | 0.1～0.3 |
| 耗水量/（$m^3$/t 锰） | 0.18 | 2～4 |

**发展趋势** 目前，国外电解锰生产的主体工艺与我国的电解锰企业基本相同，但电解过程较国内企业更为先进。

从锰矿原料来看，国外采用的锰矿原料大多来自南非，其中锰含量远高于我国的菱锰矿，因此生产过程中锰渣产生量约为国内企业的1/5，由此可见，使用高品位的锰矿原料可以大幅度削减锰渣等固体废物的产生量。因此，从源头削减的角度来讲，提高我国锰矿的品位是削减锰渣产生量的关键：一是进口国外高品位的锰矿矿种进行原材料替代；二是采用锰矿磁选、浮洗技术以提高我国锰矿原料的锰含量，这类技术成为电解锰行业源头削减类清洁生产技术的发展方向。

从产品外观来看，国外电解锰片产品表面光滑，比表面积小，其产品不需要通过钝化过程亦可保存较长时间。而我国电解锰企业的产品表面粗糙，比表面积大，若不进行钝化处理，产品在 6 个月内即会被空气氧化而失效。由于国外电解锰生产过程没有钝化操作，即在其生产过程中无须使用铬，从源头上消除了铬的污染问题。解决生产过程中的铬污染问题，一是继续研究开发高性能无铬钝化剂；二是深入研究电解锰的电解过程，使产品更为致密，降低比表面积，从而实现无钝化过程，这类清洁生产技术将成为无铬工艺的发展方向。

从电解过程来看，国外采用 $SO_2$ 添加剂，虽然能耗较高，但产品纯度高，可达 99.9%，且不存在硒的污染问题。我国电解锰企业采用 $SeO_2$ 为添加剂，比国外节约电解过程直流电能源消耗 20%左右，但产品纯度偏低，仅能达到 99.7%，且存在硒的污染隐患，因此如何在电解过程中减少硒的使用量、寻找硒的替代品，将是今后电解过程的研究方向。（王璠）

**dianli gongye qingjie shengchan**

**电力工业清洁生产** （cleaner production in electric power industry） 在电力工业开发建设及生产活动中，通过提高非化石能源比重、提高火电清洁化水平、加快智能电网建设等方式，实现降低能源资源消耗和污染物排放。电力工业清洁生产涵盖非化石能源、火力发电、电网等各个领域，贯穿各电力品种设计、建造、运行、维护等全生命周期。

**沿革** 电力工业为能源和资源消耗大户，清洁生产对于降低电力工业对环境的影响和能源资源消耗意义重大。长期以来，中国政府对电力工业的环境保护要求、能源资源消耗要求不断提高，但不同阶段工作重点不同。

在污染物排放控制方面，1995 年前主要解决向江河排入灰渣问题；“十五”时期烟气脱硫被提上日程；“十一五”时期大规模实施烟气脱硫设施建设；“十二五”时期全面开展烟气脱硝设施建设，以及脱硫和除尘设施提效改造；“十三五”时期开始实施大规模的超低排放改造，并要求东部、中部、西部的煤电机组分别在 2017

年年底、2018年年底、2020年年底前完成超低排放改造。

在大气污染物排放标准和要求方面，煤电大气污染物的治理是伴随排放标准的不断趋严而进行的，每次标准修订都提高了污染物的排放限值要求，并根据形势增加了其他的要求。1973年的《工业“三废”排放试行标准》（GBJ 4—1973）首次规定了烟尘、二氧化硫小时排放总量限值。1991年的《燃煤电厂大气污染物排放标准》（GB 13223—1991）首次对烟尘提出了浓度限值要求，按 *P* 值法对二氧化硫提出了要求。1996年的《火电厂大气污染物排放标准》（GB 13223—1996）首次提出了氮氧化物浓度限值要求；2003年修订版全面提高了烟尘、二氧化硫、氮氧化物浓度限值要求；2011年修订版再次提高了烟尘、二氧化硫、氮氧化物浓度限值要求，并首次提出了汞及其化合物的排放限值要求。2014年后，煤电开始了大规模的超低排放改造。

在节能降耗方面，2007年国家质量监督检验检疫总局、国家标准化管理委员会发布《常规燃煤发电机组单位产品能源消耗限额》（GB 21258—2007），规定了新建及现有燃煤发电机组的单位电能能源消耗限额（即供电煤耗），并于2013年、2017年两次对该标准进行了修订，对新建机组、现有机组供电煤耗全面提高了要求。

在节水方面，我国于2002年首次颁布《取水定额　第1部分：火力发电》（GB/T 18916.1—2002），规定了火电机组单位发电量及装机容量的取水限额要求，该标准分别于2012年、2021年进行了修订，全面提高了各类型机组的取用水要求。

**清洁生产措施**　大幅提高非化石能源和新能源比重，替代常规化石能源，从源头减少能源资源的消耗和污染物的产生；在化石能源尤其是火力发电环节，持续采用大容量、高参数机组，提高热电联产机组比重，不断进行现役机组节能技术改造，淘汰落后产能，提高能源利用效率；在火电污染物控制环节，通过加装各项污染物控制装置，提高污染物控制效率，减少污染物排放，提高粉煤灰、脱硫石膏等固体废物综合利用水平；在输电环节，充分发挥电网在促进电力行业清洁生产中的作用，包括加快智能电网建设，提升机组和电网运行水平，保障非化石能源的并网发电，加强线损管理、降低线损率等。

**发展现状和存在问题**　随着我国燃煤发电装备技术水平、污染治理水平的快速提高，煤电机组结构的持续优化，管理水平的不断提升，中国燃煤电厂实现了全过程（从设计、施工、投运到关停）、全方位（涉及供电煤耗、污染物排放浓度与总量控制、监管、统计等）、全要素（包括气、水、声、渣等）的清洁化发展。在发电技术方面，超超临界燃煤发电技术达到世界先进水平，大型空冷机组、循环流化床锅炉机组应用达到世界领先水平，节能技术全面普及应用。截至2019年年底，30万kW以上火电机组比例由1995年的27.8%增长至2019年的超过80%，100万kW及以上容量等级火电机组比例达到12%。在污染物控制方面，煤电大气污染物控制装置形成了全覆盖，除尘、脱硫、脱硝设备成为煤电标配装置，污染治理技术总体达到世界先进水平，部分领域达到世界领先水平。在其他能源发电和电网方面，中国光伏、风电等产业化技术和关键设备与世界发展同步，核电技术与世界先进水平持平，电网的总体装备和运维水平处于国际前列。非化石能源装机占比由2005年的24.2%增长至2019年的42.0%，非化石能源发电量占比由2005年的18.0%增长至2019年的32.7%；2019年中国火电机组平均供电煤耗306.4 g/(kW·h)，比2005年下降63.6 g/(kW·h)；烟尘、二氧化硫、氮氧化物排放总量分别降至18万t、89万t、93万t；电网线损率5.93%，居同等供电负荷密度国家先进水平。以2005年为基准年，2006—2019年，通过发展非化石能源、降低供电煤耗和线损率等措施，电力行业累积减少二氧化碳排放约159.4亿t。

我国电力工业清洁生产目前还存在一些问题，例如，新能源消纳压力较大，电力系统灵活性不足，煤电节能减排的空间越来越小等。

**发展趋势** 绿色低碳是能源发展的大趋势，降低煤炭在能源结构中的比重，大幅提高非化石能源比重，使清洁能源满足未来新增能源需求，实现单位国内生产总值碳排放量不断下降是中国能源转型的战略取向之一。到 2030 年，中国非化石能源占一次能源消费比重将达到 25%左右，风电、太阳能发电总装机容量将达到 12 亿 kW 以上。在煤炭清洁利用方面，煤炭用于发电的比重将不断提高，部分煤电将进行灵活性改造以解决新能源发展带来的调峰问题。 （刘志强）

**dianzi gongye qingjie shengchan**

**电子工业清洁生产** （cleaner production in electronics industry） 在电子工业领域通过不断采取改进产品设计、使用清洁能源和原料、选择先进的工艺技术与设备、改善管理、综合利用等措施，减少直至最终消除电子产品生产过程中使用或产生的有毒有害物质，达到从源头削减污染、提高资源利用效率、控制污染物产生和排放的目的，以减少或避免电子产品从原料提取到产品最终处置整个生命周期过程中对人类健康和环境的不利影响。

**沿革** 20 世纪 90 年代初，我国从发达国家引进清洁生产的理念，并与多个国家开展了各种形式的合作。随着清洁生产工作的开展，于 2003 年 1 月 1 日起开始实施《中华人民共和国清洁生产促进法》。此后，电子工业各级主管部门将实施清洁生产作为促进节能减排的重要措施，不断完善政策、加大支持、强化服务，电子工业领域清洁生产推行工作取得积极进展。随着清洁生产工作的持续深入，印制电路行业协会于 2006 年率先成立清洁生产标准工作组，《清洁生产标准 印制电路板制造业》（HJ 450—2008）于 2008 年 11 月 21 日由环境保护部发布，2009 年 2 月 1 日起实施。随即，在印制电路行业开展了清洁生产的审核工作，许多地区特别是长江三角洲和珠江三角洲地区要求达不到 HJ 450—2008 的企业必须整顿达标后才能继续生产。

电子工业中其他各行业如电子集成电路制造行业、半导体分立器件制造行业、光电子器件制造行业、电子元件及电子专用材料制造行业、电子真空器件制造行业、显示器件制造行业等于 2010 年相继开展清洁生产标准的编制工作，完善清洁生产标准体系，并不断推进各行业内的清洁生产审核工作。电子工业各生产企业积极参与其所在地开展的清洁生产审核工作，遵循 2006 年七部门联合发布的《电子信息产品污染控制管理办法》，经过十年的实践，八部门于 2016 年联合公布《电器电子产品有害物质限制使用管理办法》，规范管理从产品设计到电子产品废弃后的最终处置，以减少或避免对环境的污染。

**清洁生产工艺** 鉴于电子工业涵盖产品种类众多，清洁生产工艺特点相差甚远，以下主要介绍电子工业领域六个主要行业的清洁生产工艺。

**电子终端产品制造业** 电子终端产品制造一般包括计算机制造、通信设备制造、广播电视设备制造、雷达及配套设备制造、非专业视听设备制造、智能消费设备制造等。计算机、通信及视听设备不仅是电子产品制造业的中坚力量，而且成为各行各业发展不可或缺的配置。

使用原辅材料及主要污染物 电子终端产品的原材料主要是各种电子元器件，如各种功能的电阻、电容、二极管、三极管、集成电路芯片等；各种印制电路板，如单面板、双面板、多层板、柔性板、刚柔结合板等；根据不同产品需要制造的塑料或钢制机箱机架等。辅材有波峰焊、回流焊用的焊锡及焊接辅料；喷涂、喷漆、喷塑用的涂料、油漆以及喷塑用干粉等。

主要大气污染物有焊接过程中产生的铅、锡烟气；清洗时产生的含乙醇、异丙醇、丙酮等的有机废气；喷漆工艺产生的含二甲苯、甲苯、苯、酯类、酮类、醇类等的有机废气。液体废物为含各种溶剂的清洗废液。固体废物主要为少量焊渣。

行业清洁生产工艺 开展清洁生产工作以来，电子终端产品生产过程中各个环节分别作了改进。进行绿色设计，尽量减少产品所含有害物质，考虑产品报废时应便于拆解和处理，在产品诞生前为其全生命周期的运行打下良好基础。在原材料供应方面，与电子终端产品所需的原材料及元件、器件供应商签订绿色供货合同，严格控制使用有害物质，保证有害物质不发生外泄或突变，制造厂原料进厂需进行检验。在生产过程中除特殊需求外采用无铅焊接工艺，从根本上消除含铅危险废物的产生；尽量采用免清洗工艺、无溶剂喷涂工艺；采用技术成熟、经济可行的末端治理措施，实现污染物达标排放；通过技术改造、科学管理措施逐步减少污染物的排放量。整机装配检测后，在产品说明书中注明是否含有害物质，如含有害物质要说明其所在的部位，以便产品报废后对其进行资源再利用时能将有害物质取出并集中处理。电子产品包装物应当采用无害、易于降解和便于回收利用的材料，实施绿色包装、绿色物流。

**半导体分立器件制造、集成电路制造行业** 半导体产业分为两大分支：一是半导体分立器件行业，其产品广泛地应用于电子终端产品，如计算机及外部设备、网络通信设备、广播电视设备、智能消费设备，以及涉及高频、高压、大功率的终端产品或照明等领域；二是集成电路行业，其产品可用于实现对信息的处理、存储与转换。

半导体分立器件种类繁多，包括半导体二极管、半导体三极管、半导体开关元件、特种元器件及传感器、电力半导体分立器件等。集成电路的分类方法很多，按照电路信号是模拟量还是数字量可以分为模拟集成电路、数字集成电路和混合信号集成电路（模拟和数字在一个芯片上）；按照制作工艺可分为半导体集成电路和膜集成电路，半导体集成电路又分为双极型集成电路和单极型集成电路两类，膜集成电路又分为厚膜集成电路和薄膜集成电路；按照集成度高低的不同可分为小规模集成电路、中规模集成电路、大规模集成电路、超大规模集成电路、特大规模集成电路、巨大规模集成电路（也被称作极大规模集成电路或超特大规模集成电路）。

*使用原辅材料及主要污染物* 半导体分立器件和集成电路芯片制造使用的原材料主要包括各种晶圆片、光掩膜版、各种电子级化学试剂和特殊气体等，其中化学试剂及特殊气体有上百种。封装制造使用的原材料主要包括芯片、引线框架、引线（金丝）、封装树脂等。

半导体分立器件和集成电路在芯片制造和封装制造等生产阶段，因生产工艺复杂（包括热加工、化学反应、机械加工、清洗等多种工艺），生产过程中使用多种固态和液态的化学材料、特殊气体，因此会产生多种污染源。芯片制造过程产生的废水为酸碱废水、有机废水、含氟废水、含氨废水和研磨废水五种，其中有机废水中的污染物主要为化学需氧量（COD），含氟废水中的污染物主要为氟化物，含氨废水中的主要污染物为氨氮，研磨废水中的主要污染物是悬浮物（SS）；产生的废气为酸性废气、碱性废气、有机废气和工艺尾气，酸性废气中的污染物主要包括硫酸雾、氯化氢、氟化物和氮氧化物，碱性废气中主要为氨气，有机废气中主要为非甲烷总烃，工艺尾气中主要有硅烷、磷烷、砷烷等。封装制造工艺过程产生污染的环节主要在电镀、清洗等工序，电镀过程产生的主要有含铜、锡、镍、铅废液或刻蚀废液，电镀清洗过程产生的工业废水主要是含铜、锡、镍、铅废水或酸性废水。

*行业清洁生产工艺* 从清洁生产的角度提高产品设计水平，进行产品绿色设计，例如，布局要求走线间距分离得更远，同时又不影响整体面积；还要尽可能在同一层面走线，以避免不必要的通孔设置等，减少工序和简化工艺，从而少产生或不产生污染物。

在生产过程中采用清洁生产工艺，降低行业污染排放。改进原料和能源，严格限定材料的化学纯度，减少杂质和粒子的引入。严格控制对器件质量和功能影响大的碱金属及重金属等金属杂质元素含量及一些非金属杂质元素的浓度，对进厂元器件半成品投入生产前进行温度、检漏、振动、高压电冲击等试验，严格控制辅助材料的纯度，对超纯水水质、超纯气体、化学试剂等进行及时监测。

同时优化生产工艺，主要技术体现在水循环利用、化学品替代等方面。半导体制造业是一个耗水量很大的行业，且制造过程中对水的要求非常高。目前，集成电路制造企业中一般都设有超纯水回用设备，通过多级浸洗或多级逆流清洗，将符合一定水质要求的废水引入循环利用系统，经处理的废水再循环利用。此外，半导体工艺中使用了大量含氟气体，如四氟化碳（$CF_4$）、六氟乙烷（$C_2F_6$）、六氟化硫（$SF_6$）、三氟化氮（$NF_3$）等，这些气体大部分属于温室气体，温室效应远远高于 $CO_2$。目前，行业内部在开展温室气体减排行动，通过化学品替代等方法，减少含氟气体的使用量，从而减少温室气体的排放。

**电子真空器件制造、显示器件制造行业** 电子真空器件、显示器件行业产品众多。彩色显像管为电子真空器件的代表产品，此外还有电子热离子管、冷阴极管、光电阴极管、微波管、X 射线管、真空开关管、磁控管等产品。显示器件指基于电子手段呈现信息供视觉感受的器件及模组，以薄膜晶体管液晶显示器件（TFT-LCD）为代表产品，还有等离子显示器件（PDP）、有机发光二极管显示器件（OLED）、量子点发光二极管显示器件（QLED）、场发射显示器件（FED）、真空荧光显示器件（VFD）、曲面显示器件及柔性显示器件等。随着市场的变化，彩色显像管、等离子显示器件已停产，而 TFT-LCD 已普及，今后发展较有前景的有属于第三代显示器件的 OLED 显示屏（有机材料主动发光），因自发光、结构简单、超轻薄、响应速度快、宽视角、低功耗及可实现柔性显示等特性，被誉为“梦幻显示器”，发展前景光明。而 QLED 显示屏（量子点材料主动发光）作为后起之秀，工作状态更稳定、寿命更长、成本更低，可带来更“纯”的色彩表现。

*使用原辅材料及主要污染物* 生产 TFT-LCD 使用的原辅材料品种繁多，质量要求严格，包括玻璃基板、剥离液、显影液、光刻胶、刻蚀液、偏振片、液晶材料、玻璃纤维、清洗剂、特种气体等，部分原辅材料需从国外进口。电子真空器件生产的主要原辅材料有玻璃、磁钢、钨丝、钯等。

TFT-LCD 生产的主要污染物中，废水含磷、氨氮、氟化物、COD 和 BOD；废气包括酸性废气、碱性废气，主要污染物有氮氧化物、氯化氢、氨、非甲烷总烃等。电子真空器件生产排放的污染物主要来源于材料零件净化、零件被覆、电极制造，产生的废水主要为含氢氟酸废水、石墨及酸碱废水、荧光粉废水（含金属铬）、有机废水及其他各工序的一般废水，产生的有害气体主要是酸碱废气、有机废气（主要为甲苯、醋酸丁酯、乙醇等）以及一般性热气、粉尘等。

*行业清洁生产工艺* 液晶面板的生产过程消耗水量很大，一直被视为耗水大户，主要集中在 ITO 玻璃的清洗工艺中，削减清洗水的用量就削减了生产用水量，同时也就削减了污水处理量。通过采取提高清洗效率、清洗水复用以及控制用水量等措施，使废水量减少 40%以上。在提高清洗效率方面，采用在玻璃和清洗水之间形成湍流的清洗方式。采用喷淋和浸洗相结合的清洗方法或多级逆流清洗方式，可增加接触时间，提高清洗效率。处理合格的清洗水重新回用于清洗工艺，用于下一级的预清洗等。同时，增加用水量控制设施，如安装节流阀、计量仪表、流量自动控制器等，加强管理，避免任水自流。

有机废气控制指标的实施，给行业的清洁生产带来了极大生机。例如，生产 TFT-LCD 使用的 IPA（异丙醇），由于其挥发会产生大量有机气体，导致有机废气处理设施不能达标，因此，目前国内一些企业在清洁生产技术更新时，用其他污染更小的化学品来取代 IPA，是典型的污染物排放标准促使企业改进生产工艺、实行清洁生产的案例。

**半导体照明器件制造、光电子器件制造行业** 半导体照明器件指用于半导体照明的发光二极管（LED）、有机发光二极管（OLED）等。随着以氮化镓LED为代表的第三代半导体光电器件材料的兴起，蓝色和白色LED的研究成功，半导体灯作为新型高效固体光源，具有长寿命、节能、绿色环保等显著优点，其替代传统的白炽灯和荧光灯是大势所趋。光电子器件指利用半导体光—电子（或电—光子）转换效应制成的各种功能器件，主要有光敏电阻、光电二极管、光电三极管、光电池、光电管、光电倍增管等。

*使用原辅材料及主要污染物* 半导体照明器件和光电子器件主要产品生产中的原辅材料有半导体基片（如硅片、氮化镓、砷化镓等）、金属有机源、光刻胶、蓝氨、显影液、去胶剂、多种固态和液态化学试剂和特殊气体等。

生产过程产生的污染物主要来源于基片处理、外延生长、光刻、刻蚀、减薄等工艺。基片处理会产生酸性废水和有机废气。外延生长工艺会产生含砷废水、有毒气体和含氨废气等。光刻时由于使用了酚醛树脂、丙二醇醚酯、丙酮、丁酮等，在烘干过程中会产生有机废气，在清洗过程中会产生有机废液。光电子器件生产工艺中的干法刻蚀除产生部分废气外，在清洗过程中还会产生酸碱废水和含砷废水。对于砷化镓工艺，减薄时会产生含砷废水。

*行业清洁生产工艺* 随着半导体照明器件和光电子器件制造业清洁生产的推进，在企业内部管理、生产工艺与设备选择、原辅材料选用和管理、废物回收利用、污染治理等方面采取合理可行的措施，可有效控制污染。例如，采用国际上先进的金属有机化合物化学气相沉淀（MOCVD）设备进行外延片的生长，使得LED的内量子效率接近100%；制备单分布式布拉格反射器（DBR）与复合DBR反光层，可使外延片的生长周期比通常减少1/3，节省了原材料，降低了成本；建立严密的质量管理体系和环境管理系统，建立和健全相应的规章制度，专人负责，层层落实，将清洁生产贯穿于生产的全过程。

**电子元件及电子专用材料制造行业** 电子元件包括电阻、电容、电感元件，敏感元件及传感器，电声器件及零件等，是各类电子信息系统中必不可少的基础单元。电子专用材料指用于电子元器件、组件及系统制备的专用电子功能材料、互联与封装材料、工艺及辅助材料，包括半导体材料、光电子材料、磁性材料、锂电池材料、电子陶瓷材料、覆铜板及铜箔材料、电子化工材料等。

*使用原辅材料及主要污染物* 电子元件制造的重要原料之一为浆料，按照功能不同，可分为导电浆料、电阻浆料和电介质浆料三种类型。电子元件制造的另一重要原料为有机绝缘材料，其中树脂类有热塑性合成树脂（如聚乙烯，用作电容器的薄膜介质）和热固性合成树脂（例如，酚醛树脂是由苯酚和甲醛缩聚所得的热固性酚醛，又称胶木）。其他常用辅助材料包括有机漆或清漆，制造过程用的酸、碱液，清洗液，挥发性有机溶剂（乙醇、甲苯、松节油等），编带包装材料和电镀液等。

电子元件制造过程中产生污染物的主要工序有：①清洗。清洗是电子元件制造的基本工序，也是主要产污环节之一，会产生油污等。②配料、球磨、封端、丝印、流延等工序有刺激性挥发性有机溶剂（甲苯、松节油、乙醇等）产生。③电化学腐蚀。在铝电解电容器制造过程中，需要对正极铝箔进行电化学腐蚀，腐蚀时会产生盐酸雾。④电镀。主要产生重金属污染和添加剂污染。产生的电镀废水常含有氯化物、铬酸、重金属（铅、铜、镍、锌等）、氰化物、酸碱及其他化学物质。⑤包封。电感器常用环氧树脂、酚醛粉包封料等包封，包封过程中会产生有机废气，如二甲苯、丙酮等。⑥其他工序产生的污染。电子元件的制造过程还常常包括烧结或烧渗、煅烧、热分解、喷涂、切割、研磨、涂覆导电膏、化学搪锡、焊接等工序，这些工序会有刺激性挥发性有机溶剂污染物产生。

由于电子专用材料种类很多，各种材料性能相差较大，所需原辅材料及产生的污染物相距甚远。以太阳能电池半导体材料多晶硅为例，原材料主要为氧化硅和碳，辅助材料有氯气、氢气，其生产过程中产生的主要危险及有害物质有氯气、氢气、氯化氢、三氯氢硅、氢氟酸、硝酸、氟化氢等。

行业清洁生产工艺　在全国工业企业节能减排的大环境影响下，绝大部分电子元件重点骨干企业也大力推行清洁生产和减排治污。元器件生产过程采取清洁生产措施，对产生的一般废水（如冲洗水）等进行处理后被下一级利用；对于电镀废水则采用无氰电镀，从根本上消灭氰的污染，同时对电镀废水进行前处理，集中去除重金属危害。

从2011年起，高效节能多晶硅大规模清洁生产关键技术研究项目由多晶硅产业技术创新战略联盟组织实施，多家多晶硅生产企业和相关大学、科研机构共同承担，短短三年间，重点突破了大规模改良西门子法多晶硅低成本生产技术优化集成，物理法多晶硅生成低成本新工艺和硅烷法多晶硅产业化制备技术，形成了拥有自主知识产权的高效低成本多晶硅制备技术和节能减排全循环清洁生产关键技术。在多晶硅制备工艺优化提升后，不仅破解了低能耗还原炉高效提纯难题，还突破了四氯化硅热氢化关键技术，为本身不是污染物的四氯化硅正了名。尾气回收后做氢化处理，在全闭环的过程中，物料得到综合循环利用，不仅减少了排放，还提高了多晶硅的产出率。

**电子电路制造行业（印刷电路制造行业）**　行业主导产品的功能是使各种电子零组件形成预定电路的连接，起中继传输的作用，是电子产品的关键电子互联件，有“电子产品之母”之称。产品主要为各种形式的印制电路板，包括刚性板与柔性板以及刚柔结合印制电路板，具体可分为单面印制电路板、双面印制电路板、多层印制电路板和高密度互连印制电路板（HDI板）等。

使用原辅材料及主要污染物　印制电路板生产最重要的原材料就是覆铜箔板，其次是多层板用的铜箔、成像用干膜和湿膜、阻焊用干膜和油墨、丝网、重氮片、铜材、镍材等。印制电路板生产用化工材料有近百种，其中板面清洁处理用：碱类、酸类、高锰酸钾等；蚀刻处理用：氯化铜、盐酸、氯化钠、氯化铵等；电镀用：锡盐、镍盐、金盐、铜盐、硼酸、氰化物、硫酸、有机络合物、氨基磺酸、烷基磺酸、润湿剂、抗氧化剂等；化学镀镍、化学镀铜等用：双氧水、其他有机盐、添加剂、络合剂等。

主要排放的特征污染物为VOCs、酸碱性废气和废水、含重金属废水等。例如，蚀刻工艺会产生废酸、碱蚀刻液；在镀铜时会产生含铜废水等。以多层印制板为例，其主要生产工艺过程中产生的污染物见下图。

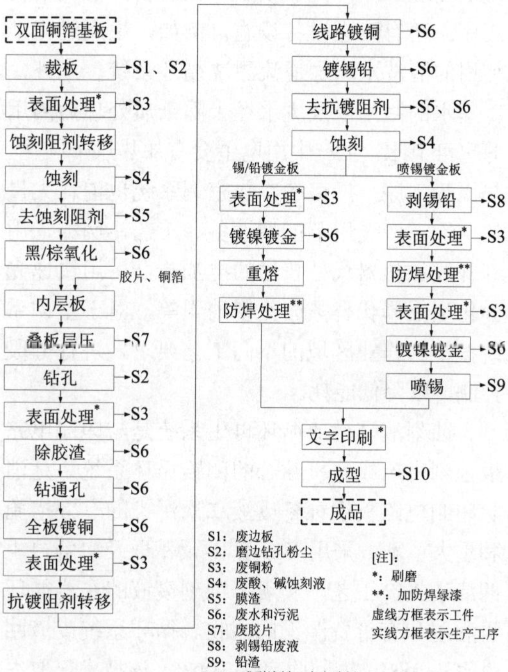


印制电路板主要生产工艺及产污节点（多层板）

行业清洁生产工艺　实施产品绿色设计，也称生态设计，是清洁生产第一要务，借助产品生命周期中与产品相关的各类信息（技术信息、环境协调性信息、经济信息），进行印制电路板设计。在生产印制电路板之前需要对产品、自然环境、社会环境、用户进行全方位的考虑，通过对整个生命周期进行分析，设计出满足环境要求、适应市场和用户需求的绿色产品。

实施清洁生产工艺时，首先是减量化，消除或减少有毒有害化学品的使用，用消耗少、效率高、无污染或少污染的工艺、设备替代落后的工艺、设备。例如，覆铜箔层压板中不用溴化物阻燃剂，由无卤覆铜板代替；印制电路板表面不用含铅的锡铅合金涂层，由无铅保护涂层代替。另外，印制电路板电镀工艺这项主要技术，包括化学镀铜、电镀铜、电镀锡铅合金，都用无氰电镀替代。其次是再利用，最大限度地利用资源能源和原材料，实现物料的厂内循环。印制电路板生产需要大量的水和电，节水的方法是改进工艺技术，减少印制电路板湿法处理工序，如加成法工艺就不需蚀刻水洗工序。还有改进设备设施，例如，生产过程中使用的清洗水增加逆流漂洗循环系统。此外，冷却水的回用以及废水经去除杂质处理后回用等也可节水。生产中用电主要有加热烘干固化、热压等工序，厂房的冷热空调系统也消耗大量的电能。应选用节能型设备和工艺，例如，用红外线加热器代替普通的电加热器，用快速光固化型油墨代替热固化型油墨等，对于空调系统按不同作业区域的不同工艺要求，进行分段控制，以降低能耗。

蚀刻液零排放循环再生系统是与印制电路板蚀刻生产线有机结合的闭路循环系统，是消除印制电路板铜蚀刻废液二次污染的有效措施和重大革新。采用多级萃取-反萃取及电解再生的清洁生产工艺，实现了蚀刻废液的在线循环再利用和有价资源铜的回收。循环系统废液回收率达 98%，铜回收率达 100%。该技术已取得多项国家专利，并获得联合国工业发展组织推荐产品证书。

**发展现状及趋势** 20 世纪 90 年代以来，美国、德国、日本等国家在电子工业生产及产品使用中，提出以资源利用最大化和污染排放最小化为主线，将清洁生产、资源综合利用、生态设计和可持续消费等融为一体的循环经济战略，对电子工业产品的生产及使用后废弃物的回收利用和处置进行了立法规制。特别是进入 21 世纪后，发达国家电子工业清洁生产的着眼点从清洁生产技术逐渐转向清洁产品的整个生命周期。2003 年 1 月，欧盟发布《关于在电子电气设备中限制使用某些有害物质的指令》（Restriction of the Use of Certain Hazardous Substances in Electrical and Electronic Equipment，简称《RoHS 指令》），并于 2006 年正式实施，主要用于规范电子电气产品的设计、材料选用及生产工艺标准，从产品设计开始消除有害物质，使之更加有利于人体健康及环境保护。

我国在电子工业清洁生产工作开展过程中，初期通过改进产品生产工艺、加强“三废”治理来降低污染物排放量和毒性，而后逐步发展为从绿色设计开始，涵盖产品原料的选取、生产的全过程，直到使用报废后的最终处置，在产品整个生命周期中减少对人类和环境的不利影响。欧盟《RoHS 指令》发布后，我国相关部委结合国内实际先后出台多项管理办法，促进了电子行业清洁生产和资源综合利用。经过多年的努力，我国电子工业清洁生产不断发展，部分技术与项目已经达到世界先进水平。

节能环保、绿色低碳已成为国际产业发展潮流和趋势，以清洁生产的方式提供节能环保技术和产品也成为国际产业竞争的重要内容。为适应欧盟《RoHS 指令》《报废电子电气设备指令》（Waste Electrical and Electronic Equipment，简称《WEEE 指令》）等规则要求，应对污染物控制谈判以及国际贸易中以节能环保低碳技术标准为特征的绿色贸易壁垒带来的挑战，客观要求我国电子工业必须加快推行清洁生产，在实现生产过程清洁化的同时，提供无毒无害或低毒低害的绿色技术和产品，提升产业竞争力。

（陈利　廉启合　杨敬增）

# F

**fajiao shipin gongye qingjie shengchan**

**发酵食品工业清洁生产** （cleaner production in fermented food industry） 将整体预防的环境策略运用于发酵食品生产过程中，使用清洁的能源和原料，采用先进的发酵食品生产工艺技术与设备，提高发酵转化效率，提升资源和能源利用效率，加强高浓度有机废水和固体废物的综合利用，改善管理，最大限度地减少或者避免发酵食品生产过程中污染物的产生和排放。

**沿革** 1997年，国家发展计划委员会、中国轻工总会为了推动轻工业资源综合利用工作，制定了《轻工业资源综合利用技术政策》，对发酵食品行业的原料优化、清洁生产技术应用和资源综合利用方面提出了要求。1999年，国家轻工业局发布了《发酵工业环境保护行业政策、技术政策和污染防治对策》，进一步提出了适宜在发酵工业推广的清洁生产技术和资源综合利用技术。2002年后，随着《中华人民共和国清洁生产促进法》的颁布和国家相关配套政策的实施，发酵食品企业逐步开始认识到单纯依靠末端治理无法从根本上解决行业的污染问题，从源头抓治理、采用清洁生产技术、实现能源资源的综合利用才是解决行业污染问题的有效途径。此后，发酵食品企业通过积极开展清洁生产工作，取得了较好的经济效益和环境效益。国家发展和改革委员会发布的《发酵行业清洁生产评价指标体系》和环境保护部发布的《清洁生产标准 味精工业》（HJ 444—2008），为发酵工业企业清洁生产工作的开展提供了标准依据。为了加快重大清洁生产技术的示范应用和推广，提升行业整体清洁生产水平，2010年工业和信息化部发布了《关于印发聚氯乙烯等17个重点行业清洁生产技术推行方案的通知》（工信部节〔2010〕104号），其中包括《发酵行业清洁生产技术推行方案》和《酒精行业清洁生产技术推行方案》，进一步推动了发酵食品工业清洁生产技术的推广和应用。

**酒精清洁生产工艺** 发酵法生产酒精是将淀粉质、糖质等原料，在微生物作用下经发酵生产酒精。该法根据原料不同，可分为淀粉质原料发酵法、糖蜜原料发酵法和纤维质原料发酵法。淀粉质原料发酵法是我国生产酒精的主要方法，该法以玉米、薯干、木薯等含有淀粉的农副产品为主要原料。酒精生产的废水主要来自蒸馏发酵成熟醪时粗馏塔底部排放的蒸馏残留物——酒精糟（高浓度有机废水），此外，酒精生产过程中还会排放大量生产设备洗涤水、冲洗水，以及蒸煮、糖化、发酵、蒸馏工艺的冷却水等。

酒精工业的清洁生产技术主要包括以下几个方面：①中、低温连续蒸煮工艺。传统酒精生产采用高温蒸煮工艺，蒸煮温度在120℃以上，中、低温蒸煮工艺可以将温度降低至85～110℃。采用中、低温连续蒸煮工艺可有效降低能耗，提高蒸煮效率，有利于浓醪发酵和酒精糟的分离、处理。②酒精糟液的综合利用。将酒精糟液全部干燥后的产品称为酒精糟全糟饲料（DDGS），其具有良好的饲用价值，在大型酒精企业 DDGS 是创造经济效益的重要产品。酒精糟液综合利用工艺流程见图 1。③二氧化碳的回收和利用。及时回收发酵过程产生的二氧化碳在很大程度上可缓解酵母菌在发酵过程中的压力。二氧化碳回收主要有高压法（6.0～9.0 MPa）、中压法（1.6～2.5 MPa）和低压法（0.6～0.8 MPa）三种。

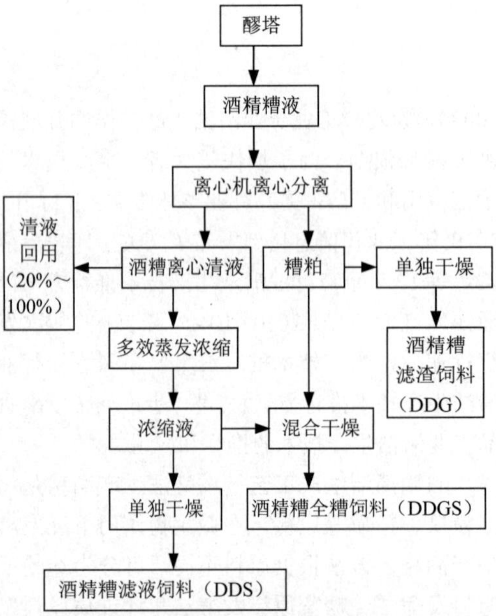


**图 1　酒精糟液综合利用工艺流程**

**味精清洁生产工艺**　味精生产主要以大米、淀粉、糖蜜等为原料，包括发酵法和水解法两种工艺，现在都以发酵法进行生产。味精工业的废水主要来自发酵液经提取 L-谷氨酸（又名“麸酸”）后的废母液或离交尾液、生产过程中各种设备的洗涤水、离子交换树脂洗涤与再生废水、各种冷却水和冷凝水，具有 COD、$BOD_5$、$NH_3$-N 高的特点，易造成水体富营养化。

味精工业的清洁生产技术主要包括以下几个方面：①L-谷氨酸提取工艺技术革新。味精生产主要通过等电离交工艺和浓缩连续等电工艺两种方法提取谷氨酸，等电离交工艺虽然提取收率高于浓缩连续等电工艺，但酸、氨消耗高，废水产生量大，处理难度大，成本高，因此，从清洁生产的角度应当鼓励企业采用浓缩连续等电工艺。图 2 为浓缩连续等电提取谷氨酸工艺流程。②高浓度有机废水综合利用。味精生产过程中的主要水污染来源于提取工段和精制工段的高浓度废水（废母液和离交尾液）的排放，而这部分废水其实有很高的利用价值，可以通过提取菌体蛋白和生产复合肥等方式进行综合利用，从而降低废水处理的负荷。图 3 为发酵废母液生产有机复合肥料的工艺流程。③提高水的重复利用率。味精生产过程中用水的地方很多，包括糖化、发酵、提取、精制等各个工段的工艺用水、蒸汽消耗、工艺冷却水以及设备冷却水等，通过对不同水质的排水进行多次重复利用和循环利用，可以大大降低新鲜水的使用量和废水的排放量。

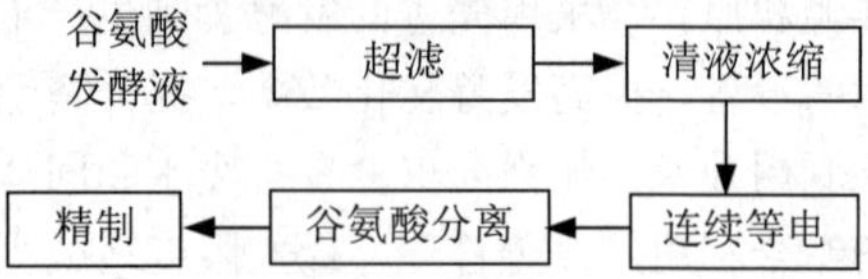


**图 2　浓缩连续等电提取谷氨酸工艺流程**

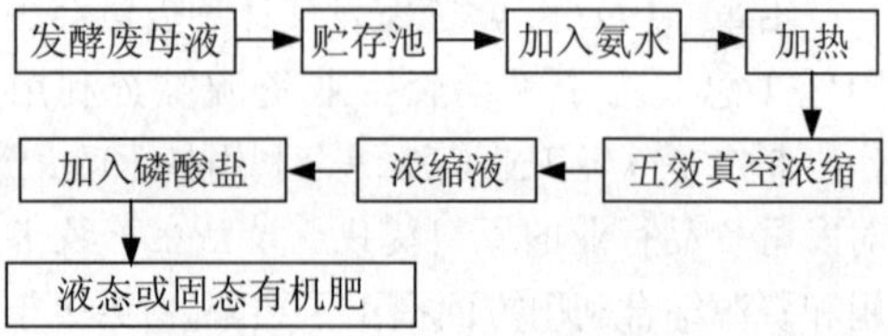


**图 3　发酵废母液生产有机复合肥料工艺流程**

**柠檬酸清洁生产工艺**　柠檬酸生产以薯干、玉米等淀粉质原料为主，产生的废水主要来自提取车间的浓糖水和洗糖水，其浓度高、排放量大。柠檬酸废水中含有大量的有机物（有机酸、糖、蛋白质、脂肪、淀粉、纤维素等）及 N、P、S 等物质，生产中未糖化的淀粉质、未发酵的残糖、未能提取的柠檬酸等都进入废水中，形成高浓度的有机污染物。

柠檬酸工业的清洁生产技术主要包括以下几个方面：①以玉米替代薯干为原料。我国柠檬酸生产主要以薯干粉为原料，由于薯干粉中淀粉含量相对较少，杂质较多，发酵产率较低，会产生大量的发酵残留物，造成环境污染。同时，经薯干粉发酵后的发酵液中含有大量的花色素，为后续脱色工段造成麻烦，消耗大量的活性炭，增加了产品成本。而采用玉米等粮食为原料的工艺路线显示出较好的环境效益，产品质量好，产生的废水少，并且脱色的活性炭用量大大减少，提高了经济效益。②废物的综合利用。柠檬酸生产过程中产生的副产物主要包括菌体渣、硫酸钙等，菌体渣水洗或用碱性物质中和后可以用于生产饲料，硫酸钙可以用于生产建筑材料。③冷却水封闭循环利用技术。通过对生产过程中的冷凝水、冷却水封闭循环利用，不仅可以减少新鲜水的用量，还可以降低污水的排放量。④通过对热能回收利用，可降低生产中的能源消耗。

**发展现状及趋势**　发酵工业是现代生物工程的重要组成部分，是基因工程、细胞工程和酶工程的具体应用，具有较高的技术含量和附加值。但是随着发酵工业生物技术产品品种的增加和生产规模的迅速扩张，工业废水的污染问题越来越突出，环境制约已成为发酵工业发展的限制性因素，尤其是酒精、味精和柠檬酸工业。

近年来，发酵食品工业通过积极开展清洁生产工作，开发和应用清洁生产技术，对高浓度废水进行资源综合利用，提高水的重复利用率，使行业的整体清洁生产水平得到了大幅提高。但是发酵食品工业所排放的废水总量依然很大，尤其是COD和氨氮等特征污染物的排放问题在很大程度上仍制约着发酵食品工业的发展，进一步推动发酵废醪液低碳资源化、无机固体废物和污水处理污泥的减量化与资源化是未来发酵食品工业清洁生产的趋势。

（吕竹明）

fangzhi gongye qingjie shengchan

**纺织工业清洁生产**　（cleaner production in textile industry）　以纺织工业可持续发展为目的，在纤维原料加工、纺纱、织造、染整、裁剪、缝制生产全过程中通过不断改进生产设备和加工工艺，加强能源、资源、环境和质量管理等方式，从源头预防和减少污染物产生，降低产品的环境不利影响。

**沿革**　纺织工业在20世纪90年代开始推进清洁生产工作，以完善清洁生产标准及评价体系、宣传推广清洁生产技术、配合行政主管部门开展企业清洁生产审核为主要内容。自2000年起，国家相关部门相继发布了三批《国家重点行业清洁生产技术导向目录》，共有17项清洁生产技术涉及纺织领域，包括转移印花新工艺、丝光淡碱回收技术、自动调浆技术和系统、气流染色技术等。由于印染行业存在废水排放量大、污染物种类多等特点，成为纺织工业清洁生产推进工作的重点领域。2004年，《清洁生产审核暂行办法》提出了强制性清洁生产审核，印染工业清洁生产审核开始实施。2006年，国家环境保护总局发布了《清洁生产标准　纺织业（棉印染）》（HJ/T 185—2006），2007年发布了《清洁生产标准　化纤行业（氨纶）》（HJ/T 359—2007），2008年环境保护部发布《清洁生产标准　化纤行业（涤纶）》（HJ/T 429—2008）。2018年，国家发展和改革委员会、生态环境部、工业和信息化部共同发布了《合成纤维制造业（氨纶）清洁生产评价指标体系》《合成纤维制造业（锦纶6）清洁生产评价指标体系》《合成纤维制造业（聚酯涤纶）清洁生产评价指标体系》《合成纤维制造业（维纶）清洁生产评价指标体系》《合成纤维制造业（再生涤纶）清洁生产评价指标体系》《再生纤维素纤维制造业（粘胶法）清洁生产评价指标体系》等。2006年12月，国家发展和改革委员会发布了《印染行业清洁生产评价指标体系（试行）》，2017年对其进行了修订，并于2019年形成征求意见稿，该评价指标体系包括定量评价和定性评价，通过对各项指标的实际达到值、评价基准值和指标的权重值进行计算和评分，综合考评印染企业的清洁生产水平，同时为企业实施清洁生产改造提供参考和指导。

**清洁生产工艺**　纺织工业将天然纤维和化学纤维经过纺纱、织造、染整、裁剪、缝制等工序，加工成社会所需要的各种纺织产品，每个环节都可能产生水、气、噪声等污染。

**化学纤维制造** 化学纤维包括涤纶、粘胶纤维、锦纶、腈纶、维纶和丙纶，其中涤纶产量约占 80%，粘胶纤维产量约占 7%。涤纶和粘胶纤维是化学纤维制造领域清洁生产推进的重点。

涤纶生产过程中会产生酯化废水、纺丝废气和废丝等。目前该领域的清洁生产技术主要包括以下几个方面：一是采用先进的生产工艺装备，综合降低生产过程中的资源能源消耗，减少污染物的排放。例如，低温短流程差别化聚酯装备和技术、气提焚烧技术（处理聚酯装置工艺尾气）、连续聚合聚酯装置酯化蒸汽能量回收技术、酯化余热制冷技术、细旦丝环吹风技术、多头纺技术、熔体液相增黏直纺工业丝技术等。二是提高水的循环利用率，如阶梯式水循环利用技术、冷却水封闭循环利用技术、冷凝水替代软化水技术、中水回用及废水深度处理回收利用技术。目前聚酯涤纶行业水重复利用率高达 95%以上。三是采用符合安全和生态纺织品生产需求的助剂、添加剂、催化剂，如化纤液态消光剂母料、钛催化剂等，从源头减少污染物的排放。四是资源综合利用，如酯化废水中回收乙醛及乙二醇技术、废旧聚酯再利用技术等。

粘胶纤维在原液生产过程中会产生碱性废水，在纺丝过程中会产生酸性废水，两股废水混合后呈酸性，同时废水中还有锌、硫化物等，有一定的处理难度。废气中主要含有二硫化碳、硫化氢。该领域清洁生产技术主要包括以下几个方面：一是采用新型绿色制浆工艺解决黑液难题；二是采用低温蒸煮、多效闪蒸等工艺降低能耗；三是配备吸附、燃烧等高效废气回收和治理装置以减少污染排放；四是采用碱回收、二硫化碳回收技术，实现资源综合利用。

**纺纱和织造** 纺纱是以棉花及棉型化纤为主要原料，通过纤维的开松、梳理、并合、牵伸、加捻而纺成纱线，以供织造使用。其主要工艺流程为：配棉与混棉→开清棉→梳棉→并条→精梳→粗纱→细纱→络筒。纺纱过程中产生的棉尘、细小纤维会影响工人的健康，在车间湿度过低时，易发生火灾、爆炸等安全事故，通过专门的滤尘系统可以实现收集和处理。

织造是由相互垂直排列的经纱和纬纱在织机上按照一定的组织规律交织，制成纺织品的生产过程。其主要工艺流程为：整经→浆纱→穿结经→织造→整理。在上浆过程中，经常会用到 PVA 浆料，此类浆料不易自然降解，大量排放会造成环境的污染。目前该领域在大力推广使用变性淀粉、丙烯酸等环保浆料替代品。

在纺纱和织造过程中，细纱机、粗纱机、络筒机、空压机、空调等设备耗能较大，通过加装热量回收或交换装置进行余热回收，循环用于生产工序或生活用热，达到节能的目的。

**染整** 印染加工过程是一个在湿热条件下的化学、物理过程，典型的生产工艺一般包括前处理、染色/印花和后整理三个工序。

在前处理阶段，通过生物酶、冷轧堆、退煮漂两步或一步法等技术，减少传统化学助剂使用量、降低工艺温度、缩短工艺流程和时间，达到节约蒸汽、水，减少污染排放的目的。在染色/印花阶段，通过使用环保型的染化料和助剂、低浴比染色、高效节能水洗、数码印花和转移印花技术等，提高能源资源利用率、减少有毒有害物料的使用，达到资源节约和减轻不利环境影响的目的。在后整理阶段，通过加大清洁能源的使用比例，安装定型机尾气净化和能源循环利用装置，采用循环喷淋和动态过滤箱等技术，提高定型机能源利用率和水洗效率，达到节能节水的目的。

**发展现状和存在问题** “十二五”时期以来，纺织工业紧紧围绕“十二五”“十三五”时期行业发展规划、《建设纺织强国纲要（2011—2020 年）》及《纺织行业“十四五”发展纲要及科技、时尚、绿色发展指导意见》等文件要求，把清洁生产作为促进纺织工业可持续发展的重要举措，先进设备和工艺技术逐步得到推广应用，污染物控制技术取得明显成效，资源循环利用技术也取得了积极进展。其中，百米印染布取水量由 2.5 t 下降到 1.6 t，水重复利用率由 15%

提高到40%左右，综合能耗平均由50 kg标准煤下降到35 kg标准煤。单位产品纱线或针织物在印染过程中的取水量由130 t下降到90 t，每吨产品的生产综合能耗平均由1.5 t标准煤下降到1.1 t标准煤。

纺织工业清洁生产仍然存在诸多问题，例如，企业普遍缺乏依法开展清洁生产的主体意识，主动实施清洁生产的积极性不高，清洁生产评价体系还不健全，管理制度并不完善，人才培养体系建设刚刚起步，清洁生产技术的研发能力不足、资金投入不够、科技成果转化和推广难度较大等。

**发展趋势** 纺织行业作为一个环境敏感型和资源依赖型的传统制造产业，正处于落实可持续强国战略的关键期和攻坚期。推动绿色增长、实施清洁生产是推进纺织工业绿色发展的必然途径。未来纺织工业应在大力宣传清洁生产理念、推进企业实施清洁生产、完善清洁生产评价体系和管理制度、构建人才培养体系、鼓励清洁生产技术研发和成果转化、开展达标对标活动等方面下大力气，着力建设具有绿色内涵的品牌企业，为社会提供更多的绿色产品，引导绿色消费，同时，加强绿色供应链管理和产业链上下游协同管控，减少有害化学物质的使用和排放，真正肩负起纺织全产业链绿色发展的社会责任。（董廷尉）

**推荐书目**

奚旦立. 纺织工业节能减排与清洁生产审核. 北京：中国纺织出版社，2008.

陈立秋，白濛，程晧. 染整工业资源综合利用技术. 北京：化学工业出版社，2015.

**teijinshukuang caixuanye qingjie shengchan**

**非金属矿采选业清洁生产**（cleaner production in nonmetallic minerals mining and processing industry） 以非金属矿采选业的绿色可持续及智能化发展为目标，通过改进开采工艺、使用清洁的能源和原料、采用先进的技术和装备、综合利用可替代资源，在生产全过程控制污染物的产生及排放，从而实现节能、增产、减污、增效的目的。

为了推进重点企业清洁生产工作，环境保护部于2010年4月22日下发《关于深入推进重点企业清洁生产的通知》（环发〔2010〕54号），其中附件一为《重点企业清洁生产行业分类管理名录》，非金属矿采选业中的化学矿采选，石灰石、石膏开采，建筑装饰用石开采，耐火土石开采，黏土及其他土砂石开采，采盐，石棉、云母矿采选，石墨、滑石采选，宝石、玉石开采等被列为重点企业清洁生产行业。

**主要生产工艺和产污环节** 《国民经济行业分类》（GB/T 4754—2017）将“非金属矿采选业”划分为石灰石、石膏开采，建筑装饰用石开采，耐火土石开采，黏土及其他土砂石开采，化学矿开采，采盐，石棉、云母矿采选，石墨、滑石采选，宝石、玉石采选，其他未列明非金属矿采选。

石灰石矿山的开采方式一般为露天开采。石膏矿、耐火土石的开采方法有露天开采法和地下开采法，但主要是地下开采法。建筑装饰用石的开采方式一般为露天开采居多。黏土及其他土砂石开采方法有露天开采法和地下开采法，其中露天开采法的矿山占比超过95%。我国化学矿种类繁多，储量丰富，行业覆盖率高，与化工行业关系密不可分，常见主要矿种为磷矿、硼砂、萤石矿等，根据矿床赋存条件，采矿方法有露天开采和地下开采两种方式。我国原盐生产的三大种类包括海盐、井矿盐和湖盐，海盐和湖盐都是露天开采，井矿盐需要地下开采。石棉的开采以露天开采为主，选矿工艺主要为破碎、筛分、风选。云母矿开采主要为露天开采，选矿工艺主要为手选、风选等。我国石墨矿产资源非常丰富，主要有晶质石墨和隐晶质石墨两种，晶质石墨矿采用露天开采，隐晶质石墨矿多为地下开采，石墨的选矿工艺采用浮选。滑石的开采方式多采用露天开采，滑石原料的质量可以通过优化采矿技术得到较好的保证，一般开采原料即可满足工业使用，无须选矿。宝石、玉石矿山均为露天开采，并且尽量避免使用爆破工具。其他未列明非金属矿有沸石、玄武岩、水镁石、电气石等，开采方式以露天开采为主。

露天开采工艺流程包括穿孔、爆破、铲装、运输、排水等环节，地下开采除上述工艺流程外还包括提升、通风、采空区处理等环节。主要污染包括开采过程产生的粉尘、铲装及运输产生的粉尘、剥离产生的废石（废石一般堆存至废石场）以及矿坑（矿井）涌水等。

选矿包括矿石破碎筛分、磨矿、分级、选别（采用磁选、电选、重选、浮选中的一种或几种）、脱水、尾矿排放（一般排至尾矿库）等流程。主要污染包括破碎、筛分等过程产生的粉尘，以及在选别（主要为浮选）和脱水（浓密、过滤等）工序中产生的废水，废水中含有浮选药剂的成分，常见的有柴油、脂肪酸及其钠皂类、脂肪胺及其盐类、烷基磺酸盐等，直接排放将造成环境污染。

**清洁生产工艺技术和措施** 非金属矿采选业的清洁生产工艺需贯穿至行业的投入及产出各个环节，构建一套全面的清洁生产工艺技术和措施体系。

**推进绿色采选技术** 采选过程通过优化采矿和选矿技术、使用先进装备与设备，从而实现较高的资源利用率和较低的能源消耗水平，包括原料消耗、新水用量、燃油消耗、电耗、炸药消耗、轮胎消耗、药剂消耗等方面。

*采矿清洁生产技术* ①穿孔：采用先进高效、配有除尘净化装置的凿岩设备；②爆破：采用机械化程度高的装药车，采用中深孔微差爆破、分段爆破等控制爆破技术；③铲装：采用先进高效、能耗低、大型化的铲运机、装岩机等装岩设备；④运输：采用先进高效的皮带运输、电机车运输或公路—铁路、汽车—破碎站—胶带等联合运输系统；⑤排水：矿坑（矿井）涌水回用于选矿生产、洒水抑尘、绿化等；⑥废石处理：采矿废石用于生产建筑材料，地下采矿废石不出矿井直接回填采空区等；⑦地下采矿提升：采用先进的、自动化程度高的提升系统；⑧地下采矿通风：采用低压、大风量、高效、节能、低噪声的矿用通风机，以及可控循环风技术；⑨地下采矿采空区处理：采用充填等方法及时处理采空区；⑩地下采矿排水、通风、压气、提升等设备变频调速技术。

*选矿清洁生产技术* ①简化碎矿工艺，减少中间环节，降低电耗；②采用多碎少磨生产工艺，强化破碎过程和磨碎过程，降低碎矿产品粒径，提高选矿回收率；③优化选别工艺，优先选用磁选、重选等方法替代浮选，从源头上减少选矿废水中浮选药剂的含量；④对于必须采用浮选方法的生产工艺，安装智能化加药系统，提高浮选药剂使用效率，减少浮选药剂使用量；⑤安装用水计量装置，降低吨矿耗新水量；⑥将防尘水、厂前废水、选矿生产废水处理后重复利用，提高选矿回水率；⑦采用大型高效除尘系统替代小型分散除尘器，减少水耗、电耗，提高除尘效率。

**污染物排放** 采矿和选矿过程产生的污染物主要为粉尘及废水。通过选择质量可靠的除尘设备并保证较高的去除效率，可将排放至大气环境中的粉尘降至最低限度。废水应尽可能采取处理措施后回用，减少新水用量，主要回用水途径为矿区及运输道路的洒水降尘等。

**废石及尾矿资源利用** 通过制定规范的采选设计方案及资源开发利用方案、优化采矿和选矿工艺、使用先进装备与设施，从而提高回采率，降低贫化率、最低开采品位和最低利用品位，并提高资源总回收率。优化原料配方，最大限度地利用开采的废石，例如，优化水泥生产工艺，通过配矿等手段，最大限度地利用石灰石开采的废石。做好废石及选矿尾矿的综合利用研究，对于排放的废石和尾矿，可以生产建筑材料加以利用，以减少废弃物排放。

**环境及健康安全** 制订详细的土地复垦和植被恢复计划，并设专项经费予以保障。进行非金属矿山安全标准化认证，提高员工培训率、特种作业持证上岗率、特种设备检审率，降低职业病的发生率，并切实提高劳保投入。

**绿色可持续及智能化发展** 牢固树立绿色可持续发展观，高度重视保护和合理开采利用非金属矿资源，要做到取之有节、用之有序。

提升行业智能化水平，深化物联网、云计算、大数据、智能感知等新一代信息技术在非金属矿行业的应用，针对非金属矿行业特点，研发推广基于互联网的三维技术和地理信息系统，建设非金属矿数字矿山，促进非金属矿工业化和信息化的深度融合发展。

**发展趋势** 非金属矿采选业清洁生产要通过研究改进高效节能的新工艺、新技术和新装备，使用清洁的能源和原料，提高废石和尾矿的资源综合利用率，减少污染物的排放量，注重环境及健康安全，从而实现绿色可持续及智能化的发展目标。 （崔文龙　张燕）

**feizhizaobu gongye qingjie shengchan**

**非织造布工业清洁生产** （cleaner production in nonwoven industry） 以非织造布工业环境保护和可持续发展为目的，在纤维摩擦、抱合、黏合或组合等主要工序过程中实行环境质量控制，不断改进生产设备和工艺，减少原材料和能源的消耗，从源头预防和减少污染物的产生和排放，将非织造布企业对环境的负面影响消除或使之尽可能地减少。

**沿革** 纺织产品是民生的必需品，纺织产品加工生产工艺流程长、耗能高、用工多。作为纺织产品之一的非织造布因具有流程短、能耗低、用工少、应用领域广的特点受到了广泛关注。自1978年开始，我国非织造布开始实现工业化生产，目前已建立了比较完整的，涵盖原材料、设备、加工、制品生产和贸易的产业链。非织造布生产工艺是对传统纺织技术的突破，应用领域广，与传统纺织技术相比，能耗及污染相对较小。非织造布制品在医疗卫生、建筑土工、交通工具和过滤分离等领域具有广泛的应用。随着非织造布生产加工技术的不断发展和非织造制品的创新突破，非织造布的应用领域也在不断扩展。

我国的非织造布行业起步较晚，初期企业规模及数量都比较小，清洁生产的管控较弱。随着非织造布行业的发展，企业规模不断壮大，企业数量也不断增加，清洁生产的管控在行业管理中也在不断加强。国家及相关机构的一系列政策的实施也为非织造布行业的清洁生产管控提供了法律依据。2003年，《中华人民共和国清洁生产促进法》正式实施，2006年国家环保总局发布了《清洁生产标准　纺织业（棉印染）》（HJ/T 185—2006），国家发展和改革委员会也针对纺织领域的污染发布了《印染行业清洁生产评价指标体系（试行）》，纺织行业的清洁生产管控在不断趋严。2007年，国务院下发了《节能减排综合性工作方案》，随着一系列政策法规的出台，纺织领域的节能减排被列入了行业的重点工作。目前非织造布行业清洁生产标准一般参照通用标准或相关行业的标准。例如，《工业企业厂界环境噪声排放标准》（GB 12348—2008）、《锅炉大气污染物排放标准》（GB 13271—2014）等。在非织造布生产中，参照造纸、棉纺、化纤等清洁生产标准；在整理工序中，参照印染和整理标准。

**清洁生产工艺** 非织造布的工艺流程主要由三步组成，即铺网、固结和整理。在铺网上借鉴了造纸、传统纺织和聚合物挤出（化纤纺丝）的技术，与之对应形成了湿法成网、干法成网和纺熔成网三大类别。非织造布清洁生产技术发展的主要目标为减少化学品使用、节约用水和能源、提高纤维资源利用率。

**减少化学品使用** 非织造布的固结方法分为机械固结、热黏合、化学黏合，只有在化学黏合时有些逸出物。这是因为化学黏合时，要喷洒一些乳胶黏合剂，一般为乙烯基聚合物或共聚物、丙烯酸酯聚合物或共聚物、淀粉或其衍生物，通常以水作为溶剂，喷洒时会有少许逸出到空气中，因此，一方面要注意收集这些逸出物，另一方面要尽量减少添加剂的使用量。化学黏合时会有逸出物也是因为黏合剂中往往会有一些单体存在，在干燥过程中会随水分一起逸出，对人体健康造成一定影响。为尽量减少添加剂的使用量，可选用合适的单体和先进的乳液聚合工艺，减少黏合剂中单体含量；或采用泡沫化学黏合工艺，减少逸出物的产生，同时选用先进的对流干燥设备，干燥后气流能够循环使用。另外，在保证产品性能的同时，使用热黏合工艺和机械固结工艺（针刺或水刺方法）替代传统的化学黏合工艺，可减少化学品的使用量，如气流成网—水刺固结工艺。

**水的回用** 湿法非织造布工艺中的湿法成网工序和水刺法非织造布工艺中的水刺工序需耗用大量的水。湿法成网技术沿用了造纸技术，在这个工序中会产生废水。该工序中会使用分散剂、黏合剂（或黏合纤维）、湿增强剂等，用来改变悬浮介质（水）的有效黏度，这些添加剂在纤维成网后大部分会留在非织造布上，其余则溶解在水中，废水中主要成分为天然胶、醋酸乙烯、丙烯腈和丁苯共聚物等。在固结工艺中，水刺固结是用水量最大的工序。水刺时，由高压水流形成连续不断的呈圆柱状的“水针”，在水针冲击纤网的过程中，纤维在水力的作用下，从表面带入网底，造成纤维之间的缠绕，从而完成纤维间的固结，形成非织造布。为节约用水，当前的湿法成网所用的清水都循环使用，对不同含固量、不同工艺时段产生的废水，分别采用不同的处理手段。由于水刺生产对水的品质要求很高，而且用于水刺的水压很高，因此，水刺设备必须严格防漏。水刺设备配有庞大的水处理、回用系统，除了自然蒸发和干燥时的消耗，水回用量在 85%左右，循环利用率达 95%以上。

**设备保温** 为节约能源，在纺熔设备和干燥设备上鼓励使用新型的保温材料和先进的保温技术，让热量得到充分利用。湿法成网、水刺、热黏合都需要使用干燥或加热设备，应及时对这些设备进行更新和改造，同时淘汰老旧设备，提高能源利用率。

**废旧织物回用** 非织造布生产过程中以及非织造布复合整理时，基本没有废料产生，但会产生一些边角料；纺黏法非织造布铺网工序沿用了化纤纺丝技术，原料纤维为长丝，在生产过程中还会产生废丝。为减少纤维原料的消耗，非织造布边角料要及时回收利用，纺熔成网所产生的废丝和边角料应全部回收利用。另外，应积极开发废旧织物及纤维制品的回收利用技术和设备，用以生产工农业用的各种材料及制品，如保温材料、隔音材料、耐高温复合材料、工业用毡毯、贮存/运输用托盘等。

**发展现状及趋势** 清洁生产是行业可持续发展的必由之路。随着人们对环保的愈加重视，各类原材料环保程度不断加深，目前可降解材料、纤维素纤维大量用于非织造布生产，同时装备技术水平的不断提升，将更加有力地促进非织造布行业的清洁生产。未来非织造布工业的发展不但体现在产品品质的提升上，同时也体现在水的回用、绿色黏合剂使用、资源再利用等方面。 （李桂梅 赵瑾瑜）

**feiqi ziyuan zonghe liyongye qingjie shengchan**

**废弃资源综合利用业清洁生产** （cleaner production in recycling and disposal of waste） 以废弃资源综合利用业的绿色可持续发展为目标，从废料收集分类、回收/加工工艺与装备、资源能源消耗与利用、污染物产生、产品特征和环境管理等方面入手，提高废弃资源回收和再利用效率，减少污染物产生，以减轻或者消除对人类健康和环境的危害。

**沿革** 随着 2002 年《中华人民共和国清洁生产促进法》的颁布，国内废弃资源综合利用业清洁生产工作也随之在废金属、电子废物、废轮胎、废塑料、废旧衣服、废家电拆解等再生利用行业逐步推进。2017 年 7 月，国务院印发《禁止洋垃圾入境推进固体废物进口管理制度改革实施方案》，提出要在 2019 年年底前逐步停止进口国内资源可以替代的固体废物，完善进口固体废物管理制度，加强回收利用管理，发展循环经济。

目前，已发布的行业清洁生产相关规定有 3 项，包括《再生铜行业清洁生产评价指标体系》、《清洁生产标准 废铅酸蓄电池铅回收业》（HJ 510—2009）和《再生铅单位产品能源消耗限额》（GB 25323—2010）。截至 2019 年，废弃资源综合利用业九大子类别合计已发布的标准和已立项制定的标准项目共 253 项，其中已发布实施的有 119 项。其中，再生产品标准已发布的数量最多，而加工及技术标准最为完善，已发布的标准和已立项制定的标准项目共51项。

在清洁生产技术研发和推广方面，工业和信息化部分别于2012年和2014年编制了《再生资源综合利用先进适用技术目录（第一批）》《再生资源综合利用先进适用技术目录（第二批）》，共发布132项再生资源综合利用的先进适用技术，涵盖废弃电器电子产品、废轮胎橡胶、废金属、废塑料、废玻璃、废纺织品、建筑废弃物和农林废弃物等多个废弃资源种类。此外，《废矿物油回收利用污染控制技术规范》（HJ 607—2011）中提出，鼓励废矿物油的再生利用采用沉降、过滤、蒸馏、精制和催化裂解工艺。《再生铅冶炼污染防治可行技术指南》（环境保护部公告　2015年第11号）中列明了再生铅冶炼污染防治技术和再生铅冶炼污染防治可行技术。《固体废物再生利用污染防治技术导则》（HJ 1091—2020）鼓励顺流清洗或逆流清洗工艺，建议根据洗涤目的对固体废物进行多级清洗。

此外，还有一些纺织、有色金属、轻工、化工等行业的原料、回收及分拣、加工、再生产品的标准和技术导则，以及部分再生行业的准入条件等，均对各个行业的废弃资源综合利用作出了要求，包括《废润滑油回收与再生利用技术导则》（GB/T 17145—1997）、《环境标志产品技术要求　再生纸制品》（HJ/T 205—2005）、《环境标志产品技术要求　再生塑料制品》（HJ/T 231—2006）、《环境标志产品技术要求　再生鼓粉盒》（HJ/T 413—2007）、《废塑料污染控制技术规范》（HJ 364—2022）、《再生铅行业规范条件》（工信部公告　2016年第60号）、《关于联合开展电子废物、废轮胎、废塑料、废旧衣服、废家电拆解等再生利用行业清理整顿的通知》（环办土壤函〔2017〕1240号）、《关于规范再生钢铁原料进口管理有关事项的公告》（生态环境部、国家发展和改革委员会、海关总署、商务部、工业和信息化部公告　2020年第78号）、《关于规范再生黄铜原料、再生铜原料和再生铸造铝合金原料进口管理有关事项的公告》（生态环境部、海关总署、商务部、工业和信息化部公告　2020年第43号）等。

**清洁生产工艺**　废弃资源综合利用包括金属废料和碎屑加工处理和非金属废料和碎屑加工处理。以下主要介绍金属废料、废弃电器电子产品、废旧轮胎橡胶、废塑料、建筑废物和农林废弃物等金属和非金属废料再生有代表性的清洁生产工艺。

**金属废料综合利用**　①废旧铅酸电池及电子产品无害化处理技术。根据废铅酸蓄电池粉碎后颗粒组分密度与粒度不同的原理，将电池做预处理，分别获得铅合金板栅块、铅膏、废酸和塑料等，铅合金板栅块经熔炼再生成铅或合金，铅膏生成金属铅锭，废酸再利用生产硫酸。工艺路线：上料和二级破碎→水力分选→塑料再分→转化→熔炼→废水处理循环使用→生产硫酸。该工艺较好地解决了电池资源浪费和环境污染问题，提高了铅的再生率和再生铅的工艺水平，收益率大于行业基准收益率。

②废黄杂铜水平连铸直接生产空心异型材技术。原料（95%废杂铜）在熔炼炉中熔化后经潜流通道进入保温炉，再通过特殊的结晶器连铸成各种规格的空心、异型水平连铸铜合金材。该技术的关键是以废杂铜为主要原料的熔体洁净技术、以等轴晶为主的凝固控制技术以及烟尘收集和粉尘处理环保系统。该技术平均每吨铜材可节约标煤2.5 t，比传统工艺节电25.7kW·h，减少渣含铜量1.06 kg，连铸成品率超过99%，结晶器寿命提高43%。该技术可促进废杂铜综合利用技术进步和铜加工行业的发展。

**废弃电器电子产品综合利用**　①废旧阴极射线管（CRT）含铅玻璃的铅提取技术。将废弃CRT玻璃粉碎后再球磨，混合氢氧化钠（氢氧化钾）和活性炭后，添加氢氧化钠（氢氧化钾）覆盖在混合物上，在450～800℃条件下熔融20～120 min，水洗熔融物，分离出粗铅，过滤得到碱渣和碱液，用盐酸浸洗碱渣并趁热过滤，冷却后得到氯化铅沉淀，铅提取率达96%。该技术具有一定经济效益，属于环保提取技术，无废渣、废水和污染气体。

②多晶硅生产过程副产品综合利用技术。该技术可将多晶硅生产过程中产生的四氯化硅和含氯硅烷废气、废液等高温水解，生成二氧化硅、氯化氢和少量氯气；通过降温换热回收副产品低压蒸汽，进行固气分离回收二氧化硅；最后回收副产物盐酸。核心技术为燃烧炉的燃烧工艺、余热锅炉的清灰工艺、二氧化硅过滤回收工艺和氯化氢的增液吸收工艺。该技术突破了国外对“四氯化硅和含氯硅烷废气、废液燃烧干法处理工艺”的封锁，属国内自主研发；克服了常规水解中和处理占地面积大、操作环境差、产生大量废水及废渣的缺点，不仅能有效保护环境，还能促进再生资源综合利用。

**废旧轮胎橡胶综合利用** 新型再生胶生产技术采用“三机一线”，生产线由两台专用捏炼机、一台精炼机组成，装机功率 165 kW，采用四列圆柱滚子轴承，可使工作负荷大幅度降低。可生产精细再生胶及回收废旧轮胎中的钢丝、尼龙纤维等。生产设备速比大（1∶1.96）、滚动轴承摩擦系数低适应了再生胶生产的特点。该技术较传统设备节能 20%，再生胶产量提高 20%，比“四机一线”装机功率减少 25%，产量增加 40%，吨胶能耗降低 30%，设备技术成熟可靠。

**废塑料综合利用** 如医疗废塑料、废橡胶热解气化成套装备及技术。该技术分为热解、气化两个过程。热解过程：将医疗废物分类收集到的废塑料、废橡胶在无氧或缺氧条件下加热到 400～600℃，使化学键断裂，转化成可燃气体、热解油和残炭。气化过程：对热解后的固体产物进行处理，将其转变成可燃气体，对于生成的不可燃气体，全部用于热解气化工艺供热系统。产生的废气经过净化达标排放，废渣送填埋场填埋处置。核心技术为医疗废物热解气化系统。该技术采用热解气化工艺，将医疗废物焚烧去除有害物质，并在缺氧环境下热解，抑制了二噁英的产生，在保证医疗废物无害化处置的前提下，进一步分离回收热解油和不凝气体。该技术兼具经济性与技术性，在医疗废物专用焚烧场所不多的地区效益特别明显。

**建筑废物综合利用** 如陶瓷废渣生产轻质陶瓷板材技术。该技术以陶瓷抛光砖废渣作为主要原料，掺入铝废渣，通过配方设计、球磨、喷雾干燥后压制成型；坯体干燥后采用中温烧成；烧成的产品通过冷加工磨边、抛光、防护、贴膜、包装等形成具有节能环保、阻燃、耐酸碱、耐老化性能的轻质陶瓷板材。该技术在不对环境产生二次污染的前提下，使陶瓷废渣、有色金属行业的铝污泥得到无害化处理及资源化利用，解决了建筑陶瓷原料来源匮乏的问题，开发出集多种建筑材料优点于一体的新型轻质墙材。

**农林废弃物综合利用** ①新型微生物可溶性秸秆腐熟剂研发技术。该技术通过施用新型微生物可溶性秸秆腐熟剂，使秸秆等培养大量的高温、高湿型微生物菌群，产生活性很强的各种酶，具有很强的发酵能力，能迅速催化降解秸秆粗纤维，使之在短时间内转化成有机肥。该项技术具有便于施用及快速腐熟特点，可减少秸秆焚烧带来的大气污染，生态效益显著，在同行业技术中处于领先水平。同时，应用秸秆腐熟剂可使一般农作物的施肥量节约 10%，降低成本 4.8 元/亩（1 亩≈666.7 $m^2$），经济效益明显。②秸秆清洁制浆及其废液资源化利用技术。集置换蒸煮技术、“高硬度制浆-机械疏解-氧脱木素”技术、木素有机肥创制技术和新式备料技术为一体，可实现纤维原料消耗降低 10%、蒸煮化学药品用量降低 5%、蒸煮耗汽量降低 20%、清水用量降低 50%。制浆废水排放指标优于美国、欧盟木浆标准，且无 AOX 产生。

**其他** 如全加氢型废润滑油加氢再生技术。该技术可使氢气与废油中的含 S、N、O 等化合物发生反应，除去杂质；与废油中的少量不饱和烃发生加成反应，以达到饱和；与废油中的重金属化合物作用，使重金属沉积在催化剂的表面，从而恢复润滑油功能，达到废油再生目的。该技术具有较高的效率，产品质量好，流程简单，投资与运转费用相对合理，对解决国内废润滑油回收利用问题具有重要意义。

**主要问题** 在我国，工业固体废物的综合利用水平因地区和行业不同呈现出较大的差别。江苏、上海、天津等地的综合利用水平较高，内蒙古、江西、陕西等地的综合利用率相对较低，食品加工行业的利用率较高，矿业和有色金属冶炼业的利用率低于全国平均水平，拥有较大的清洁生产潜力。

我国废弃资源综合利用业目前以中小型企业占据主流，中小型回收企业规模小且难以延伸产业链，再生产品技术含量低，创新性差，竞争力弱，企业利润微薄，难以发展壮大，行业“低小散”格局一时难以改变，势必会制约我国废弃资源综合利用业的长远发展。

我国再生资源中，废玻璃、废塑料膜、废木料、废复合包装等低值再生资源在总量中的占比约为30%。低值再生资源利润低、成本高，虽然经过规范化的回收处理后能够循环利用，但市场自身又很难对低值再生资源发挥调节作用，大多数企业并未形成具有一定规模的回收体量。因此，低值再生资源回收难也是国内再生资源回收行业发展的问题之一。

**发展趋势** 随着生态文明建设、绿色发展的大力推进，我国废弃资源综合利用业将迎来规模化和基地化建设发展，转变工业的发展方式将破解资源环境约束难题，工业固体废物综合利用产业基地的建设和废弃资源综合利用产业链条的打通，将大力推进多种废弃资源的协同利用。

同时，大数据、云计算、电子商务、逆向物流的信息化管理等将以“互联网+”的创新模式开始与资源综合利用产业融合，逐步整合物流资源，形成上下游企业间物流智能化的创新型回收模式，将物联网技术与再生资源回收体系相结合，完善废弃资源的回收体系。

以政府为责任主体，规范产业发展，加强过程控制，改善管理，推动废弃资源的收集、利用与处置工程项目和设施建设运行。在不增加地方政府债务的前提下，依法合规探索采用第三方治理或政府和社会资本合作（PPP）等模式，实现与社会资本风险共担、收益共享。

（刘紫薇　郭儒　关晓东）

**feiwu zuishaolianghua**

**废物最少量化**　（waste minimization）　从产品设计到其退役的所有阶段，在统筹考虑一次、二次废物的情况下，通过减少废物产生、循环和再利用、优化处理工艺和管理措施，使废物量减小至尽量低的过程，即在可能的范围内，通过源强削减、废物循环和再利用的方式，减少有害废物的产生量以及贮存、处置量。其中减少有害废物的产生量既包括削减废物本身或其载体的总量（质量或容积），也包括减轻有害废物的毒性。

**概念的形成与发展**　“废物最少化”最早由美国提出，现已在多个国家广泛使用。美国于1984年通过的《资源保护与回收法——固体及有害废物修正案》中首先提出“废物最少化”一词，随后在1990年的《污染预防法》中正式宣布将“污染预防”作为美国的国策。瑞典于1987年开始采用“废物最少化”评估方法，成为最早实施这项政策的欧洲国家，之后荷兰、丹麦等其他国家也加入这一阵营。1993年，印度在联合国的援助下也开始研究这一政策，在国内开展“废品率最小化示范项目”，实施一系列废物审计条例，通过各种培训方式培养此方面人才，制定规范的监测分析方法，筛选合适的废物最少化措施，并在造纸、农药生产、印染等行业实施了“废物最少化”示范工程。我国于1994年在《中国21世纪议程》中首次提出“清洁生产”这一术语。其实“清洁生产”与“废物最少量化”在本质上基本一致，只是“废物最少量化”的文字意义更直观，更多地应用于美国、英国等发达国家；“清洁生产”主要在我国使用，字面上涵盖的内容更广泛。实质上“废物最少量化”也是“清洁生产”的一种不同提法。

**内涵**　废物最少量化涵盖以下几方面内容：①削减源强。即通过特定的工艺、技术方法和管理手段控制、削减废物产生量和排放量，以达到降低毒性的目的。②废物循环。即将一种生产过程中产生的废物，作为原料或替代品，用于另一种生产过程，它可以在厂内进行

（厂内循环），也可以在厂外进行（厂外循环）。③废物再利用。即将废物降格用作他途，或从废物中提取其他有价值的物质用作他途；将废物直接加工成其他有价值的物品。④对废物直接进行治理。有时废物治理本身就是一种循环和再利用，如废水治理其实就是水资源的一种循环和再利用。

**意义** 从环境保护的角度来看，削减废物源比循环和再利用更好。通过废物最少量化的实施，可降低废物向外环境的排放量，防止污染扩散，减轻对公众和环境的不良影响。

废物最少量化制度将环保部门与生产部门通常使用的逆向反馈控制模式和正向控制模式结合起来，这样不仅能减少废物数量、降低其毒性，减少废物处理与处置成本，还能减少生产成本，提高产品质量，增加企业收入。因此，废物最少量化是以系统眼光分析解决问题，从产前、产中、产后全过程入手，着眼于在全过程中减少废物的数量，从而降低废物的毒性。

（刘德敏）

# G

**gang yayan jiagongye qingjie shengchan**

**钢压延加工业清洁生产** （cleaner production in steel rolling processing industry） 以钢压延加工业的绿色可持续发展为目标，在生产过程中，从生产工艺与装备、资源能源消耗与利用、污染物产生、产品特征和环境管理等方面入手，实现从源头削减污染物，提高资源利用效率，以减轻或者消除对人类健康和环境的危害。

**沿革** 随着2002年《中华人民共和国清洁生产促进法》的颁布，国内钢压延加工业清洁生产工作也随之积极推进。目前，已发布的行业清洁生产相关标准有2项，为《清洁生产标准 钢铁行业（中厚板轧钢）》（HJ/T 318—2006）、《钢铁行业（钢延压加工）清洁生产评价指标体系》。在清洁生产技术研发和推广方面，原国家经贸委、原国家环保总局和国家发改委共发布三批《国家重点行业清洁生产技术导向目录》，涵盖了双预热蓄热式轧钢加热炉技术、连铸坯热送热装技术、冷轧盐酸酸洗液回收技术等。环境保护部2010年发布的《钢铁行业轧钢工艺污染防治最佳可行技术指南（试行）》提出浅槽紊流酸洗技术、低铬/无铬钝化技术、水基涂镀技术等清洁生产技术；2013年发布的《钢铁工业污染防治技术政策》提出，热轧生产鼓励采用铸坯热送热装、一火成材、直接轧制、在线退火、氧化铁皮控制、汽化冷却和烟气余热回收等技术，冷轧生产鼓励采用无铬钝化技术，鼓励研发和应用减排挥发性有机物的水基涂镀技术。

**清洁生产工艺** 钢压延加工是指通过热轧、冷加工、锻压和挤压等塑性加工使连铸坯、钢锭产生塑性变形，制成具有一定形状尺寸、表面整洁的钢材产品的生产过程。以下主要介绍热压延加工和冷压延加工工段的清洁生产工艺。

**热压延加工** ①连铸坯热送热装技术，是指铸坯在300℃以上热状态下装入加热炉，分为热装轧制、直接热装、直接轧制三种形式。该技术是将原有的冷坯输送改为热连铸坯输送，大大降低了加热炉加热连铸坯的能源消耗，同时减少了钢坯的氧化烧损，提高了成材率，缩短了产品生产周期。②薄板坯连铸连轧技术，是将过去的炼钢厂和热轧厂有机压缩、组合到一起，包括炼钢、炉外精炼、薄板坯连铸、连铸坯加热和热连轧等单元，缩短了生产周期，降低了能量消耗。该技术因众多单位参与研究开发，形成了各具特色的薄板坯连铸连轧生产工艺，如紧凑式热带生产工艺（CSP）、在线热带钢生产工艺（ISP）、生产高质量产品的灵活性薄板坯轧制工艺（FTST）、生产不同钢种的连铸连轧生产工艺（CONROLL）、生产中厚板坯技术（QSP）、倾翻带钢新技术（TSP）等。③双预热蓄热燃烧+加热炉汽化冷却技术。双预热蓄热燃烧技术是指将燃烧器与蓄热体相结合，利用工业炉产生的高温废气，通过蓄热体将低热值高炉煤气、助燃空气预热到较高温度后再进行燃烧。该技术可实现炉窑废气余热的极限回收，同时将助燃空气、煤气预热至高温，从而大幅度提高炉窑热效率，间接减少污染物排放。加热炉汽化冷却技术是指利用加热炉产生的高温烟气，通过加热炉支撑梁热交换装置或在加热炉烟道安装余热锅炉以回收烟气中的余热并产生高温蒸汽。两种技术的联合使用，可最大化实现节能、减排效果。④热轧工艺润滑技术。在轧制过程中向轧辊表面喷涂一种特制的润滑剂，通过轧辊与轧材表面形成一层极薄的油膜，改善变形区的摩擦条件，降低摩擦系数，减少轧制压力，通常可减少 30%的轧辊磨损量，降低约 8%的轧制动力消耗。

**冷压延加工** ①酸洗-冷轧机联合冷连轧工艺，是将连续酸洗工艺和连续轧制工序通过一个联机活套形成一条联合机组，进行钢带连续酸洗和轧制的冷压延钢带生产，既减少了酸洗出口、轧机入口设备和中间仓库工厂建设费用，又提高了整个机组的成材率，降低了能耗和辊耗，缩短了生产周期。②浅槽紊流酸洗技术，是在浅槽酸洗的基础上，在槽内形成良好的紊流流态，强化酸洗效果。该技术加强了酸洗中的紊流、热导效果和物质传动，可缩短反应时间，减少酸雾的排放，适用于各类冷轧产品的酸洗处理。③低铬/无铬钝化技术，是以低浓度铬酸盐或钛盐、硅酸盐、钼盐等替代传统的高浓度铬酸盐进行钝化。该技术可减轻或避免六价铬对环境的污染，钝化后膜层的耐蚀性已接近甚至在某些方面超过铬酸盐钝化，但成本相对较高。④金属表面无酸除鳞成套技术。采用高压水为动力，通过高速微细磨料的打击磨削与高压水楔强力冲蚀共同作用，一次性清除金属表面杂质，在此过程中水与磨料可循环使用，产生的废渣作为铁精矿等可直接回收。相比传统酸洗等表面清理工艺，该技术可实现吨钢废酸减排 20 kg、含酸废水减排 0.6 t，生产成本较传统工艺降低 10%～70%。⑤水基涂镀技术，是以水基涂料替代常规有机溶剂进行钢材表面的涂镀处理。该技术可减少有毒有害气体排放，适用于对表面涂层要求不高的冷轧板带的彩涂处理。

**主要问题** 我国钢压延加工业通过大力引进国外先进技术，利用自动化、机械化、电气化手段，快速推进行业发展。目前，我国钢压延加工业技术可达到世界一流水平，并具备了基本的设计与制造能力，但在厚度自动化控制、版型制动控制等核心技术的攻关方面，一直未能有所突破，因此，长期依靠高价引进国外设备和技术，势必会制约我国钢压延加工业的长远发展。

近年来，通过行业清洁生产技术示范和推广，国内钢压延加工企业清洁生产水平得到显著提升，但无论是钢铁联合企业还是独立轧钢企业，仍存在较大的清洁生产潜力。与国外精细化管理模式相比，国内钢铁联合企业粗放的管理模式导致钢压延加工工序能耗高出国外先进水平 20%左右，特别是加热炉，其能源消耗占整个钢压延加工业的 80%，因此在过程控制方面具有较大节能潜力。不同于钢铁联合企业，独立轧钢企业主要为民营企业，不仅受生产条件限制，无法实施热装热送等节能措施，导致吨钢材能耗是钢铁联合企业的 2 倍左右，同时，在装备水平、管理水平、自动化程度，甚至产品质量方面，均与钢铁联合企业存在较大差距。特别是在环保方面，由于环保治理设施资金投入严重不足，部分企业大气污染物难以达标排放，废气无组织排放严重，含铁尘泥厂内没有消纳工序，无法像钢铁联合企业将其返回到烧结原料系统再利用，不仅造成含铁资源的浪费，还会在一定程度上引起环境风险。

**发展趋势** 近年来，我国加快生态文明建设，大力推进绿色发展，钢压延加工业自动化水平已经处于世界领先地位，包括硬件、软件和数学模型配置等方面，但从自动化走向智能化仍需持续探索与实践，从企业管理层面实现智能决策和优化运营，从生产控制层面实现智能生产和柔性化作业，从而达到提高生产效率、降低成本、增加效益、提高产品质量的目的。

对于独立钢压延加工企业应采用环保措施倒逼落后企业退出市场，通过联合重组，提高产业集中度；对生产独特性产品的独立钢压延加工企业予以保留，升级改造环境治理设施，满足行业和地方污染物排放要求，优先使用天然气，采用蓄热式加热炉等清洁生产设施，加强过程控制，改善管理，最终实现企业的绿色可持续发展。（郭儒　刘紫薇　关晓东）

**gaodeng yuanxiao qingjie shengchan**

**高等院校清洁生产**　（cleaner production in universities and colleges）　在教学实践、校园生活服务活动中，使用清洁的能源和原料，采用资源、能源节约与综合利用技术和设备，从源头削减污染，提高资源、能源利用效率，减少或者避免教学实践、校园生活服务活动中污染物的产生和排放，培养学生“节能、降耗、减污、增效”的理念和习惯。

高等院校指大学、独立设置的学院和高等专科学校，包括高等职业学校和成人高等学校。2012 年，国家发展和改革委员会、财政部批准北京市建设服务业清洁生产试点城市，高等院校作为重点领域之一，正式引入清洁生产。2015 年，北京市质量技术监督局发布《清洁生产评价指标体系　高等院校》（DB11/T 1264—2015），标志着高等院校清洁生产进入标准化、规范化阶段。

**产污特征**　高等院校的服务范围主要集中在教学区、实验区和生活区，其清洁生产重点内容也依据不同区域的特点而有所不同。教学区是进行教学活动的区域，教学区人员活动规律比较固定，活动时间受到制约，能源消耗主要是电能，教学设备、空调、照明、电梯是用电主要环节；资源消耗主要为教学办公易耗品，包括纸张、粉笔、黑板擦等；污染物排放主要有粉笔末、废纸、食品包装物，以及教学楼卫生间冲洗产生的废水。实验区是为实验所设置的特定实验室、实验区域等，实验区的仪器设备种类多、数量大、使用频率高，电能消耗量大，各种固、液、气废物种类繁多、成分复杂、排放量大。生活区是学生和教师的主要活动场所、饮食和住宿区域，包括学生公寓、教师公寓、食堂、洗浴中心、商店、餐厅等一系列的附属设施。生活区是高等院校占地面积较大的区域，人员密集，活动量大，活动范围广，水、电等能源、资源消耗量大，废水和餐厨垃圾的排放量大。

高等院校能源消耗以电、天然气、市政热力为主，天然气和市政热力主要用于供暖和生活热水的供应；电能主要用于照明、空调、电梯、实验设备等，其中理工科大学和综合性大学的实验区耗电量大，艺术院校的声乐、形体等专业教室中音响、灯光设备功率较高、耗电量较大。高等院校水资源消耗包括教学实验用水、生活区用水、餐饮用水及公共绿化用水等，生活区水耗一般约占总用水量的 50%。高等院校实验废弃物主要包括化学实验产生的废气、废液和废渣，生物实验产生的动植物组织器官，放射性实验产生的含有放射性核素或被放射性核素污染的废弃物，机械类实验室产生的粉尘，以及各种废弃实验器材、塑料包装制品等。

**清洁生产潜力**　高等院校清洁生产工作需要解决的主要问题为人均能源、水资源消耗量大，能源管理模式粗放，实验室环境管理水平有待提高。高等院校清洁生产潜力涉及节能潜力、节水潜力和污染物减排潜力。总体来看，高等院校的资源、能源节约潜力较大。

**清洁生产措施及技术原理**　涉及清洁生产管理、节水技术、节能技术、污染治理技术等。

**清洁生产管理**　全面采取节能减排措施，加强节能环保知识教育，组织开展以节能减排为内容的学校主题教育活动和学生社会宣传活动，开展节能环保社会实践活动。具体的清洁生产管理方式有绿色办学、绿色教学和实践、绿色科研、绿色校园、绿色图书馆、绿色食堂等。

**节水技术**　优化供水设计，降低输水管网渗漏率，安装节水设备，采用计时付费方式、雨水收集利用系统、中水回用技术等。

**节能技术**　具体包括公寓智能控电管理系统改造，能源监控系统平台建设，浴室废水余热回收，采用中央空调余热回收、循环水系统变频等空调系统节能技术，安装新型节能灯具、节能变压器、节能电梯、太阳能路灯等节能设备，利用节能灶具等食堂节能设备、锅炉烟气余热回收装置、太阳能节能供水技术等。

**污染治理技术** 包括绿色实验室技术，重点为规范处理、处置实验室产生的各种固、液、气废物，以及餐饮油烟、餐饮污水、厨余垃圾饲料化和无害化处理技术等。

**发展现状** 高等院校是我国培养人才、科学研究和服务社会的主要单位，在国民经济和社会发展中具有举足轻重的地位。近年来，高等院校加快推进清洁生产工作，以加强能源和水资源节约、实验室管理、大气污染物减排、新能源利用等为工作重点，逐步推进实施了燃煤锅炉改天然气锅炉、低氮燃烧器改造、太阳能光伏发电等一批节能减排项目，能源资源消耗和污染物排放量等指标都有了一定程度的下降，清洁生产工作初见成效。

**发展趋势** 持续推进绿色高校建设，全面选用新型节能、节水的设施设备，采用无污染或低污染的产品、原料、技术，提升学校资源能源利用和污染治理水平。建设海绵校园，收集利用雨水资源；利用人工湿地等生态水处理技术，将水处理与校园园林景观相结合，提高水资源利用效率。创建低碳校园，建设低碳、低能耗建筑，创新利用太阳能、风能、氢能、地热能等新能源和可再生能源；利用次世代移动通信技术、增强现实（AR）技术、物联网技术等，持续优化智慧能源管理服务系统，将结构节能、技术节能、管理节能相结合，从终端节能向系统节能转变；推广纯电动、氢能等新能源汽车，探索利用碳捕获、利用和封存技术，持续降低碳排放水平。整合高校研发资源，利用自身科研能力，开展资源能源节约与综合利用、污染物治理等重点领域共性技术和关键技术研究和示范应用，建设清洁生产技术推广服务平台，向社会提供有关绿色高质量发展的技术、方案以及政策等方面的信息和服务。推进垃圾分类的实施与宣传，通过校园生活服务和教学实践培养学生资源回收和综合利用的理念和习惯。

高等院校是贯彻环境保护基本国策和壮大清洁生产产业的基础工程，是培养清洁生产人才的重要保障。高等院校应从课程内容、实践教学、师资力量等方面，创新教学内容和模式，培养学生树立清洁生产意识及理念，强化学生工程实践能力，以培养适应未来社会经济发展需要的环境工程人才。（李旭）

gongye huanjing guanli

## 工业环境管理

（industrial environmental management） 为减少人类在工业生产中对环境的损害，运用行政、经济、法律、技术、教育等多种手段，使工业经济发展在满足工业生产基本需求的同时，达到防治环境污染和维护生态平衡目标而进行的一项综合性活动。由于工业环境管理涉及生产技术升级、原料应用改进、物资循环使用、废弃物再利用等多方面，因此工业环境管理具有高度的综合性。

**主要内容** 工业环境管理涉及以下几个方面：①工业环境计划管理。主要是通过制定工业环境污染防治、控制、治理及宣传教育等一系列措施，从而实现按计划保障工业生产过程中环境管理措施的有效实行。工业环境计划包括污染防治计划、污染控制计划、污染治理计划、自然环境保护计划，以及环境科学技术发展计划、宣传教育计划等。②环境质量管理。主要包括组织制定各种质量标准、各类污染物排放标准和监督检查工作，组织调查、监测和评价环境质量状况以及预测环境质量变化趋势。③环境技术管理。主要包括确定环境污染和破坏的防治技术路线和技术政策；明确环境科学技术发展方向；组织环境保护的技术咨询和情报服务；组织国内和国际的环境科学技术合作交流等。

**存在的问题** 目前工业环境管理还不完善，存在一些问题，例如，“谁污染，谁治理”的环境管理原则在个别地区还存在落实不到位的情况；环境管理法规不健全，执法不严；资源、能源利用效率还不够高，存在一定浪费问题；工业污染的治理已开始从末端向前端转移，但技术和理念的推行还需一定的时间。

由于这些问题的存在，要尽快使工业环境管理政策发挥其效力，应完善法制，加大执法力度，并利用市场机制，发挥经济杠杆作用，利用科技生产力从根本上解决工业的环境污染问题。还要通过行之有效的方法推动政府和企业之间进行对话和建立信任，帮助提高企业和社会的环境保护意识，促进工业环境管理从末端治理向前端防治转变，使工业行业逐步走上可持续发展道路。

**意义和影响** 通过实施工业环境管理，可以有效推进企业实行绿色生产，实现经济可持续发展；全面提升企业生产过程和产品的环保要求，消除国际贸易中的绿色壁垒；在环保方面实现质的转变，达到法律法规和其他强制性规定的标准；提升产品生产工艺和技术水平，从而降低成本，提高经济效益；减少环境风险事故，降低处理污染风险的费用；提高员工的环保意识。（闫鹏）

**gongye huanjing yingxiang pingjia**

**工业环境影响评价** （environmental impact assessment of industry） 对拟实施的工业活动可能造成的环境影响进行分析、预测和评估，在此基础上提出需要采取的预防或者减轻不良环境影响的对策和措施，并进行跟踪监测的方法和制度。

**主要内容** 通过建设项目工程分析和所在区域的环境规划与功能区划的要求，明确产排污环节和污染物产排量，识别环境影响并筛选评价因子；按照《环境影响评价技术导则》规定的各要素的评价工作等级划定方法，基于建设项目环境影响程度、影响范围和周边的环境敏感程度，确定环境影响评价工作深度与工作范围；根据环境影响因素识别结果，采用现状调查或现状监测等手段对评价因子进行现状评价；调查评价范围内的环境功能区划和主要的环境敏感区，明确保护对象和保护要求，以及与建设项目的地理位置关系；根据所在区域的环境保护要求确定评价的环境质量标准与排放标准；基于建设项目污染物排放量、排放方式和所处区域/流域的位置关系，采用数值模拟、物理模型、类比调查法等方法，对建设项目实施后可能造成的环境影响进行预测评价，分析其对所在区域/流域的环境质量贡献值以及与环境质量现状的叠加影响值，根据环境质量标准评价建设项目的环境影响是否可以接受；依据评价结果提出相应的减轻不良环境影响的环保措施，并对拟采取的环保措施进行经济、技术论证；根据《排污单位自行监测技术指南》的要求，对建设项目实施提出环境监测的建议。

**工作程序** 工业类建设项目环境影响评价工作程序一般分为三个阶段，即调查分析和工作方案制订阶段、分析论证和预测评价阶段、环境影响报告书（表）编制阶段，具体内容见下图。

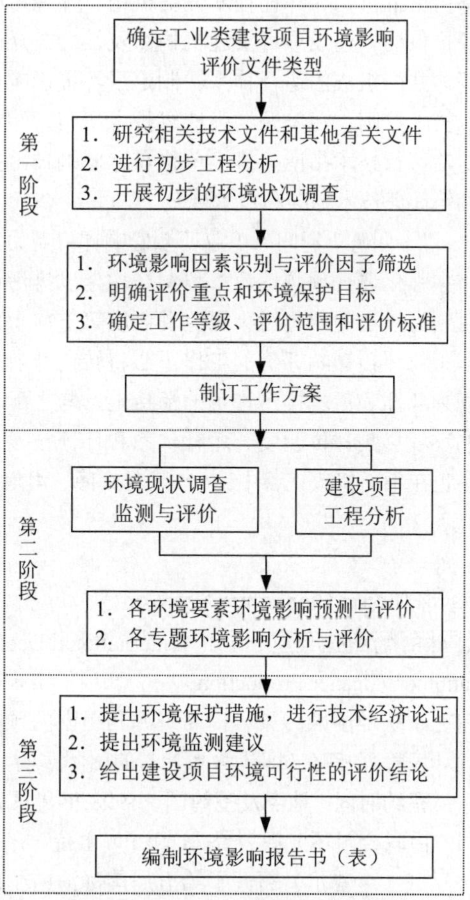


**工业类建设项目环境影响评价工作程序图**

**发展现状与趋势** 工业环境影响评价是建设项目环境影响评价的重要组成部分。1979 年《中华人民共和国环境保护法（试行）》第六条规定："一切企业、事业单位的选址、设计、建设和生产，都必须充分注意防止对环境的污染和破坏。在进行新建、改建和扩建工程时，必须提出对环境影响的报告书，经环境保护部门和其他有关部门审查批准后才能进行设计"，从此建立了环境影响评价制度。1998 年、2003 年先后颁布实施了《建设项目环境保护管理条例》《中华人民共和国环境影响评价法》，之后又多次修订。环境影响评价制度经过四十余年的发展，不仅构建了比较完善的制度和运行体系，还构建了一整套环评技术体系。具体来说，发布了环评分级审批规定、环评分类管理名录、公众参与办法等管理规定，形成了由环保主管部门审批机构、环评技术评估机构、环境影响评价机构、建设项目实施机构以及社会公众监督方共同组成的运行体系，制定了环境影响评价技术导则、污染源源强核算技术指南、污染防治可行技术指南、排污单位自行监测技术指南等环评技术标准和技术规范。

"十四五"期间，工业环境影响评价着力点将在强化环评预防性源头控制、构建以排污许可制为核心的固定污染源监管制度等方向上，即工业环境影响评价的工作重心将转向与前端规划环评和后端排污许可的衔接上，与之配套的环境影响评价制度、运行体系和环评技术体系也在不断修改完善中。（李时蓓　闫鹏）

**《Guoji Qingjie Shengchan Xuanyan》**

**《国际清洁生产宣言》**（International Declaration on Cleaner Production）　一项承诺采用旨在系统地削减污染、提高资源利用率的预防性环境管理战略（即清洁生产）的国际声明。

**签约时间、地点及签约国** 1998 年 9 月 29 日，由联合国环境规划署（UNEP）主持，在韩国汉城（今首尔）召开了第五届国际清洁生产高级研讨会，会议通过了《国际清洁生产宣言》（以下简称《宣言》），21 位来自韩国、中国、印度、印度尼西亚、哥斯达黎加、坦桑尼亚、格鲁吉亚等国政府和大型跨国公司的高层领导分别代表本国政府和公司首批签署了《宣言》。截至 2019 年，全世界已有来自近百个国家或地方政府、两百多家企业和两百多个组织的五百多名签署人签署了该宣言。

**主要内容** 《宣言》提出实现可持续发展是人类共同的责任，保护地球环境必须实施并不断改进可持续生产和消费，相信清洁生产以及其他如"生态效率""绿色生产力""污染预防"等预防性战略是实现可持续发展的最佳选择。《宣言》的签署人一致承诺，要利用各自的影响力，通过与利益相关方的关系，鼓励采取可持续生产和消费的实践；在各自的组织内部开发和实施意识提升、教育和培训项目并鼓励在各级教材中纳入清洁生产的概念和原理；鼓励将预防性战略纳入各级组织的环境管理体系并积极使用各种环境管理工具，如环境绩效评估、环境会计、环境影响评价、生命周期评估和清洁生产审核等；积极研究和创造全新的解决方法，在研究与开发的政策和实践中促进由末端治理向预防性战略的转变，支持开发既满足顾客需要又具有环境有效性的产品和服务；与社会各界分享研究和实践经验，促进在实施预防性战略方面的交流，并向外部利益相关方通报实施预防性战略带来的效益；积极采取行动实施清洁生产，设定具有挑战性的目标，并定期通过已有的管理体系对外通报进展情况；鼓励新设和增加对预防性技术方案的资助，促进国家间环境友好技术的合作和转让；与 UNEP、其他伙伴及利益相关方共同合作支持《宣言》，并评估其实施的成效。

**中国签约情况** 1998 年 9 月 29 日，国家环境保护总局副局长代表中国政府在《宣言》上签字，标志着中国政府愿意同其他国家和组织一起共同推行清洁生产，实施污染预防战略。

**作用和意义** 《宣言》是对清洁生产这一关键环境管理战略作出的公开承诺，也是体现地区层次和国家层次上各种促进机构（如国家清洁生产中心）提升各自所在国家或地区清洁生产意识的一种机制。其有利于扩大世界各国政府和公众对清洁生产这一战略概念的理解和支持，促使清洁生产成为政府战略、商业战略和环境战略的必要组成部分，同时协同促进提高生态效率、污染预防、废物最少化等相关战略，实现更可持续的生产与消费方式。

（尹洁）

guoshuzhi ji gushuzhi yinliao zhizaoye qingjie shengchan

**果蔬汁及果蔬汁饮料制造业清洁生产**（cleaner production in fruit vegetable juice，fruit vegetable juice beverage manufacture industry） 在果蔬汁及果蔬汁饮料生产的预处理、榨汁、澄清过滤、浓缩、消毒、包装等工艺过程中，选择优质的果蔬原料、清洁的能源，采用先进的技术、现代化智能设备，持续改进工艺设计，创新实施资源回收与综合利用，从源头削减污染，提高资源利用效率，减少污染物的产生和排放，提供绿色、生态的产品。

果蔬汁是指未添加任何外来物质，直接以新鲜或冷藏果蔬为原料，经过清洗、挑选后，采用物理的方法（如压榨、浸提、离心等）得到的果蔬汁液。以果蔬汁为基料，加水、糖、酸或香料调配而成的汁称为果蔬汁饮料。

**沿革** 20世纪80年代，随着果蔬品种的改良和引进，果蔬汁行业开始起步。1999年，国家经贸委发布《关于实施清洁生产示范试点计划的通知》（国经贸资源〔1999〕402号），将轻工等5个行业作为全国清洁生产试点行业，果蔬汁及果蔬汁饮料制造业开始引入清洁生产。2009年，北京市质量技术监督局发布《清洁生产标准　果蔬汁及果蔬汁饮料制造》（DB 11/T 674—2009），为果蔬汁及果蔬汁饮料制造业开展清洁生产工作提供了标准依据。

**生产流程** ①原料的选择与洗涤。选择优质的制汁原料并清洗，要求原料新鲜、无虫蛀、无腐烂，应有良好的风味和芳香，色泽稳定，酸度适中。②榨汁和浸提。破碎和打浆，提高出汁率；榨汁前预处理，采用加热或加果胶酶等方式；榨汁，榨汁方法依果蔬的结构、果蔬汁存在的部位、组织性质以及成品的品质要求而异；浸提，用于水分含量少的干果和果胶含量较高的水果等果蔬原料汁液的提取，影响浸提法出汁率的因素主要有浸提温度、时间、原料的破碎程度、浓度差、流速等；粗滤，除去分散于果蔬汁中的较大颗粒或悬浮粒。③澄清和过滤。常用自然澄清法、明胶单宁澄清法、加酶澄清法、冷冻澄清法、加热凝聚澄清法等；滤除果蔬汁液体当中的杂质。④均质与脱气。均质可防止果肉分离与沉淀。脱气可去除物料中的空气，从而防止并且抑制氧化和褐变，延长果蔬汁的货架期。⑤糖酸调整与混合。按产品风味要求，将果蔬汁原浆及配料混合调配，调整糖酸比。⑥浓缩。常采用真空浓缩法、冷冻浓缩法、反渗透浓缩法等。⑦杀菌和包装。常采用高温瞬时杀菌。灌装一般分为高温灌装（热灌装）和低温灌装（冷灌装）。

**资源能源消耗及产排污特征** ①水资源。果蔬汁及果蔬汁饮料制造业耗水量大，新水主要用于三方面：一是制备软化水，用于工艺设备管路清洗、锅炉系统补水、冷却系统补水等；二是制备纯净水，进入产品；三是直接用于车间清洁、日常办公生活、绿化等。②能源。能源消耗以蒸汽和电力为主，其中蒸汽用于溶糖、杀菌等生产工序和冬季供暖；电力主要用于各种生产设备和空压机系统、水处理系统、空调系统等辅助设施。③污染物。污染物主要有废水、废气、固体废物、噪声等。废水主要为水处理环节和生产清洗环节的生产废水、食堂和卫浴设施的生活污水，主要污染物为化学需氧量和氨氮等；废气主要产生于锅炉房和厨房，主要污染物为氮氧化物和餐饮油烟等；固体废物有生产车间产生的废弃包装物、果蔬渣等，日常办公生活产生的生活垃圾等；噪声由空压机、风机等辅助设施设备产生。

**清洁生产措施及技术原理** ①原辅材料和能源：做好原料的储运和检测，避免原料过期变质；优先使用清洁能源，合理利用太阳能、风能、氢能、地热能等新能源和可再生能源；

回收利用加热及冷却工艺、中高温浸提及冷却工艺、脱气工艺、灭菌工艺、果蔬汁浓缩与冷却工艺、果蔬渣干燥工艺中的二次蒸汽汽化热。②技术工艺：以合理简化工艺流程、科学匹配动力为原则，优化生产工艺与设备，例如，运用先进的榨汁工艺设备和酶解工艺以提高果蔬出汁率；采用反渗透-多效蒸发联合工艺浓缩果蔬汁，可降低单位产品生产能耗；应用合适的生产工艺、杀菌工艺、灌装工艺、原位清洗（CIP）系统等可节能减排，提高生产效率。③设备：选用具有自动化技术、智能生产技术的现代化生产设备，如全自动灌装设备、全自动 CIP 系统等，提高生产加工效率；利用变频技术、余热回用技术等对空调系统、制冷系统、空压机系统进行节能改造。④过程控制：建立能源管理服务平台，实现设备自动化控制，监控耗能环节的能源利用状况，及时分析反馈，及时调整完善。⑤产品：减少过度包装，采用可降解绿色包装材料，降低原料用量，提高产品附加值。⑥废弃物：利用果蔬渣生产食品添加剂、饲料等副产品；建设废水综合处理系统，将处理后的废水回用于绿化、冲厕等环节；提倡生产原材料综合利用和废弃包装物循环利用，推行垃圾分类收集。⑦管理：建立清洁生产管理系统，完善绩效考核体系。⑧员工：加强天然果蔬汁饮料研发专业人才建设，加强培训，强化员工节能、环保理念。

**发展现状及趋势**　随着经济发展和社会需求的日益提升，人们的饮食结构逐渐向绿色和生态方向发展，天然果蔬汁及果蔬汁饮料逐渐受到推崇。未来，在产品开发中，将更加注重营养性和功能性，突出功能因子；在生产过程中，应用现代智能生产技术，降低能源和水资源消耗，提高生产效率；以互联网技术为基础，将生产和需求相衔接，实现精细化管理。

（李旭）

# H

heise jinshu yelianye qingjie shengchan

**黑色金属冶炼业清洁生产** （cleaner production in ferrous metal smelting industry） 以黑色金属冶炼业的可持续发展为目标，从产品绿色设计、有毒有害原材料的替代、降低资源与能源消耗、采用清洁生产技术、加强管理等方面入手，实现从源头削减污染物，以减轻或者消除对人类健康和环境的危害。

黑色金属冶炼业是指以天然资源和工业副产物为原料生产铁、锰与铬产品的工业。主要指钢铁工业。针对黑色金属冶炼业高耗能、污染重等特点，其清洁生产应重点从产品的绿色设计、降低资源与能源消耗、采用清洁生产技术、加强管理等方面来开展。

黑色金属冶炼业清洁生产技术工艺主要包括以下几项。

**铁-钢高效衔接技术** 高炉铁水运输、炼钢车间铁水预处理（包括脱硅、脱硫、脱磷）及向转炉兑铁水等过程中，采用鱼雷罐或铁水罐，减少中途倒罐及铁水温降（≤100℃），缩短运输周期（≤230 min），以实现节能减排和提高生产效率。

**干熄焦技术** 利用冷的惰性气体，在干熄炉中与赤热红焦炭换热从而冷却红焦炭并终止其燃烧。吸收了红焦炭显热的惰性气体将热量传给干熄焦锅炉产生蒸汽，被冷却的惰性气体再由循环风机鼓入干熄炉冷却并熄灭红焦炭。

**低水分熄焦技术** 熄焦水在设定压力下经特定排列的喷嘴以大流量喷至熄焦车内的红焦炭表面，熄焦水供水速度远快于焦炭块吸水速度，只有部分水在由上至下通过焦炭层时被吸收并被激烈汽化，其余大部分水经熄焦车倾斜底板上的孔和沟槽排出，激烈汽化瞬间产生的大量水蒸气由下至上搅动焦炭层使其进一步均匀冷却并起到整粒作用。

**煤调湿技术** 指将炼焦煤在装炉前去掉一部分水分，使入炉煤水分控制在7%左右，并确保入炉煤水分稳定的一项技术。该技术不仅可增加装入煤的堆密度，提高焦炭强度和焦炉生产能力，而且可以减少焦化酚氰废水排放量，达到降低成本和节能减排的目的。

**蓄热燃烧技术** 指将燃烧器与蓄热体相结合，利用工业炉产生的高温废气，通过蓄热体将低热值高炉煤气、助燃空气预热到较高温度后再进行燃烧的技术。

**二次能源发电** 指企业在钢铁生产过程中利用二次能源（余热、余压、富余煤气等）通过发电装置产生电能的过程，包括高炉煤气余压发电、干熄焦发电、烧结余热发电等。

**高炉煤气等低热值煤气高效利用技术** 高炉煤气等低热值副产煤气从钢铁能源管网送来后经除尘器净化，再经加压后与经空气过滤器净化及加压后的空气混合进入燃气轮机燃烧室内混合燃烧，产生的高温、高压燃气进入燃气透平机组膨胀做功，燃气轮机通过减速齿轮带动燃汽轮发电机组发电；燃气轮机做功后的高温烟气进入余热锅炉，产生蒸汽后进入蒸汽轮机做功，带动发电机组发电，形成煤气-蒸汽联合循环发电系统。

**转炉负能炼钢工艺技术** 在转炉冶炼过程中，把产生的炉气净化处理后回收利用，回收的能量（煤气和蒸汽）大于消耗的能量（水、电、氧等），使转炉工序能耗（kg 标煤/t 钢）成为负值，即为负能炼钢。转炉实现负能炼钢是衡量一个现代化炼钢厂生产技术水平的重要标志，转炉负能炼钢意味着转炉炼钢工序消耗的总能量小于回收的总能量，即转炉炼钢工序能耗小于零。负能炼钢技术体现了生产过程中转炉烟气节能、环保和综合利用的技术集成。

（邢杨　张志强）

**huagong hangye qingjie shengchan**

## 化工行业清洁生产

（cleaner production in chemical industry） 以化工行业环境保护和可持续发展为目标，实现从产品设计到产品生产和使用全生命周期过程控制，减少或者避免生产、服务和产品使用过程中污染物的产生和排放，以减轻或者消除化工行业对人类健康和环境的危害。按照生产产品性质的不同，将化工行业清洁生产分为无机化学工业清洁生产和有机化学工业清洁生产。

**沿革** 我国化工行业清洁生产始于20世纪70年代末，1980年化学工业部颁发了《化学工业环境保护管理暂行条例》，要求化工企业分三个阶段，即“无泄漏工厂”“清洁文明工厂”和“六好企业”来逐步提高环保水平。这实际上是将环保与化工生产结合在一起，标志着化工行业清洁生产的开始。1993 年的第二次全国工业污染防治工作会议明确提出，工业污染防治必须从单纯的末端治理向生产全过程控制转变，实行清洁生产。1997 年，化学工业部批准成立了化工清洁生产中心。该中心成立后，在编制化工行业清洁生产规划，建立清洁生产信息系统和数据库，编写化工行业清洁生产技术指南等技术文件，培训和指导企业开展清洁生产审计方面开展了大量的工作。2002 年，《中华人民共和国清洁生产促进法》颁布，标志着化工行业将依法全面开展清洁生产工作。近年来，化工行业认真贯彻落实党中央、国务院关于实施清洁生产、搞好节能减排的要求，以全面推行清洁生产为工作重点，优化产业结构，发展循环经济，推进技术创新，取得了一定成效。

**开展途径** 工业系统中，化工行业是排污大户之一，其废水、废气和废渣的排放量均位居前列，环境保护成为制约行业持续发展的关键因素之一。要从根本上解决行业的污染问题，就必须大力推行清洁生产，把污染消除在生产过程之中。化工行业清洁生产开展途径主要包括资源的综合利用、工艺改革和设备技术改造、加强管理、产品的替代和研发、必要的末端处理等方面。

**发展现状** 自 20 世纪 70 年代末开始实施清洁生产至今，化工行业清洁生产工作取得了较大进展，清洁生产技术力量得到加强，清洁生产培训取得积极成效，多数大型化工企业开展了清洁生产审核，咨询服务队伍不断壮大，清洁生产专家数据库建立并不断完善。

清洁生产相关政策标准体系初步建立，国家发展和改革委员会于“十二五”期间发布了氯碱、纯碱、氮肥、硫酸、磷酸、电石、黄磷、农药、轮胎、铬盐、涂料等 10 余个行业的清洁生产评价指标体系；原环境保护部发布了《清洁生产标准　氯碱工业》《清洁生产标准　纯碱行业》《清洁生产标准　化纤行业》《石油炼制业清洁生产审核指南》《氮肥制造业清洁生产审核指南》等 20 余项清洁生产标准及审核指南。“十三五”期间国家发展和改革委员会联合生态环境部、工业和信息化部，依据《清洁生产评价指标体系制（修）订计划（第一批）》和《清洁生产评价指标体系制(修)订计划(第二批)》，发布了 30 余项行业清洁生产评价指标体系，其中 10 余项涉及化工行业。

科技对清洁生产的支撑作用进一步加强，针对清洁生产潜力较大的化工行业和污染治理等专项进行重点调研，开展清洁生产技术筛选和评估，在此基础上编制了氮肥、氯碱、农药等20余个重点行业和水污染防治重点行业清洁生产技术推行方案；发布了《国家涉重金属重点行业清洁生产先进适用技术推荐目录》等，涉及 100 余项先进的清洁生产技术。同时，围绕重点化工行业突破一批清洁生产技术难题，如氯碱行业的干法乙炔发生技术和涂料行业的硫铁钛联产法钛白粉清洁生产工艺等。

**存在问题** 随着化工行业清洁生产的不断推进，目前还存在以下问题：一是化工企业开展清洁生产的积极性有待进一步提高。企业普遍重视末端治理，忽视源头预防，实施自愿性清洁生产审核的化工生产企业数量偏低。二是清洁生产技术的研发力度不够。重金属污染减量、有毒有害原料替代和主要污染物削减等领域缺乏先进有效的技术。此外，成熟适用的清洁生产技术推广应用也不够，制约了企业清洁生产水平的提升。三是政策机制尚不健全，市场机制在推行清洁生产过程中的作用尚未得到充分发挥。（邓珺　齐红卫）

**huanjing biaozhi**

**环境标志**　（environmental label）　用来表述产品或服务的环境因素的声明。环境标志的形式可以是出现于产品或包装标签上，或置于产品文字资料、技术公告、广告或出版物等中的说明、符号或图形。环境标志的总体目标是通过对产品和服务的环境因素的可验证的、准确而非误导性信息的交流，促进对具有较小环境压力的产品和服务的需求和供给，来激发市场驱动的持续改善环境的潜力。

**沿革** 20 世纪人类科学技术的大发展，创造了前所未有的财富，也对人类赖以生存的地球环境造成了前所未有的破坏。20 世纪 70 年代，全球环境的恶化威胁到人类的生存和发展，环境污染问题越来越成为世界各个国家的共同课题之一。发达国家公众环境意识的提高不断促使环保工作深入开展，绿色消费的呼声越来越高，公众希望通过绿色消费促使企业生产对环境有益的产品。消费者日益提升的环境意识促使许多生产者和零售商通过绿色广告的形式增加产品在市场上的竞争优势，消费模式向绿色、可持续的方向转变，这也刺激了绿色产品的产生与发展。消费者在纷繁复杂的广告中难以辨别真正的绿色产品，会放弃选择绿色产品的努力，这一矛盾迫切需要具有高度权威和可信度的第三方签署证明，使绿色产品、绿色消费规范化，帮助消费者识别什么产品对环境更有利，使生产真正环保产品的企业受益。正是在这样的背景下，一些国家政府机构或民间团体先后组织实施环境标志计划，成为公众参与环境保护最有效的桥梁之一，引导市场向有益于环境的方向发展。

1992 年联合国环境与发展大会后，国际标准化组织（ISO）于 1993 年成立了 ISO/TC 207 环境管理标准化技术委员会，正式开展 ISO 14000 系列标准的制定工作。该系列标准是一个庞大的标准体系，ISO 14020 系列环境标志标准就是其中一个重要组成部分，由 TC 207 的分技术委员会制定，对环境标志和声明的通用原则，Ⅰ型环境标志、Ⅱ型环境标志、Ⅲ型环境标志的原则与程序等进行了严谨的表述和解释。

ISO 14020 标准全称为《环境管理　环境标志和声明　通用原则》，它规定了制定与使用环境标志和声明的指导原则，以便与 ISO 14020 系列中其他标准配套使用。该标准本身不能作为认证和注册规范。ISO 14020 系列中的其他标准应遵守该标准所规定的 9 条通用原则。ISO 14024 标准全称为《环境管理　环境标志和声明　Ⅰ型环境标志　指导原则和程序》，它规定了制订Ⅰ型环境标志计划以及评价和证实符合性的原则和程序，包括选择产品种类、产品环境准则、产品功能特性和授予标志的认证程序。ISO 14021 标准全称为《环境管理　环境标志和声明　自我环境声明（Ⅱ型环境标志）》，它规定了对自我环境声明的要求（环境声明包括与产品有关的说明、符号和图形）；有选择地提供了环境声明中一些通用的术语及其适用的限定条件；规定了对自我环境声明进行评价和验证的一般方法，以及对该标准中所选用的声明进行评价和验证的具体方法。ISO 14025 标准全称为《环境管理　环境标志和声明　Ⅲ型环境标志　指导原则和程序》，它规定了制订Ⅲ型环境标志计划的原则和程序，包括产品种类的确定、数据获取的方法、预设参数的识别、产品特性要求的制定以及评价、证实符合性和标志认证的程序。

I、II、III型环境标志的特征

| | I 型环境标志 | II 型环境标志 | III型环境标志 |
|---|---|---|---|
| 基本特征 | 第三方合格评定机制；第三方授予、许可使用标志（通常是一种商标）；自愿 | 文字声明和/或标志；改进必须要量化；自愿；避免无意义的声明，如环境友好、可持续 | 数字化信息；可以表示成多种形式，如文字、图表、图示 |
| 是否考虑产品生命周期 | 考虑多种问题，建立在产品生命周期影响的基础上 | 一般围绕一个问题，但也可能围绕多个问题，必须严格依据 ISO 标准 | 考虑多种问题，建立在产品生命周期研究的基础上 |
| 实施主体 | 标准的制定和产品的评价由第三方完成 | 自我声明 | 可以自我声明但必须根据 ISO 14025 进行等效评价 |

注：本词条所提到的环境标志均为 I 型环境标志。

**中国环境标志** 1993 年 3 月 31 日，中国环境标志计划启动，随后发布了中国环境标志图形（图 1）。中国环境标志图形由中心的青山、绿水、太阳及周围的十个环组成。图形的中心结构青山、绿水和太阳表示人类赖以生存的环境，外围的十个环紧密结合，环环紧扣，表示公众参与，共同保护环境；此外，在中文中，圆环的“环”字和“环境”的“环”字相同，其寓意为“全民联系起来，共同保护人类赖以生存的环境”。1994 年 5 月，中国环境标志产品认证委员会成立，标志着中国环境标志产品认证工作正式开始。原国家环保局发布了家用制冷器具、无氟气雾剂、无铅汽油、水性涂料、再生纸制品等首批 5 项环境标志技术要求，以及《环境标志产品认证管理办法（试行）》《中国环境标志产品认证证书和环境标志使用管理规定（试行）》等一系列工作文件，为我国环境标志计划实施建立了管理制度体系和框架。

图 1　中国环境标志图形

1993 年以来，生态环境部作为中国环境标志计划的建立者和中国环境标志的所有者，对中国环境标志计划实施管理，在市场经济条件下引导社会、企业、公众不断改进环境行为。截至 2020 年 6 月，环境标志计划累计发布有效标准 104 项，有效认证证书 9 000 多张，近 4 500 余家企业的产品获得中国环境标志。中国环境标志计划是贯彻落实十八大精神、践行十九大绿色发展理念、推进可持续消费工作的核心内容和重要抓手，已成为我国消费领域建设生态文明社会、实现节能减排目标的有效措施，以及推动绿色发展的重要手段，在引领行业主动技术革新、引导绿色消费、降低污染物排放等方面发挥了重要作用，是我国环境保护工作的重要举措之一。

经过多年的探索和实践，中国环境标志已经成为一套成熟的推进可持续消费的政策手段和工具。中国环境标志现行的管理体制为生态环境部负责组织制定并颁布环境标志标准，授权认证机构开展环境标志认证；认证机构经授权后实施产品认证并对认证结果负责。2006 年 10 月，财政部、国家环保总局联合发布了《关于环境标志产品政府采购实施的意见》和第一份《环境标志产品政府采购清单》，要求各级机关、事业单位和团体组织使用财政性资金进行采购时，要在性能、技术、服务等指标同等条件下，优先采购中国环境标志产品，否则财政部门可以拒付采购资金。十多年来，财政部与生态环境部已经联合发布了 22 期《环境标志产品政府采购清单》。清单从第 1 期的 14 类产品发展到第 22 期的包括办公设备及耗材、乘用车、生活用电器、家具用具以及与消费者生活息息相关的建筑材料等在内的 69 类产品；入选企业和产品从第 1 期的 700 余个产品型号发展到第

22期的39万余个产品型号。根据财政部数据统计，2018年中国环境标志产品政府采购规模已达1 647.4亿元，占同类产品采购规模的90.2%。

中国环境标志积极参与全球环境标志合作，于2008年加入全球环境标志网络（GEN），并于2012年通过GEN多边互认机制（GENICES）评审，同年，中环联合认证中心代表中国环境标志成功入选GEN理事，参与全球环境标志发展战略及技术规则制定，占据了全球环境标志的制高点，具有了更多的国际话语权。自2005年签署第一个环境标志互认协议以来，中国环境标志已经与13个国家和地区的环境标志机构签署了双边合作协议，形成互认合作机制，对我国产品跨越绿色贸易壁垒起到了促进作用。

中国开展环境标志工作，目的就在于从绿色消费的目标出发，为公众参与环境保护提供途径。一方面，通过公众的消费选择，使公众对环境保护的支持和贡献与自身生活联系起来；另一方面，良好的消费驱动可以带动生产，倒逼生产方式绿色化，从源头保护生态环境，实现污染减排。中国环境标志是联系公众与绿色生产和消费的纽带，对推进形成绿色发展方式和生活方式有着重要的意义。20多年来，中国环境标志紧紧围绕国家环境保护总体目标，充分利用环境标志这一市场经济手段来促进经济社会的可持续发展，在国务院和有关部委的大力支持下、在地方环保部门的努力配合下、在广大企业的积极参与下，取得了显著的成绩。我国是世界上环境标志认证企业最多的国家，中国环境标志已成为我国最为成功的自愿性产品认证制度之一，受到企业、消费者以及社会各界和国际社会的广泛认同。

**全球环境标志**　1978年，德国率先开始采用“蓝色天使”环境标志。随后，加拿大、日本等国家也相继建立自己的环境标志认证制度，丹麦、芬兰、冰岛、挪威和瑞典等北欧国家于1989年也开始实行国家之间统一的北欧环境标志“白天鹅”。除了上述国家和地区，奥地利、澳大利亚、新西兰、韩国、荷兰、法国等国家也都开展了环境标志计划，对引导民众的绿色消费起到了非常明显的作用。

**德国“蓝色天使”**　德国于1978年开始实施“蓝色天使”（图2）计划，是全球最早的环境标志计划。“蓝色天使”的所有者是德国联邦环境、自然保护和核安全部（BMU），负责定期公示环境标志评审委员会（JURY）决议的相关信息。环境标志评审委员会是“蓝色天使”的独立决策机构，负责选择认证产品或服务的种类，评审标准草案，最后确定产品标准。德国质量保证与标志协会（RAL）是“蓝色天使”标志的认证机构，负责组织“蓝色天使”的认证实施并颁发认证证书，同时还负责组织新标准开发和标准修订的专家听证会。德国联邦环境署（UBA）是德国环境研究机构，其下属的“生态设计、生态标志和环境友好采购”部门作为环境标志评审委员会的办公室，负责接收和汇总公众对新产品的提案，并开发“蓝色天使”产品标准。

DER BLAUE ENGEL
JURY UMWELTZEICHEN
schützt
MENSCH UND UMWELT

**图2　德国“蓝色天使”**

**北欧“白天鹅”**　1989年，北欧部长理事会（Nordic Council of Minister）决定引入“白天鹅”标志（图3）。“白天鹅”是对北欧全境实施的一项官方环境标志，为全球第一个跨国性的环境标志计划，参与的国家包括挪威、瑞典、冰岛、芬兰和丹麦5个国家。标志的所有者为北欧部长理事会。为更好地管理和开展“白天鹅”标志工作，

Nordic Environmental Label

**图3　北欧“白天鹅”**

各成员国都设有一个北欧环境标志分支机构，负责认证标准的开发、现场审核、认证受理、证书发放和市场推广等具体工作。

**日本"生态标签"** 1989 年，受日本环境厅委托，日本环境协会（JEA）开始推动生态标签（图 4）制度。非营利财团法人日本环境协会负责日本生态标签的管理，也是生态标签的所有者。生态标签相关的具体日常事务由日本环境协会内设的生态标签事务局负责。

图 4 日本"生态标签"

**韩国"生态标志"** 1992 年，在韩国环境部的要求下，韩国生态标志（图 5）计划由韩国环境产业技术研究院（KEITI）建立，标志所有者是韩国环境部。KEITI 是隶属于韩国环境部的机构，负责实施政府环保技术的政策和计划、支持环保产业发展、环保认证和传播生态产品。韩国生态标志计划的管理由 KEITI 下设的生态标志认证办公室和环境标准管理办公室负责。生态标志认证办公室负责生态标志认证总体管理工作。环境标准管理办公室负责生态标志标准的总体管理工作。

图 5 韩国"生态标志"

**欧盟"生态标签"** 欧盟于 1992 年 3 月出台了第 EEC 880/92 号指令，宣布了生态标签（图 6）计划的诞生。因该标志呈一朵绿色小花图样，又被称作"花朵标志""欧洲之花"。该标志旨

图 6 欧盟"生态标签"

在通过全生命周期评价来识别环境友好型产品和服务，鼓励生产商设计和生产环保产品，为消费者提供更多的环保选择。各成员国设立主管机关管理审查标志申请案，在成员国内推行单一标志，为消费者提供有效信息，减少消费者和行政管理者的困扰。虽然该标志是以法律形式推出的，但生产商可自愿申请。目前，在欧洲经济区销售的产品或服务皆可申请生态标签，该标志覆盖了除食品和药品外的大部分日常生活用品。

（陈轶群　曹婧　白艳英）

**huanjing guanli tixi**

**环境管理体系** （environmental management systems） 环境管理体系是一个组织内全面管理体系的组成部分，它包括为制定、实施、实现、评审和保持环境方针所需的组织机构、规划活动、机构职责、惯例、程序、过程和资源，还包括组织的环境方针、目标和指标等方面的内容。

**沿革** 1992 年和 1993 年，欧洲制订了两个有关计划，为公司提供环境管理的办法，使其不必为证明环境信誉而各自采取单独行动，即英国标准协会所制定的 BS7750 和欧盟的环境管理系统，后者又称生态管理和审核法案（Eco-Management and Audit Scheme，EMAS）。很多公司试用这些标准后，取得了较好的环境效益和经济效益，因此这些标准得到了广泛的推广和实施。同时，世界上其他国家也开始按照 BS7750 和 EMAS 的条款，并参照本国的法规标准，建立环境管理体系。1987 年，国际标准化组织（ISO）颁布的世界上第一套管理体系

系列标准——ISO 9000“质量管理与质量保证”取得了成功。此后，为响应联合国实施可持续发展的号召，ISO 在成功制定 ISO 9000 系列标准的基础上，于 1993 年成立了 ISO/TC 207 环境管理标准化技术委员会，着手正式开展制定标准序号为 14000 的系列环境管理标准，期望通过环境管理工具的标准化工作，规范企业和社会团体等组织的自愿环境管理活动，促进组织环境绩效的改进，支持全球的可持续发展和环境保护工作。

**ISO 14000 系列标准** ISO 14000 系列标准是 ISO/TC207 负责起草的国际标准。ISO 14000 是一个系列的环境管理标准，它包括环境管理体系、环境审核、环境标志、生命周期评估等国际环境管理领域内的许多焦点问题，向各国政府及各类组织（企业、公司）提供统一的环境管理体系、产品的国际标准和严格、规范的审核认证办法，旨在指导各类组织实施正确的环境行为。

ISO 给 14000 系列标准共预留 100 个标准号，分七个系列，其编号为 ISO 14001—ISO 14100。

| 系列编号 | 标准名称 | 标准编号 |
|---|---|---|
| SC1 | 环境管理体系（EMS） | 14001－14009 |
| SC2 | 环境审核（EA） | 14010—14019 |
| SC3 | 环境标志（EL） | 14020—14029 |
| SC4 | 环境行为评价（EPE） | 14030—14039 |
| SC5 | 生命周期评估（LCA） | 14040—14049 |
| SC6 | 术语和定义（T&D） | 14050—14059 |
| WG1 | 产品标准中的环境指标 | 14060 |
| | 备用 | 14061—14100 |

**ISO 14001 环境管理体系标准** ISO 14001 环境管理体系规范及使用指南由 ISO 于 1996 年 9 月 1 日正式颁布，2004 年进行了第二版修订，2015 进行了第三版修订，并于同年 9 月颁布了新版标准 ISO 14001:2015 环境管理体系要求及使用指南。它是 ISO 14000 系列标准的核心，规定了组织能够用于提升其环境绩效的环境管理体系要求，组织通过建立环境管理体系可提升环境绩效、履行合规义务、实现环境目标，并可通过取得第三方认证机构认证的形式，向外界证明其环境管理体系符合标准的要求。

ISO 14001 标准规定了对组织的环境管理体系的要求，提出了战略环境管理思维，要求组织的环境管理体系融入组织的战略策划中，并要求组织环境管理体系的建立要考虑风险。此外，标准还强调了领导在环境管理体系中的作用，要求把不断改善环境绩效作为环境管理体系的重点。标准由组织所处的环境、领导作用、策划、支持、运行、绩效评价、改进等几个部分组成，各部分之间有机结合，紧密联系，形成 PDCA 循环［按照 Plan（策划）、Do（实施）、Check（检查）、Act（处置）的顺序进行循环质量管理］的管理体系，并确保组织的环境行为持续改进。

ISO 14001 环境管理体系可以帮助企业节能降耗、增强竞争力、赢得客户、取信于政府和公众等，自发布之日起得到了广大企业的积极响应，被视为进入国际市场的“绿色通行证”。同时，由于 ISO 14001 的推广和普及在宏观上可以起到协调经济发展与环境保护的关系、提高全民环保意识、促进节约和推动技术进步等作用，因此也受到了各国政府和民众越来越多的关注。目前，世界上许多国家引入并推进了 ISO 14001 标准，世界 500 强企业对 ISO 14001 认证的态度非常积极，不仅自身获得认证，而且在全球范围内开展绿色采购计划，要求供应商也通过认证。

**ISO 14001 环境管理体系标准在中国** 1996 年 9 月，ISO 14001 环境管理体系规范及使用指南一发布，我国于当年 12 月就将其等同转化为国家标准——GB/T 24001—1996/ISO 14001：1996《环境管理体系 规范及使用指南》，2004 年修订为 GB/T 24001—2004/ISO 14001：2004，2015 年第三次修订后，我国也及时对标准进行了转换，即 GB/T 24001—2016/ISO 14001:2015。

我国于 1997 年成立了中国环境管理体系认证指导委员会，负责指导并统一管理 ISO 14000 系列标准在我国的实施工作。2002 年，中国国家认证认可监督管理委员会对环境管理体系认证实行统一管理，使环境管理体系认证认可制度融入国家统一的认证认可制度当中。此后，我国越来越多的行业和企业接受了环境和资源保护的理念，并积极导入环境管理体系。截至 2020 年 6 月 30 日，ISO 14001 证书全国共计 284 277 张。（邹兰）

**huanjing ji gonggong sheshi guanliye qingjie shengchan**

**环境及公共设施管理业清洁生产**（cleaner production in environment and public facilities management sectors） 将清洁生产的理念引入环境及公共设施管理生产服务中，通过优化工艺流程、改进技术及设备、使用清洁能源、减少非环境友好型原辅材料的应用、促进废弃资源的循环利用、加强过程控制、提高管理水平等措施，促进实施单位提升能源资源使用效率、降低物料损耗、减少污染物的产生和排放，进而提高生产效益，促进环境及公共设施管理业绿色、可持续发展。环境及公共设施管理业是城市运行的基础，包括环境卫生管理、绿化管理、城乡市容管理、市政设施管理、公园和游览景区管理及环境污染物的治理等。

**沿革** 城市的建设和发展离不开与之配套的环境及公共设施管理。随着城市建设的加快、环境整治力度的加强，环境及公共设施管理建设也取得较大的进步，但仍滞后于城市化进程，节能环保问题依然存在，节能环保设备使用率低、污染治理设施配置不当、环境管理水平较低、能源资源消耗量高等诸多问题仍制约环境及公共设施管理业的健康持续发展，已引起政府部门和社会的广泛关注。

近年来，政府部门不断加强对环境及公共设施的管理，先后出台了《城市污水处理及污染防治技术政策》《生活垃圾处理技术指南》《城镇排水与污水处理条例》，以及《城镇污水处理厂污染物排放标准》（GB 18198—2002）、《生活垃圾填埋场污染控制标准》（GB 16889—2008）等一系列政策、法规和标准。在此背景下，持续推进环境及公共设施管理业清洁生产业已成为实现行业可持续发展的必由之路。

2012 年 10 月，国家发展和改革委员会、财政部正式批复北京市为全国唯一的服务业清洁生产试点城市。同年，《北京市服务业清洁生产试点城市建设实施方案（2012—2015 年）》获得批准。2013 年 4 月，北京市正式启动并部署服务业清洁生产试点城市建设工作，并于 11 月制定颁布了《北京市清洁生产管理办法》，鼓励企业推行清洁生产，实施清洁生产技术改造。2015 年 12 月，北京市发布《清洁生产评价指标体系 环境及公共设施管理业》（DB 11/T 1262—2015），并于 2016 年 4 月 1 日正式实施，为环境及公共设施管理业清洁生产提供了评价指标体系、评价方法、指标计算方法及数据来源，用于规范环境及公共设施管理业中城镇污水处理厂、生活垃圾处理厂以及公园景区的清洁生产审核、评估与绩效评价。

**典型服务流程及行业特征** 根据清洁生产开展实施情况，本条目结合污水处理厂、生活垃圾处理厂和公园景区的清洁生产具体阐述。

**污水处理厂** 城镇污水处理厂以污水为生产对象，以处理后的出水为产品。生活污水和生产废水通过排水管道系统收集、输送到城镇污水处理厂，经物理、化学和生物处理方法，将污染物去除或转化为无害的物质，达到相关标准后排放或再利用。城镇污水处理厂的典型工艺流程见图 1。

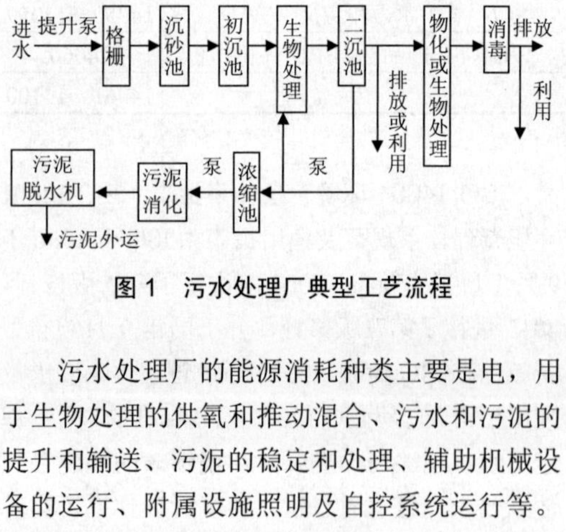


**图 1 污水处理厂典型工艺流程**

污水处理厂的能源消耗种类主要是电，用于生物处理的供氧和推动混合、污水和污泥的提升和输送、污泥的稳定和处理、辅助机械设备的运行、附属设施照明及自控系统运行等。物料消耗主要是生物脱氮的外加碳源、用于化学除磷的铝盐和铁盐、污泥浓缩脱水过程中的絮凝剂以及消毒过程中用的消毒剂。特征污染物主要有出水（含有 $COD_{Cr}$、$BOD_5$、TN、$NH_3$-N 等污染物）、污泥（格栅的栅渣、沉砂池泥砂、初沉池以及二沉池污泥）和臭气。

**生活垃圾处理厂**　生活垃圾是指日常生活或者为日常生活提供服务的活动所产生的固体废物，处理方式有填埋、焚烧和堆肥等。生活垃圾转运及处理的服务流程见图 2～图 6。

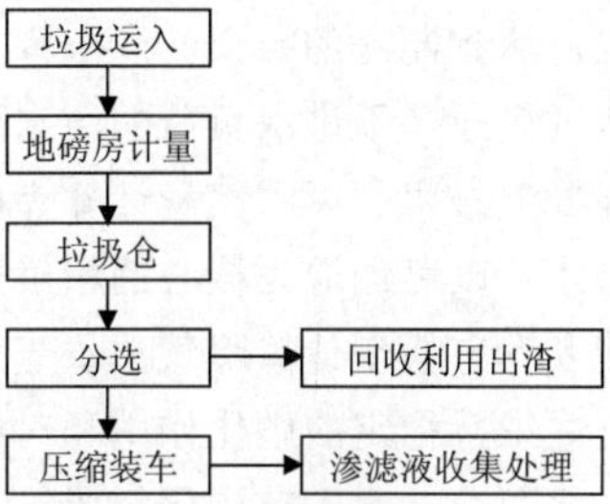


图 2　生活垃圾转运站典型工艺流程

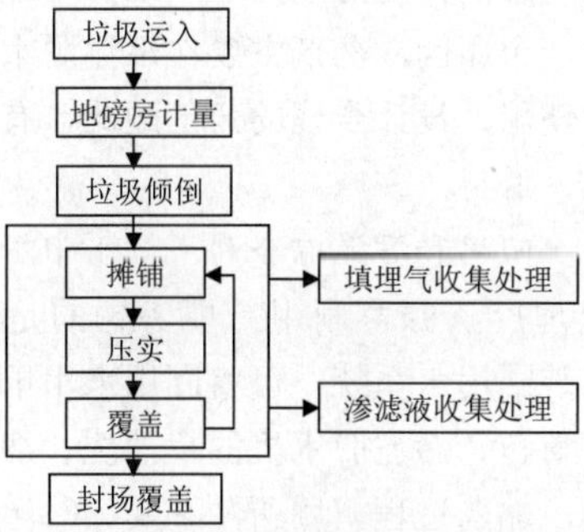


图 3　生活垃圾填埋典型工艺流程

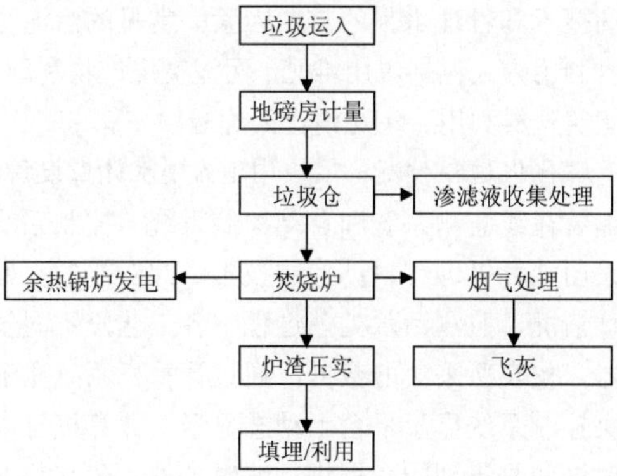


图 4　生活垃圾焚烧厂典型工艺流程

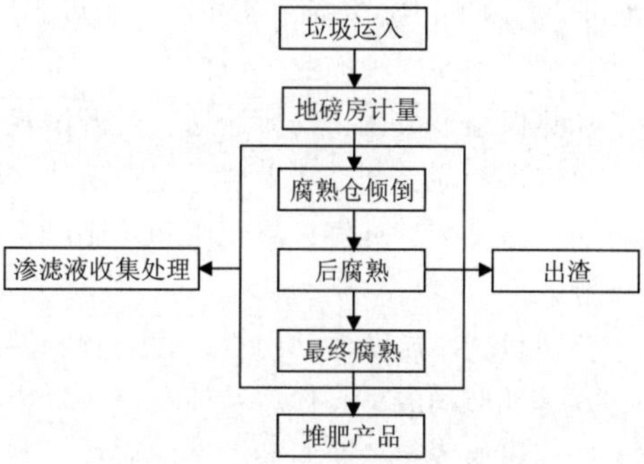


图 5　生活垃圾堆肥厂典型工艺流程

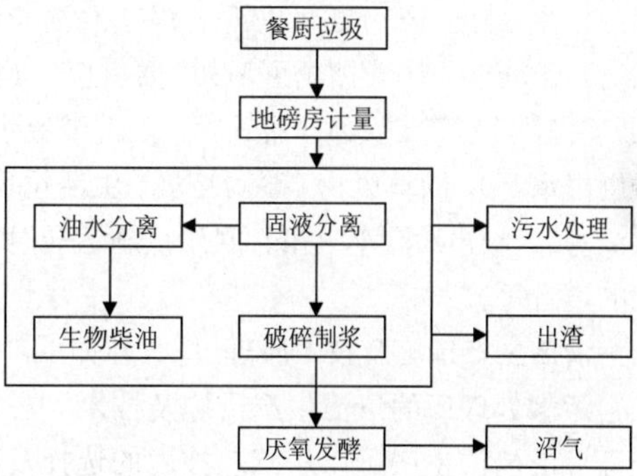


图 6　餐厨垃圾厌氧处理典型工艺流程

垃圾处理能源消耗种类主要是汽油、柴油和电，资源消耗种类及产排污情况不同阶段、不同处理方式有所不同，具体为：①生活垃圾转运站。汽油、柴油主要用于作业车、提升泵，电用于鼓风、物料运送、筛分、压缩。资源消耗主要是自来水和除臭剂的使用，水主要是用在清洗、保洁方面。污染物主要来源于渗滤液和垃圾腐烂散发的刺激性气味。②生活垃圾填埋场。主要耗电系统是渗滤液收集处理系统和填埋气收集处理系统，油料消耗主要用于填埋作业过程中的推土机和压实机。资源消耗主要是填埋场的素土、除臭剂和水。污染物主要是填埋气、渗滤液。③生活垃圾焚烧厂。焚烧厂的电主要用于鼓风、物料运送、渗滤液收集处理、焚烧炉加热和烟尘治理，汽油、柴油主要用于作业车、提升泵、焚烧炉。水主要用于冷却、清洗、保洁方面。污染物有前期处理过程中腐烂垃圾散发的刺激性气味和渗滤液，以及焚烧炉产生的烟尘和炉渣。④生活垃圾堆肥厂。汽油、柴油主要用于作业车、提升泵，电主要用于加热保温、鼓风、物料运送。资源消耗主要是自来水和除臭剂，水主要是用在清洗、保洁方面。污染物有臭气、渗滤液和堆肥产生的渣土等。

**公园景区** 旅游活动由食、住、行、游、购、娱等环节构成，具体涉及停车服务、售票服务、问讯服务、导游服务、游憩服务、餐饮服务、住宿服务、购物服务、投诉服务以及其他服务。公园景区的资源能源消耗种类主要是食品、水、电，部分还可能含有煤、汽油和天然气。服务过程中产生的污染物主要有废气（油烟、汽车尾气等）、废水（餐饮污水、洗浴废水、冲厕用水等）、固体废物（餐厨垃圾、生活垃圾、煤渣等）、噪声（汽车鸣笛、娱乐设施运转时发出的声音等）。

**清洁生产措施及技术原理** 具体如下。

**污水处理厂的清洁生产措施及技术** 污水处理厂的清洁生产可以从工艺技术的选择及改进、节约能源及降低药剂消耗、中水回用和污泥综合利用、优化过程控制、提高管理水平等方面进行。

工艺技术的选择及改进 在选择污水处理工艺时，不仅要考虑处理工艺本身的特点，还需要根据所要处理的污水水质、要达到的处理目标、经济条件等综合比较，优选最佳污水处理工艺。在确定工艺的前提下，为确保污水处理厂日常运作的稳定性，保证出水达标，可以针对以下几方面进行改进：①除磷效果稳定化；②污泥无害化、减量化；③优化同步硝化反硝化生物脱氮与相关工艺。

节约能源及降低药剂消耗 污水处理厂的节能技术：①溶解氧控制。溶解氧（DO）是活性污泥工艺中重要的控制变量，可采用成熟的DO控制技术，对曝气系统进行优化，将DO值控制在一个合适的范围，在保证出水合格的条件下减少空气的输送量，可减少电力消耗。②改进曝气系统。推行精细化控制，使用高效曝气器，同时加强日常维护和保养，提高设备的运行管理水平，确保曝气器在较高的氧利用效率下工作。③优化水泵运行。污水提升系统的设备主要是提升泵，节能可以从污水处理厂的设计入手，合理确定各处理构筑物的进出水高程、减少污水提升环节、优化污水提升系统、科学选泵，使水泵在高效率区间运行。④利用污水源热泵回收热量。借助污水源热泵压缩机系统，消耗少量电能，在冬季把存于水中的低位热能“提取”出来，为用户供热；夏季则把室内的热量“提取”出来，释放到水中，从而降低室温，达到制冷的效果。⑤全程节能集成技术。通过集成基于进水负荷的污水处理工艺全厂智能控制技术、以需气量计算为核心的精确曝气技术、以可调堰为核心的精确配水技术等，可建立动态模型计算曝气池供气量，实现DO 控制并维持稳定的硝化作用和对各单元均匀分配进水负荷，对工艺中厌氧段、缺氧段精确分配进水碳源。

药剂的消耗是污水处理厂运营中经费支出较大的一个原因，药剂主要在污泥脱水和除磷过程中使用，设计合理的药剂配比，有助于节约用水、用药。

中水回用和污泥综合利用 ①中水回用。污水处理厂资源再利用首要考虑的是中水回用。安装回用水系统，可将回用水用于厂内的绿化、消防、污泥脱水机的反冲洗、细格栅的反冲洗、加药过程、厕所冲洗等。②污泥综合利用。妥善地处理污泥，将其作为一种新的资源加以有效利用，变废为宝，是污水处理厂提高技术和管理水平的重要因素。常见的污泥综合利用方式包括农用堆肥、污泥焚烧产物利用、建筑材料利用、污泥消化处理等。

优化过程控制 增设用电、用水计量设备，加装在线监测系统和自动控制系统。控制系统采用计算机远程自动控制技术跟踪变化的水处理情况，监测污水处理过程中各工艺段不同仪器、仪表所采集的数据，通过计算机系统在中央控制系统显示平台上动态显示，计算机可以对这些收集到的数据进行编辑处理、建立数据库，形成历史数据，在需要的时候可以通过设置条件调取相关数据，并显示数据的变化趋势。通过分析历史数据和变化趋势，操作人员可以利用中央控制系统平台实现对污水处理工艺系统的调整，提高了污水处理设施运行的稳定性，确保污水处理厂处理的污水达标排放。

提高管理水平　建立质量管理体系、环境管理体系、能源管理体系、职业健康安全管理体系，并通过第三方认证，使环境管理系统化。

**生活垃圾处理厂的清洁生产措施及技术**　生活垃圾的处理一般涉及三个方面：预处理，包括生活垃圾分选、破碎和压缩；垃圾处理，包括填埋、堆肥、热解、焚烧等；必要的环保配套处理设施，包括渗滤液收集处理、填埋气收集处理、烟尘处理等设施。清洁生产应结合垃圾处理具体的过程及相关辅助设施的运营维护开展。

加强垃圾预处理　实施垃圾分类及强化预处理，可为后序处理打下良好基础。预处理措施：①分选。生活垃圾在处理处置之前进行筛分，将有用的成分分选出来加以利用，将有害的成分分离出来进行合理处置，以达到生活垃圾减量化、资源化、无害化的要求。常用的分选技术包括筛分（固定筛、滚筒筛、惯性振动筛、共振筛等）、重力分选（介质分选、风力分选、跳汰分选、分离分选、摇床分选等）、磁力分选（磁力滚筒、悬吊磁铁仪、磁流体分选等）、电力分选（静电分选、高压分选）、光电分选、浮选及人工分选等。②破碎、压缩。为方便运输、装卸、储存和下一步工艺的正常进行，通常要对原生生活垃圾进行破碎，常用的破碎方法有冲击破碎、剪切破碎、挤压破碎、低温破碎等。为了提高运输效率，一般需要对垃圾进行压缩，压缩方式有简单的水平压缩、三向立体压缩和复杂的回旋式压缩。

优化垃圾处理技术工艺　城市应根据自身发展条件，选择适合的垃圾处理方法。垃圾处理时，可根据不同处理方法的技术特点，对技术工艺进行优化调整。处理措施：①生活垃圾填埋。填埋过程主要是摊铺压实垃圾的过程，主要涉及场地防渗、渗滤液导排收集、填埋气导排收集以及道路堤坝的修建和表面覆盖等配套环保措施，运行过程中可根据具体情况对垃圾进行脱水预处理。②生活垃圾堆肥。堆肥工艺分为好氧堆肥和厌氧堆肥两种类型，厌氧分解需在严格缺氧条件下进行，厌氧微生物分解生长较慢，故应用不多，而好氧分解过程同时产生高温，可以杀灭病虫卵、细菌，是目前采用的主要堆肥工艺。在清洁生产过程中，可结合原料的性质、对产品的要求以及经济发展水平等对工艺进行优化调整，例如，采用动态或间歇式堆肥，提高机械化和自动化程度，通过建设密闭的发酵塔、发酵筒、发酵仓等将堆肥过程密闭起来以提高堆肥工艺可控性等。③生活垃圾焚烧。焚烧技术的核心是焚烧炉的燃烧过程控制，进焚烧厂的混合生活垃圾应先进行分类或分选及脱水处理以满足焚烧炉的燃烧条件。焚烧炉余热利用是焚烧厂清洁生产的重要环节，应推广热电互补综合利用模式以提高能量的转化率。

污染物收集处理及利用　通过生活垃圾填埋气收集处理、渗滤液收集处理和生活垃圾焚烧炉烟气处理，可以有效控制污染物的排放，并发挥其潜在应用价值。主要措施：①填埋气收集处理。填埋场的生活垃圾在厌氧条件下产生大量填埋气，控制填埋气排放的有效措施是使填埋场密闭化，并建设填埋气收集和处理系统。密闭式填埋场填埋气的收集率有望提高到90%，收集的填埋气可作燃料处理，燃烧的热能可用于发电或作其他种类的余热利用。②生活垃圾渗滤液的收集处理。渗滤液收集处理主要是防止对地下水和地表水的污染，收集方式主要是在垃圾堆体底部预留收集池泵送收集，处理技术有生化-硝化-反硝化、纳滤、超滤、反渗透等。③焚烧炉烟气处理。烟气处理主要是处理烟尘、酸性气体、重金属和二噁英。炉内温度、炉内停留时间是控制二噁英的重要因素。烟气净化系统是保证焚烧气体污染物达标排放的重要措施。常用的处理方法有干法+除尘器（焚烧炉→消石灰或其他碱性药粉→除尘器→烟囱）、干法+除尘器+湿法（焚烧炉→消石灰或其他碱性药粉→除尘器→湿式洗涤塔→烟囱）和干法+除尘器+湿法+脱氮塔（焚烧炉→消石灰或其他碱性药粉→除尘器→湿式洗涤塔→再加热→脱氮塔→烟囱）等。

*原辅材料和能源的选择* 原辅材料和能源本身对环境的友好程度一定程度上决定了生活垃圾处理过程对环境的危害程度，因此选择对环境无害的原辅材料和能源是生活垃圾处理企业清洁生产所要考虑的重要方面。在垃圾处理过程及辅助设施运行过程中应尽可能使用清洁能源，同时结合材料的产地、性质、储存要求和企业库存情况等因素选择和采购原辅材料，避免使用毒性大、具危险性的原辅材料，并对采购入厂的原辅材料进行严格检验。

*设施设备的升级改造和运行管理* 垃圾转运站、垃圾填埋场、垃圾焚烧炉、垃圾腐熟仓等主体设施和各种运输设备、辅助运行设备的先进程度、适用情况和运行状态等不仅决定能源消耗的高低，也影响着废弃物的产生。加强设施设备升级改造和运行管理的主要措施包括：①加强设备的更新和改造。如优化锅炉燃烧系统、加强用电设备变频改造、淘汰高耗能机电设备、升级垃圾渗滤液处理设备等。②加强设备的维护和保养。建立定期巡检制度，安排专人检查设施设备运行情况，并通过定期保养减少主要设备的停产大修、翻修，减少年停运时长。③优化过程控制和提升设备自动化水平。例如，加装计量仪器，增设操作单元用电、用水计量设备和加装大气、污水在线自动监测系统等。④规范生产工艺的操作规程及生产运作。修订和完善操作规程，规范工艺流程，校正生产参数，使之符合生产操作实际，提高设备运行效率，从而达到节能降耗的目的。

**公园景区的清洁生产措施及技术** 公园景区清洁生产的目的是因地制宜、合理开发利用和保护旅游资源，把旅游活动对环境的负面影响减到最低。

**提升绿色管理理念** 绿色管理就是融环境保护的理念于公园景区的经营管理和生产活动之中。这一思想可概括为 5R，即研究（Research），把环保纳入公园景区的决策要素之中，重视研究公园景区的环境对策；减消（Reduce），采用新技术、新工艺，减少或消除有害废物的排放；再开发（Rediscover），变传统产品为绿色产品，积极争取绿色商标；循环（Recycle），对废旧产品进行回收处理，循环利用；保护（Reserve），积极参与环境整治，对员工、公众进行环保宣传，树立公园景区良好形象，严格控制旅游高峰期游人数量，以免对旅游资源造成负面影响。

**倡导绿色行为** 具体包括：①发展绿色交通。公园景区内原则上不应使用机动车辆，若必须要使用，则采用电、天然气等清洁能源。②建设绿色厕所。遵循源头控制、就地处理、就地利用的原则，节水节能，减少排污量，生态处理排泄物，使其回归自然、循环利用。③使用绿色能源。根据生态环境各方面条件，因地制宜地选择不同的绿色能源，以减轻生态环境的压力。④开发绿色旅游商品。经营商品应是资源耗用低、环境友好、健康安全且具有审美价值和一定实用价值的天然商品或人工制品。⑤提供绿色餐饮。为游客提供安全、有利于人体健康的产品，并且在整个经营过程中，坚持合理利用资源，保护生态环境。⑥开展绿色营销。绿色营销就是围绕生态绿色产品而开展的各项促销活动的总称，其核心是通过信息传递，树立公园景区的绿色形象，使之与消费者的绿色需求相协调，巩固公园景区的市场地位。

**加强资源节约及废物利用** 推广节水器具，增加节水设施和技术的应用（包括用水器具的改造、使用节水型绿化设备、选用节水型乡土植物、节约浇灌用水等），建造中水利用设施，采用雨水收集与利用设施，加强园林绿化废物回收利用等。主要技术措施：①中水利用。用物理、化学、生物等手段对工业所排出的废水进行不同深度的处理，水质达到工艺要求后回用到公园景区，从而达到节约水资源、减少环境污染的目的。②雨水收集与利用。包括雨水的收集、截污、贮存、过滤、渗透、提升、回用等。实施雨水利用不仅可以降低雨水径流、延缓径流时间、增加可利用的水资源、补充地下水，而且雨水利用在公园景区尤其在北方水资源短缺的公园景区中具有很好的推广前景。③园林绿化废物回收利用。园林绿化废物成分主要为有机物，是重要的生物质资源。通过发展生物质能源、生物有机肥和食用菌菌棒等，使园林绿化废物得到有效的资源化利用，并且能够通过产业化发展，创造可观的经济效益和社会效益。④使用滴灌绿化设备。能够较准确地控制灌水量，可减少无效蒸发，节约用水。⑤根据土壤水分含量实施绿化灌溉。通过监测作物代表性位置（主根区）土壤的水分含量，优化灌溉区域和用水量，可以最大限度提高水的利用效率，确保灌溉的科学性和节水性。

**实施节能增效改造和清洁能源替代** 能耗主要涉及供暖、日常用电、餐饮用电等，节能可从设备更新、使用清洁能源、引进先进技术等方面开展。主要的技术措施：①使用地源热泵。地源热泵系统是一种先进、高效、节能、无任何污染的供暖空调方式，适用于具有地热资源的公园景区。②使用节能灯和太阳能灯。对办公区域、道路照明的灯具进行改造，使用LED 灯具或太阳能路灯。③更换高能耗空调。④使用节能型变压器。⑤提高锅炉热效率。提高锅炉热效率可通过增加有效利用热量、减少锅炉各项热损失等实现，重点是降低锅炉排烟热损失和降低机械未完全燃烧损失。具体措施包括：降低空气预热器的漏风率；严格控制锅炉水水质，并及时除垢；根据锅炉负荷及时调整燃烧工况，让燃料充分燃烧；加强锅炉管道及本体保温等。

**推进污染减排和环境保护** 公园景区废物及垃圾产生量由游客数量、游客在公园景区游玩时间长短等决定，污染减排和环境保护宜因地制宜。主要技术措施：①污水处理技术。公园景区污水排放具有明显的季节性或时段性，污水量相对较少，污水处理构筑物难以连续运转，应选用调试容易、运转灵活的工艺。污水处理技术有生物接触氧化、膜生物反应器、人工湿地等。②锅炉废气治理技术。主要有湿法除尘技术和锅炉废气脱硫技术。③餐饮油烟处理技术。为了降低公园景区内餐饮业油烟排放量，可采用机械净化法、静电沉积法、洗涤吸收法、过滤吸收法、热氧化焚烧法、催化净化法和复合式处理方法。④园林绿化施用有机肥。⑤采用环保的方法预防植物病虫害，包括引进益鸟等生态手段和采用物理防治方法、使用低毒农药等。⑥加强垃圾分类。

**发展现状** 《国民经济行业分类》（GB/T 4754—2017）重新明确了环境治理、公共设施管理行业，将环境卫生管理、绿化管理、城乡市容管理、市政设施管理、公园和游览景区管理统一列为“公共设施管理业”，不仅能够刺激行业进一步创新发展，发展环卫、绿化、城乡市容、市政设施等一体化的项目，加快市场化进程，也将推动政府有关部门进一步出台相应行业标准、管理规范和扶持政策等。现阶段，环境及公共设施管理业清洁生产开展实施主要集中在北京市，城镇污水处理厂、生活垃圾处理厂和公园景区的清洁生产主要依据北京市服务业清洁生产审核试点城市的要求而开展，环境及公共设施管理业清洁生产有较大的潜力。

（周延）

**huanjing youhao chanpin**

## 环境友好产品

（environmentally friendly product） 又称环境无害化产品或低公害产品。是依托环境友好技术、利用环境友好材料打造出的，从设计到废弃的全生命周期中能够满足资源消耗和环境保护双重优化目标的产品。

**产生背景** 人类社会进入城市化加速发展时期，重化工业的高速发展使人与自然的矛盾不断激化。打造从产品全生命周期角度进行统筹设计，利用预防和治理污染的工艺技术开发建设的环境友好产品，是构建资源节约型、环境友好型社会，将绿色、协调理念落在实处的具体措施，是走人与自然和谐发展之路的必然选择，有助于减轻经济快速发展、城市化加速推进、消费迅速升级带来的巨大环境压力。

1992 年，联合国环境与发展大会通过的《21

世纪议程》首次提出了"环境友好"(environmentally friendly)的理念。2002 年，可持续发展问题世界首脑会议通过的《约翰内斯堡执行计划》也多次提及环境友好产品的概念。

**特征** 主要包括有利于循环经济发展、节能减排、保护生态环境、有益或不损害人体健康、节约资源、符合国家产业与技术政策等。

环境友好产品不仅考虑产品的生产、运输、使用直至其"生命"结束过程中对环境的影响，还考虑其"生命"结束后循环再利用的问题，从而减轻或消除对自然环境的影响。

**环境友好技术和材料** 环境友好产品涉及行业广泛，需要依托各个行业的环境友好技术和环境友好材料实现其生产和推广。

**环境友好技术** 指对生产、生活无污染或低污染的技术，主要包括预防污染的少废或无废工艺技术和产品技术，同时也包括治理污染的末端技术。环境友好技术是未来技术发展的主方向，是替代现有会产生污染的技术的清洁生产技术。

**环境友好材料** 指具有优良的使用性能和环境协调性，由材料工作者在环境意识的指导下，开发新型材料或改进改造传统材料获得的节约资源和能源、减少环境负荷（如温室效应、臭氧层破坏等）的材料。环境友好材料的设计思路是在传统材料研究所追求的优异使用性能的基础上，充分考虑资源的有限性和尽可能降低环境负担等因素，采取有效措施，使材料具有能够再生循环利用的特性，从材料的设计阶段开始就把材料的使用性能同保护地球生态环境、保障人类生活环境充分结合起来，是对传统材料技术与工程的革新。

**意义和影响** 环境友好产品是因环境问题而诞生的，其理念能融入从根本上解决环境问题的整体性环境友好理论和实践中，是可持续发展的具体表现形式：①从国家战略角度，环境友好产品概念的提出，就是要在节约资源、保护环境的前提下实现经济较快且持续发展，促进人与自然和谐相处。②从环境问题角度，能够打破过度的环境污染导致的人们生产生活上的资源制约，推动整个生态的可持续发展。③从公众需求角度，随着生活水平的提高，能够满足人们对良好生态环境越来越迫切的需求。④从企业利益角度，能够有效降低企业生产经营中的环境成本，通过从源头实现清洁生产增加经济效益。⑤从产品质量角度，是转变生产方式、推动资源利用方式根本改变的有效途径，能够提高绿色生产效率，延长产品使用寿命。 （庆怀韬）

# J

jixie gongye qingjie shengchan

**机械工业清洁生产** （cleaner production in machinery industry） 将清洁生产的理念引入机械产品生产制造过程和产品的环境特性要求两个方面。一方面，是指在铸造、焊接、锻压热处理、粉末冶金等热加工工艺过程以及表面处理、金属切削、清洗、包装等其他加工过程中，不断采取改进设计、使用清洁的能源和原料、采用先进的工艺技术与设备、改善管理、综合利用等措施，从源头削减污染，提高资源利用效率，减少或者避免污染物的产生和排放，以减轻或者消除对人类健康和环境的危害；另一方面，要求机械工业向国民经济各部门提供具备高效、节能、降耗、减污等环境特性的机电设备和产品。

机械工业是为国民经济提供技术装备、为人民生活提供机电产品的产业，是国民经济的支柱产业之一，在促进我国资源节约型和环境友好型社会的建设中，占有举足轻重的地位。

**沿革** 20世纪80年代后，机械工业从末端治理、综合利用逐渐转向削减污染源、推行清洁生产，主要体现在以下几个方面：①调整产业结构，降低物耗、能耗。80年代初，机械工业部对企业数量多、规模小、技术水平低、污染较为严重的铸造、锻压、热处理和电镀四个行业进行了专业化调整，降低了分散性，提高了计划程度，从而降低了能耗、物耗，提高了经济效益和污染治理效率，目前我国的电镀和铸造已经实现了专业化生产。2013年，工业和信息化部颁布实施《铸造行业准入条件》及《铸造行业准入公告管理办法》，并先后公布了三批1 729家符合准入条件的企业名单。这一产业政策的实施，有力地推动了铸造产业优化升级，规范了行业发展。2019年9月11日，由中国铸造协会发布了更为严格的《铸造企业规范条件》（T/CFA 0310021—2019），该团体标准将节能减排、清洁生产工艺纳入铸造行业准入门槛，进一步促进了铸造行业的产业升级和清洁生产技术推广。②调整产品结构。1981—1990年，机械工业部会同有关部委在十年时间内，连续公布了16批节能机电产品，共752种，淘汰能耗高、材耗高、污染大的产品601种；同时加大开发、引进和推广应用节能减污技术和产品的力度，制定相应的技术标准、设计规范和技术政策。③积极开展研究和推广清洁生产技术与工艺。自“八五”国家科技攻关计划开始，机械行业研究机构和企业持续开展了行业清洁生产相关技术、标准、工艺与装备的系列研究，并加以推广应用。

**主要内容** 机械工业清洁生产主要涉及清洁能源与原料、清洁生产工艺与装备、清洁高效机电产品。

**清洁能源与原料** 指在机电产品生命周期中的生产制造阶段，使用少污染或无污染的能源替代高污染能源，以无毒或低毒的原料替代有毒有害的原料。

**清洁生产工艺与装备** 指在保证产品质量的前提下，在机电产品生命周期的生产制造过程中，优化产品制造工艺、设备及检测控制等各个生产环节的技术方案，用节能减排的清洁生产技术、工艺和设备取代高耗能、高污染的落后生产技术、工艺和设备；在采用少污染、无污染的清洁原辅材料替代高污染、高耗材的原辅材料的同时，采用必要且有效的污染物末端治理及资源再生利用技术，最大限度地减少污染物的产生和资源能源消耗。

**清洁高效机电产品** 指通过优化设计，使得机电产品具有环境友好特性。具体来说，在产品生命周期中的使用阶段，可提高能源、资源使用效率和降低或杜绝有害物质产生，在产品废弃后对环境的影响小、可循环利用。代表性产品有：清洁高效能源装备、节能节材输变电设备、高效节能电动机拖动系统、清洁高效工业锅炉/炉窑、节能与清洁能源汽车等。

**机电产品生产加工过程中的主要污染物** 机电产品制造工艺主要包括铸造、压力加工、焊接、切削加工、特种加工、热处理、表面改性与处理、组装以及非金属材料成形加工等。其中，铸造、压力加工中的锻造、热处理等热加工工艺以及表面改性与处理工艺，是耗能产污的重点环节。

铸造工艺产生的主要污染物是铸造熔化熔炼工段产生的燃烧废气，包括烟尘、$SO_2$、$CO_2$、CO、$NO_x$；造型制芯与清理工段产生的工艺废气，包括粉尘、甲醛、苯酚、三乙胺等；固体废物为大量的废砂、废石棉保温材料、含铅炉渣；此外还有含油废水等。

锻造工艺产生的主要污染物是锻坯加热炉产生的烟尘、$SO_2$、$CO_2$、CO、$NO_x$等燃烧废气，脱模剂产生的油烟以及振动和噪声等。

工件在进行气体化学热处理时，一些有机化合物在炉内分解后排出$CO_2$、CO、$NH_3$、HCl、HCN等有毒有害气体；热处理所消耗的淬火油和回火油部分会转化为炭黑和烟尘；此外还有含$BaCl_2$废水、废淬火油等。

焊接工艺主要污染物为含氟化物、$Fe_2O_3$、MnO等的烟尘和$SO_2$、$CO_2$、$O_3$、$NO_2$等有害气体，此外还有光、热辐射。

表面改性与处理工艺中有机涂装过程会产生苯系气雾、有机物气体；电镀生产过程使用强酸、强碱、重金属溶液，甚至包括氰化物、铬酐等有毒有害化学品，会产生有害气雾，电镀废水含有$CN^-$、$Cr^{6+}$等有毒有害物质。

金属切削加工工艺主要污染物为磨削粉尘，切削/磨削冷却液废液中含有的大量COD、石油类等危险废物，加工件清洗过程中产生的洗涤剂废液（含酸、碱、油等的废水）等。

**机电产品对环境的影响** 主要表现在三个方面：①在产品使用寿命周期内对环境的直接影响。例如，汽车耗油并产生CO、碳氢化合物等尾气污染；工业锅炉由于煤或油的燃烧产生烟尘；柴油机产生噪声、CO、$SiO_2$、$NO_x$、碳氢化合物污染等。②机电产品产生的间接影响。例如，机电产品会消耗电能，发电过程会相应产生烟粉尘、$SO_2$等工业废气。机电产品耗电量越大，产生的间接发电污染越严重。③机电产品大量报废后，其中的废旧电器、废铅蓄电池等含有的有毒物质和重金属会带来严重的资源和环境压力。

**清洁生产工艺与技术** 针对机械行业不同加工工艺的污染特点，采用少污染、无污染的新技术、新工艺和新材料替代原有的落后加工过程，用节能、清洁机电产品替代高能耗、高污染机电产品。由于机械产品种类繁多，加工工艺复杂，内容覆盖面广，故以下仅列举最具代表性的清洁生产工艺与技术以窥一斑。

热加工工艺用工业窑炉采用电、天然气等清洁能源取代煤、焦炭、重油等高污染能源进行加热及熔化；铸造采用中频炉、水冷/无（薄）炉衬/长炉龄冲天炉、冲天炉-中频炉双联熔化；锻造采用感应加热锻坯技术；在各种加热、烘烤工序中逐步淘汰燃煤和焦炭炉。

铸造采用无砂或少砂工艺（金属型、压铸、低压铸造等）及高溃散性型砂工艺（树脂自硬砂、有机酯硬化水玻璃砂等），以减轻石英粉尘的排放；砂型铸造采用高紧实度湿型工艺，淘汰黏土砂干型铸造；采用直接利用高炉铁液的短流程熔化工艺；采用铸态球墨铸铁技术；

采用铝合金炉料预热、熔化、保温一体化熔炼设备及无毒精炼、变质工艺一体化技术等。

锻造采用电液锤、热模锻压力机、冷温锻、楔横轧、超塑成形等节能低噪声设备和工艺替代空气锤、蒸汽锤；采用直驱式液压机替代蓄势式水压机。

热处理采用可控气氛、真空加热、聚合物水溶液及专用淬火油冷却技术，淘汰在空气中加热及盐浴、金属浴加热冷却方式。

用激光、电子束、等离子等高能束和复合热源焊接技术替代传统焊接技术；采用高效优质低烟尘焊条、烧结焊剂等节能、低尘、低毒、安全焊接材料，例如，应用于软钎焊中的无铅钎料，应用于硬钎焊中的无镉钎料，非镀铜涂层的实心焊丝等；采用少污染、无污染的焊丝除锈、清洗、镀铜新工艺；采用高效、灵活、耐用的电焊烟尘净化及除尘设备。

采用低污染、低能耗表面改性与处理工程技术。在镀液和前后处理中避免或减少镉、铅、六价铬、氰化物、磷系物质的使用；在电镀生产线安装清洗水和金属材料循环使用的设备，促进电镀污泥中金属的回收；使用水性防腐涂料，高固体分、厚浆型涂料，无溶剂、光固化涂料替代含镉、铅、六价铬、纯苯等有毒有害物质的涂料；采用无磷除油工艺；涂装生产线采用纳米过滤和反向渗透技术；采用涂装固体废物解黏技术。

金属切削加工采用高速切削和强力切削、干切削或准（亚）干切削加工新工艺，以消除或减少切削液产生的污染并降低废液排放和回收等成本；采用高质量、高性能、无毒无害的环保型切削液或微乳化液；采用切削液、磨削液自动过滤、自动排屑系统；采用液氮、喷气冷却等切削液替代技术。

**发展现状及趋势**　三十余年来，机械工业清洁生产技术与工艺的研发和推广取得了长足发展。我国大中型机械制造企业针对铸造、锻压、热处理、焊接、电镀、涂装等主要耗能产污的工艺环节积极推广优质、精密、高效、清洁加工工艺与技术，淘汰落后的高能耗和高污染工艺，降低单位产品制造的原材料和能源资源消耗量、污染物产生量，提高能源、水、原材料等资源的利用效率。同时，相关的标准法规也正在逐步制定和完善。我国陆续颁布了与机械行业相关的清洁生产标准，如《清洁生产标准　汽车制造业（涂装）》（HJ/T 293—2006）、《清洁生产标准　彩色显像（示）管生产》（HJ/T 360—2007）、《清洁生产标准　铅蓄电池工业》（HJ 447—2008）、《清洁生产标准　印刷电路板制造业》（HJ 450—2008）、《机械行业清洁生产评价指标体系（试行）》、《电镀行业清洁生产评价指标体系》、《清洁生产标准　金属切削加工》（DB11/T 673—2009）等。

我国机械工业的大多数企业，特别是中小企业，生产工艺相对落后，单位产值的原材料及能源消耗、工业用水循环利用率、废物综合利用率、单位产品环境污染物产生量等控制指标，都与国际先进水平存在一定差距。此外，我国机械行业清洁生产标准体系也尚不完善，清洁生产技术与装备的研发和推广都有待进一步加强。但总体而言，我国机械工业的发展模式正在从原来传统的依靠生产要素投入、高消耗的粗放式向着高效清洁、可持续模式转变。

（张红）

**jiaju zhizaoye qingjie shengchan**

**家具制造业清洁生产**　（cleaner production in furniture manufacturing industry）　将清洁生产理念运用到家具制造的生产全过程，用以推动企业持续改进生产工艺、提高资源能源利用率、降低生产成本、提高产品质量、减轻环境污染、降低废弃物处理费用等。

家具是指用木材、金属、塑料、竹、藤、玻璃、石材等材料制作的，具有坐卧、储藏、间隔等功能，可用于住宅、旅馆、办公室、学校、餐馆、医院、剧场、公园、船舰、飞机、机动车等诸多场所的产品。根据《国民经济行业分类》（GB/T 4754—2017），家具制造业可分为木质家具制造，竹、藤家具制造，金属家具制造，塑料家具制造，其他家具制造等 5 个子行业。

**沿革** 在1949年之前，我国家具生产都以手工工具和手工制造为主，存在极少量引进的国外家具制造设备，自主研制生产能力弱。至中华人民共和国成立前，全国能生产家具木工机械产品的企业不足10家，生产的产品也较为简单，主要为圆锯机、带锯机、圆管车床等产品，生产设备陈旧简陋，技术水平落后，生产规模小。1949年后，家具生产逐渐半机械化，家具制造设备引进与创新并重，自主研制能力逐渐增强。进入20世纪70年代后，部分手工工序已经由机械加工代替，并逐步使用了电动压刨机、电动打眼机等设备。发展到70年代末的时候，中国家具工业的机械化率已经达到四成左右。改革开放之后，板式家具兴起，引起板式家具加工技术与设备的迅速发展。1978年，轻工业部制定了《1978—1985年家具工业科学技术发展规划草案》，提出了“发展板式结构，改革传统工艺，实现先油漆后组装”的技术政策，并且确定了一批与板式家具有关的科研项目，同时开始了家具加工技术与设备的引进。通过国外先进家具生产设备与技术的引进，大大简化了工艺流程，提高了零部件的标准化、系列化和通用化程度。90年代后，随着中国家具工业在加快向市场经济转变的进程中迅猛发展，家具加工技术与设备发展也呈现突飞猛进的态势。至20世纪末，中国家具生产技术基本达到机械化，部分设备形成信息化加工能力，非木质家具加工技术与设备发展加快。家具木工机械设备制造行业本身也取得较快的发展，建立起从教育、研发、生产到销售的完整体系。

家具制造业是我国重要的民生产业，在满足消费需求、充分吸纳就业和带动区域经济发展方面发挥了重要作用。同时，在国际上，我国家具制造业积极融入全球产业链，已成为国际家具产业链极为重要的组成部分。目前，我国已发展成为全球最大的家具生产国和出口国。在行业发展规模方面，2018年，我国家具制造业产量为75 778.6万件；主营业务收入达7 081.7亿元，同比增长4.5%；行业利润总额达到425.9亿元，同比增长4.3%；出口额达537亿美元，同比增长7.6%。2018年，我国家具制造业企业总数量约5万家，规模以上企业有6 300家，主要集中在广东、江西、浙江、山东、河南、四川、安徽、江苏和上海等地。

当前我国家具制造业呈现出企业数量多、行业集中度低、以小微型企业为主的局面。现阶段，促进家具制造产业集群发展将是带动行业全面提升的有效途径。因此，近年来在国家产业政策扶持以及地方政府主导下，中国家具产业集群发展迅猛，数量和规模都呈现出快速发展的态势，吸纳了一批产业转移、扩大生产规模的家具制造企业。据统计，中国家具协会命名的家具产业集群共计50个，其中，特色区域35个，新兴产业园区11个。

我国家具制造企业约有5万家，小型及以下企业占比达81%，VOCs排放量占工业涂装VOCs总排放量的12%，高于船舶制造、汽车制造与维修、钢结构生产等行业，是占比最高的行业。家具制造业涉及涂料、稀释剂、固化剂、胶黏剂等多种原辅材料的使用及调漆、供漆、喷涂、施胶、干燥、木材开料、机加工、打磨等多个工序，产污环节分散，需要全面加强过程管控，实施精细化管理。

我国自20世纪90年代开展清洁生产以来，家具制造业发布的相关清洁生产标准较少。国家已发布的家具制造业清洁生产标准仅有《清洁生产评价指标体系　木家具制造业》（GB/T 37648—2019），地方发布的有《清洁生产评价指标体系　家具制造业》（DB11/T 1138—2014）、《木家具清洁生产规范》（DB44/T 1538—2015）等。在清洁生产技术的研发和推广方面，国家层面发布了《家具制造工业污染防治可行技术指南（征求意见稿）》，地方层面发布了《深圳市家具行业清洁生产技术指引》等。

**清洁生产技术** 主要包括以下方面。

**源头预防与替代技术** ①采用环保涂料，即高固体、低游离TDI聚氨酯类预聚物含量，低VOCs，低毒或无毒，有利于节约资源且高性能的涂料。如聚氨酯（Polyurethane，PU）涂料、硝基（Nitrocellulose，NC）涂料、紫外光固化（Ultraviolet Curing）涂料、水性（Waterborne）涂料等。②采用环保胶黏剂，如水基型胶黏剂、热熔胶、无溶剂型胶黏剂、紫外光固化型胶黏剂、高固含量型胶黏剂、生物降解型胶黏剂等。③喷嘴选型技术。从 GGW-513 到 GGW-517，根据工件的形状和尺寸选择合适的喷嘴型号，可以有效减少涂料用量以及 VOCs 的释放量。④配料技术。主要在配料工艺和设备方面实现计算机化和自动控制，提高木材利用效率，降低木材消耗和固废产生量。⑤贴面技术。包括实现零件操作的单面或双面覆膜的真空覆膜技术。⑥热转印覆膜技术。热转印膜一次性加热，通过热转印机械将装饰图案黏贴在被装饰的零件上，形成优质饰面膜，可减少甚至消除油漆和胶黏剂等含 VOCs 辅料的使用，提升产品的绿色环保性能。⑦封边技术。包括直线封边、异形封边（软成型封边）、后成型封边及激光封边技术，可降低胶黏剂等含 VOCs 辅料的使用。⑧中央供漆系统。包括供油漆管道和油漆泵，把开好的油漆直接输送到喷枪的油罐中，可避免油漆接触空气，减少油漆用量。

**过程控制清洁工艺**　①涂饰前基材表面处理技术，包括基材的修补、毛刺清除、污物及油脂表面清理以及漂白等，可提高后续工段涂料的利用率。②喷涂过程质量控制技术，包括优化喷涂工序，规范喷涂操作，清洁与日常维护以及喷涂人员培训及考核等。③喷涂优选技术，主要为空气辅助式无气喷涂、薄膜流涂、辊筒涂装、静电涂装等。④干燥技术，主要为少空气干燥、对流加热连续真空干燥以及微波干燥技术等，相比传统干燥技术可显著降低能源消耗和烟尘排放量。⑤木材干燥监测控制管理技术，即根据木材含水率变化的情况，不断调整干燥窑内的环境参数，以保证木材得以良好地干燥。⑥电脑优化排料技术，运用排料方案图有效指导排料生产，可提高木材利用率，降低木材消耗和固废产生量。⑦封边机连线技术，采用将全自动右式直线封边机、全自动左式直线封边机结合的方式，可大幅节省人工，提高封边效率。⑧包装线自动化技术，该技术通过利用自动化装置控制和管理包装过程，实现从测量、裁箱、填充、合包到装箱完成的一整套流水作业。⑨粉末静电喷涂成套技术，该技术涉及低温喷粉封边、表面喷粉、表面图案装饰等环节，具有绿色环保、无 VOCs 排放等特点。

**末端治理工艺**　①尘源控制技术，即采用吸风罩、隔尘装置和吸尘工作台等捕集装置将尘源限定在一定范围。②中央除尘技术，将生产区域产生的粉尘集中通过吸尘管网送入脉冲袋滤式除尘器进行集中处理。③刮板输送除尘技术，具有管道内无沉积物、主管道风速低、系统吸尘效果可调、加工设备的可移动性好和系统能耗低等特点。④脉冲布袋除尘技术，通过可编程控制仪对排气阀、脉冲阀及卸灰阀等进行全自动控制，实现逆气流反吹外滤除尘效果。⑤木制品加工除尘技术，即先经沉降室捕集较大颗粒的刨花和木屑，再采用袋式除尘器捕集细颗粒尘。⑥漆雾过滤技术，即利用过滤法对漆雾进行收集处理，能去除大部分的漆雾颗粒。⑦VOCs 吸附技术，可利用某些具有吸附能力的物质（如活性炭、硅胶、沸石分子筛、活性氧化铝等）吸附有害成分而达到消除污染的目的。⑧末端治理组合工艺，包括活性炭吸附+催化燃烧技术；湿式除尘+干式过滤+吸附/脱附+燃烧技术；水性涂料替代+干式过滤+吸附/脱附技术；紫外光固化涂料替代+辊涂/淋涂+吸附/脱附技术等。　　（党春阁　郭亚静）

**jianzhuye qingjie shengchan**

**建筑业清洁生产**　（cleaner production in construction industry）　将清洁生产的理念引入建筑业生产活动中，从建筑设计、建筑材料生产、建筑物的建造施工到投入使用后的运营及最终的建筑物拆除等各个环节，实行节能、节地、节水、节材，同时最大限度地减少对自然资源的破坏及对环境造成的污染。

**沿革**　建筑活动是人类对自然资源、环境影响最大的活动之一。建筑物在前期建造和后期运行过程中都会消耗大量的资源和能源，并产生大量的废弃物，对自然生态造成损害，同时对周围环境造成污染。建筑业不是简单的工厂化生产，它还涵盖了勘察、设计、安装、维修等其他环节。由于建筑业的特殊性，其污染物排放种类和特征也有别于普通的生产行业。建筑业污染不仅包括粉尘、建筑垃圾及废弃物、水污染、大气污染、建筑材料带来的室内空气污染（包括有害气体和放射性等）等实质性因素，还包括施工噪声、城市热岛效应、光污染等感受性因素。我国建筑能耗占全社会能耗的30%左右，加上建筑材料的生产能耗 13%，建筑总能耗超过全社会总能耗的 40%，其产生的建筑垃圾也约占全社会垃圾总量的40%。因此，推行以绿色建材和绿色建筑为代表的建筑业环保理念是大势所趋。

清洁生产的概念于 2002 年被引入建筑业。随着国家发布了一系列室内装饰装修材料有害物质限量标准（GB 18580～GB 18588 系列标准）及《民用建筑工程室内环境污染控制规范》（GB 50325）等强制性标准，人们开始注重建筑材料的污染物释放及室内空气质量。2006 年出台的《绿色建筑评价标准》（GB/T 50378—2006）进一步推动了建筑业清洁生产的实施，该标准是在借鉴国际先进经验并总结我国绿色建筑方面研究成果的基础上完成的，是我国第一部系统的，多目标、多层次的绿色建筑综合评价标准，对绿色建筑各项工作的逐步推进起着重要作用。

**清洁生产措施及技术原理** 针对建筑业清洁生产采取的措施主要有：选用先进的建筑施工工艺及技术、采用新型环保型绿色建材、加强建筑施工管理、节约能源、降耗减污、减轻城市热岛效应等。

**选用先进的建筑施工工艺及技术** 不仅可以提高建筑质量，加快施工进度，还能降低能耗和减少污染物的排放量。例如，使用预制混凝土代替现场浇筑，或使用商品混凝土及先进的混凝土浇筑技术代替在工地现场搅拌、人工浇铸的混凝土等，不仅提高了混凝土的质量，节约了人力、建材和电能，而且减少了工地扬尘和施工噪声。

**采用新型环保型绿色建材** 绿色建材是指在全生命周期内对自然资源消耗和生态环境影响较小，具有“节能、减排、安全、便利和可循环”特征的建材产品。具体体现在：①在生产过程中，最大限度地利用工业、城市固体废物研制新型建筑材料，不使用对环境及人体有害的含甲醛、苯、重金属等有毒元素的原材料，降低污染排放。②大力推广水性涂料及胶黏剂代替传统的溶剂型产品，保证使用的建筑主体材料及装饰装修材料有害物质释放量达到国家标准的要求。③在最终的拆除环节，其固体废物可再生利用或自然降解。④在研制开发环保型建材的同时，积极开展绿色建材的认证工作，加大推广已通过认证的绿色建材的力度，优先选择使用寿命长且节能、保温的建筑材料。例如，空心砖、轻骨料混凝土的大面积使用不仅减轻了建筑物的重量，还减少了黏土矿的开采，同时降低了建筑成本及生产能耗，提高了资源利用率。

**加强建筑施工管理** 建筑施工中最常见的非环保因素主要有扬尘、噪声和建筑垃圾等。

针对工地扬尘，可采取洒水、覆盖、遮挡等降尘措施，并在施工完毕后及时用植被进行场地绿化。绿化尽量利用当地资源，减少异地运输能耗。此外，可在城郊选取固定地点集中进行水泥预制品加工，在加工场所对水泥、砂石进行防尘处理。

噪声污染一直是近年来建筑业环境问题的焦点。环保部门一般要求建筑施工单位在夜间停止施工，并对高强度噪声施工分功能区、分时间段进行限制，例如，学校附近要求白天限制高噪声的施工，居民区则对夜间高噪声的施工进行限制。

将建筑施工或拆除过程中产生的建筑垃圾进行分类，重新回收利用。例如，碎砖和混凝土碎片可以制成再生骨料，也可以在铺设路面时使用；水泥袋可以回收给水泥生产厂家再加工后重新使用；废旧塑料也可制成再生塑料产品。

**节约能源** 建筑能耗主要包括照明系统及空调、采暖系统的用电和燃气消耗，建筑围护结构的热量传导等方面。可通过最大限度地利用自然资源（如风能、太阳能、地热能），公共场所照明系统采取分区、定时、感应等手段降低系统能耗及用电负荷；通过选用先进设备来提高供暖空调系统的冷、热源机组能效，降低集中供暖系统热水循环泵的耗电输热比和通风空调系统风机的单位风量耗功率等措施，最大限度地节约能源；通过建筑围护结构绿色设计和采用高效保温复合材料与密封性良好的低辐射镀膜玻璃、中空玻璃、塑料门窗、断桥铝合金等节能门窗也可有效减少建筑物的运行能耗。

**降耗减污** 从建筑设计开始，选用高效节水设备（如节水洁具、龙头等）、建立中水处理及雨水收集系统；制定并实施施工用水和节水方案，充分利用中水、雨水；对建筑物的运营，设计时应充分考虑废水的循环利用，减少废水和污水排放；制定并实施施工用能和节能方案，合理安排建筑材料的采购、运输及废弃垃圾运送，减少运输能耗；减少预拌混凝土的损耗，采取措施降低钢筋损耗，从而降低固体废物的产出率；建筑内、外部环境采光应尽量控制装饰采光及彩色光源，减少光污染；在进行室内装饰装修时，优先使用达到国家有害物质限量标准的装饰装修材料，减少室内空气污染。

**减轻城市热岛效应** 尽量在建筑表面使用热反射涂料或保温节能材料，以减少屋顶及外墙材料的吸热；提高绿化覆盖率，发展屋顶绿化，用有植被的建筑表面代替硬质表面，利用适应当地气候条件的树木为建筑物遮阳；城市建筑物要建设成为便于空气流通的模式，同时，最好将高院墙建成栅栏式，增加空气流通。

**发展现状及趋势** 随着人们对绿色建材及绿色建筑认识的提高，在建材生产及建筑设计、选材、施工、使用、后期拆除等各个阶段已越来越重视其对环境的影响。目前建设部门已开始实行绿色建材评价标识制度，开展绿色建材星级评价，分阶段发布绿色建材产品目录。2013年1月1日，国务院办公厅转发由国家发展和改革委员会及住房和城乡建设部联合推出的《绿色建筑行动方案》，推进了绿色建材标准体系的建设。2015年8月31日，工业和信息化部及住房和城乡建设部联合下发的《促进绿色建材生产和应用行动方案》更是给绿色建材未来的发展指明了方向。2019年3月13日，住房和城乡建设部发布了新修订的《绿色建筑评价标准》(GB/T 50378—2019)，同年8月1日正式实施。新标准增加了近几年不断涌现并投入应用的建筑工业化、海绵城市、建筑信息模型、健康建筑等高新建筑技术和理念，以满足新时代绿色建筑实践及评价工作的需要。

建筑业要实现可持续发展，必须逐步改变急功近利、以环境资源为代价的经营模式，采用清洁生产技术，使建筑业逐步走向生态化、环保化，在建筑的全生命周期内最大限度地践行以“节能、节地、节水、节材、保护环境”为核心内容的绿色建筑理念。随着清洁生产和绿色建筑的理念被越来越多的建材生产企业和建筑施工企业所认识和认可，以及绿色建筑标准体系的不断完善，清洁生产必定会在未来的绿色建材生产及建筑工程设计、施工、评价和使用中发挥越来越重要的作用。 （龚万森）

**jiaotong yunshuye qingjie shengchan**

**交通运输业清洁生产** （cleaner production in transportation industry） 不断采取改进设计、使用清洁的能源和原料、采用先进的设备、改善管理、综合利用等措施，从源头削减污染，提高资源利用效率，减少或者避免交通基础设施建设、运营维护和交通运输服务过程中污染物的产生和排放，以减轻或者消除对人类健康和环境的危害。

交通运输业清洁生产已经融入交通运输业的节能减排与环境保护等行动中，具体包括公路水路运输业清洁生产、铁路运输业清洁生产、航空运输业清洁生产等。

**公路水路运输业清洁生产** 主要目标是提高能源资源利用效率，减少公路水路交通环境污染，转变公路水路交通运输发展方式，实现公路水路交通运输业的绿色与低碳发展。

**优化运输结构** 推广城市公共交通、水运等运输能效高和污染排放低的运输方式，倡导低碳交通运输模式和出行方式，提高综合交通运输效率，降低能源消耗和污染排放强度。优化公路网结构，提升公路技术等级和路面等级，调整运力结构。优化港口结构，促进港口向大型化、专业化方向发展。优化航道结构，建设以高等级航道为主体的内河航道网。

**发展运输技术** 推广节能和新能源汽车等清洁营运车船，提高营运车船能耗和排放标准，及时淘汰落后老旧车船。在隧道智能通风照明、港口装卸设备、靠港船舶使用岸电等领域推广节能减排新技术。推广太阳能、风能、地热能等新能源和可再生能源利用技术。推广高速公路不停车收费（ETC）、公众出行信息服务等信息化系统，提高运输效率。

**完善运输管理** 推广先进的运输组织方式，优化货运组织和运力资源配置，降低空驶率。优化客运线路，完善客运信息服务制度，提高客车实载率。完善绿色维修和能源管理等制度，推广能效“领跑者”和合同能源管理等制度。完善港口、公路枢纽等站场布局，提高物流园区集聚效率和规模优势，提高不同运输方式转换效率，实现节能减排。

**铁路运输业清洁生产** 铁路运输业的环境污染问题主要包括：铁路机车运行中的噪声，蒸汽和内燃机车废气的排放，旅客列车垃圾、粪便的沿线排放，设备维修部门污染物的排放，电力机车电磁干扰等。由于铁路运输企业分布面广、设备数量庞大、工程复杂、作业过程环节众多，与其他企业相比实施清洁生产和环境保护工作的难度更大。

**噪声控制** 铁路噪声主要来自列车运行时产生的稳态噪声和机车鸣笛等突发性噪声。降低铁路噪声的措施主要包括：①加强与城市规划部门的协调，合理规划，使噪声敏感区尽量远离铁路两侧；②在线路方面铺设焊接长钢轨，采用重轨、混凝土轨枕、石碴道床，采用减振弹性扣件，在列车走行部分采用降噪减振车轮和改进转向架的弹簧结构，在城区线路两侧设置防护网，在有条件的地区营造防护林带和隔声屏障；③当列车进入城区及近郊区后，尽量减少鸣笛，加强列车运行噪声管理。

**振动控制** 铁路振动控制与噪声控制密切相关。如果轨面和车轮踏面存在不平顺，列车通过时轨道结构和车体都会产生振动，振动强度与轮轨表面不平顺程度成正比。振动越大，噪声也就越大。减轻铁路振动的措施主要包括：①控制合理的运行速度，当列车运行速度不高时，所引起的振动基本能满足现行规定的振动标准要求；②在线路方面除采取与降低噪声相同的措施外，还可以采用浮动式、板式道床，采用防振垫板，加固路基，修建隔振墙等；③在车辆方面，选择弹性较好的弹簧悬挂系统，安装油压减振器，采用空气弹簧等。

**污水处理** 铁路站段产生的污水以石油类、COD、SS 等为主要污染物，处理方式以气浮工艺为主，处理出水大多直接排放到市政管网。铁路站段产生的污水通过资源化处理，可满足站房清扫、冲厕、站场绿化、浇洒道路等一些水质要求不高的用水需求。

**固体废物管理** 铁路运输产生的固体废物主要包括旅客列车垃圾、粪便及货车洗刷废渣等。主要管理措施包括：①在大型客运站上建立完整的旅客列车垃圾收集、转运装置；②加强车上收集过程的管理，杜绝沿线随意抛撒；③对客车粪便采用集便器密封收集后，在站段集中排放；④对货车洗刷废渣的处理，按不同货车洗刷所的类型及所在地区的环境状况，采用固化、焚烧或排放到适当地点等措施。

**废气治理** 铁路运输排放的废气主要来自蒸汽、内燃机车和各站段的固定锅炉等。主要治理措施包括：①淘汰废气污染严重的蒸汽机车；②采用微机控制燃油喷射，减少内燃机车有害气体的排放；③借鉴汽车尾气净化经验，例如，使排放的气体再循环，使用低硫柴油降低排气中的 $SO_2$ 等；④对固定锅炉的消烟尘及除硫，采用高效先进实用的设备予以解决。

**电磁干扰防护** 由于电力机车在运行中受电弓离线产生无线电辐射等原因，电气化铁路对城市居民区的有线、无线通信和广播电视会产生电磁干扰。大力发展电力牵引是铁路牵引动力改革的主要方向。主要防治措施包括：①改进接触网结构，降低电力机车受电弓的离线率；②在电气化区段，规划时使无线电敏感设备远离电气化线路，建立公用天线及使用屏蔽设施。

**航空运输业清洁生产** 主要目标是提升航空运输节能减排与环境保护的效率，促进航空运输业绿色转型与低碳发展。

**加强清洁生产和节能减排工作体系建设** 提高全行业对清洁生产、环保、节能减排和应对气候变化工作的认识和参与的积极性，完善行业节能减排组织架构和法规标准，推进节能减排管理环境、制度环境和人文环境建设。建设政府引导协调、企业发挥主体作用、科研院所提供技术支撑的“政、产、学、研、用”相结合的工作体系。

**全面推进清洁生产和节能减排工作** 逐步建立节能减排目标责任考核体系，实施重点节能减排工程，积极推动节能减排关键技术基础研究和应用。航空公司要利用先进节油技术，优化管理模式，降低各环节能源消耗。机场和空管要切实提高运行管理效率，减少地面和空中燃油消耗与污染物排放。机场建设和运营要积极采用新材料、新能源和节能新技术，减少能源消耗和噪声等环境污染。

**积极应对气候变化** 加强与国内相关部门的协调，务实开展国际交流合作，努力争取资金、技术等国际援助，不断提高我国民航应对全球气候变化的能力，降低航空运输业的碳排放强度。 （徐洪磊 傅毅明）

jinshukuang caixuanye qingjie shengchan

**金属矿采选业清洁生产** （cleaner production in metallic ore mining and mineral processing industry） 以金属矿采选业的绿色可持续发展为目标，从生产工艺与装备、资源能源消耗与利用、污染物产生、矿山生态保护、产品质量和环境管理等方面入手，提高资源能源利用效率，减少和避免污染物的产生，以减轻或者消除对人类健康和环境的危害。

**沿革** 我国金属矿采选业自20世纪90年代中期开展清洁生产以来，取得了一些积极进展，包括制定了一系列清洁生产政策法规，开发并推广了一批清洁生产相关技术。截至2020年7月，已发布的金属矿采选业清洁生产标准包括《清洁生产标准 铁矿采选业》（HJ/T 294—2006）、《清洁生产标准 镍选矿行业》（HJ/T 358—2007），以及《铅锌采选行业清洁生产评价指标体系》《锑行业清洁生产评价指标体系》《镍钴行业清洁生产评价指标体系》《黄金行业清洁生产评价指标体系》等。在清洁生产技术的研发和推广方面，金属矿采选业也取得了一定的进展，在已发布的三批清洁生产技术导向目录中，涵盖了选矿厂清洁生产技术、铁矿磁分离设备永磁化技术、尾矿再选生产铁精矿技术、尾矿中回收硫精矿选矿技术、从尾矿中回收绢云母技术等相关清洁生产技术。

**金属矿采选业存在的主要问题** 主要涉及以下几方面。

①技术装备水平、资源利用率低，且发展不平衡。我国金属矿山除部分大中型以上企业的技术装备水平较高外，小型企业采用的生产工艺和设备仍相当落后，整体技术装备水平与世界先进水平相比还有较大差距。我国金属矿山以地下开采为主，露天开采为辅。地下矿山以空场法、充填法、崩落法为主要采矿方法，小型矿山由于规模小，主要采用工艺简单的浅孔留矿法、房柱法，贫化率和损失率较高，资源浪费较严重。选矿方面，我国在自动控制、设备制造、设备大型化、产业集中度和节能以及整体水平上落后于发达国家，技术装备水平较低，能耗较高。

②资源综合利用发展不平衡。我国绝大多数金属矿山资源综合利用工作虽已开展，但发展不平衡，目前还有数量较大的低品位和难选金属矿石未得到利用，多数矿山对资源的综合回收还没有形成系统全面的科学管理体系，缺乏从矿物原料到加工利用各环节的综合利用研究。

③环境问题突出。我国金属矿采选业在为经济建设做出巨大贡献的同时，也产生了一系

列生态环境问题，资源浪费和污染现象比较严重，除国家正规建设的矿山外，大多小型矿山保护生态环境的设施和条件还有待提高。金属矿采选业主要环境问题为：矿产资源开发过程中破坏矿区生态结构，导致生态功能损失或降低，生态环境恶化；废石、弃土和尾矿占用土地资源，污染环境，损害人类健康，而且阻碍了矿产资源开发能力，影响矿山的可持续发展；部分硫化矿矿山还有酸性废水产生，废水含有铅、砷、镉等对人类健康有害的重金属离子。

**清洁生产工艺**　金属矿采选包括采矿（露天开采和地下开采）和选矿（磁选、电选、重选、浮选等），其中采矿将产生矿坑涌水和废石，选矿将产生选矿废水和尾矿。以下主要介绍金属矿采选业主要工段的清洁生产工艺。

**采矿**　露天开采工艺流程包括穿孔、爆破、铲装、运输、排水等环节。地下开采除上述环节外还包括提升、通风、采空区处理等。主要污染包括开采过程中产生的粉尘、剥离产生的废石（废石一般堆存至废石场）、部分硫化矿矿山的矿坑（矿井）涌水、废石场淋溶酸性废水（其中含有重金属），对环境污染较大。露天开采还涉及占用土地资源、破坏地表植被、形成露天采坑，地下开采可能产生地表变形、塌陷等。

采矿清洁生产技术：①穿孔：采用先进高效、配有除尘净化装置的凿岩设备；②爆破：采用机械化程度高的装药车，以及中深孔微差爆破、分段爆破等控制爆破技术；③铲装：采用先进高效、能耗低、大型化的铲运机、装岩机等装岩设备；④运输：采用先进高效的铁路运输、胶带运输、电机车运输或公路-铁路、汽车-破碎站-胶带等联合运输系统；⑤排水：矿坑（矿井）涌水回用于选矿生产、洒水抑尘、绿化等；⑥废石综合利用：采矿废石用于生产建筑材料，地下采矿废石不出矿井直接回填采空区等；⑦地下采矿提升：采用先进的、自动化程度高的提升系统；⑧地下采矿通风：采用低压、大风量、高效、节能、低噪声的矿用通风机，以及可控循环风技术；⑨地下采矿采空区处理：采用充填采矿等及时处理采空区技术；⑩地下采矿排水、通风、压气、提升等设备变频调速技术：排水、通风、压气、提升等固定设备是地下采矿的关键设备及耗电大户，采用变频调速技术可提高生产设备的效率，降低维修工作量，节约电能。

**选矿**　选矿包括矿石破碎筛分、磨矿、分级、选别（采用磁选、电选、重选、浮选中的一种或几种）、脱水、尾矿排放（一般排至尾矿库）等环节。主要污染包括破碎筛分等过程产生的粉尘，以及在选别（主要为浮选）和脱水（浓密、过滤等）工序中产生的废水，废水中含有重金属离子和浮选药剂的成分，常见的有黄药、黑药、松油、铅、锌、砷、酚等，直接排放将造成环境污染。

选矿清洁生产技术：①简化碎矿工艺，减少中间环节，降低电耗；②采用多碎少磨技术，粗碎、细碎及超细碎等破碎过程强化技术，自磨、半自磨、高频细筛和复式流化分级等磨碎过程强化技术，降低碎矿产品粒径，提高选矿回收率；③采用新型选矿药剂（如 CTP）部分代替石灰，提高选别指标；④安装用水计量装置，降低吨矿耗新水量；⑤将防尘水、厂前废水、选矿生产废水处理后重复利用，提高选矿回水率；⑥采用大型高效除尘系统替代小型分散除尘器，减少水耗、电耗，提高除尘效率；⑦采用 WDPF 微机多道、多探头等在线品位分析系统，可实时连续测量矿浆品质和浓度，根据测量结果调节浮选液位和选矿药剂添加量等，提高矿石处理量、金属回收率及产品合格率；⑧采用选矿厂管控一体化技术，实现全厂集中控制、监视、管理调度，提升管理水平。

**尾矿综合利用**　金属矿尾矿资源化是实现污染物最少化极为重要的一步。尾矿综合利用技术包括：①尾矿中有用金属与矿物回收技术：如铁、铜、铅锌、钼、锡、钨、镍、金矿等尾矿再选技术，从尾矿中回收硫精矿、绢云母等的技术。②利用尾矿生产建筑材料：可生产建筑用砖、水泥、陶瓷材料、建筑微晶玻璃、加气混凝土等。③尾矿水回用选矿生产技术：实现尾矿水循环利用，减少选矿新水用量，减轻尾矿水环境污染。④地下开采矿山尾矿充填采空区技术：可降低充填采矿成本，提高资源综合利用率，减少土地占用。

**生态恢复技术** 金属矿开发大多会造成不同程度的生态破坏，因此需将金属矿开发与生态恢复作为统一整体进行考虑。①土壤环境重建技术：包括化学重建、植物修复、微生物修复、绿肥修复、表土覆盖重建等技术。②植被环境重建技术：包括适生植物筛选技术、尾矿库复垦技术、排土场坡面复垦技术、植物优化配置技术。③生态重建模式：包括采矿迹地“再选—回填”生态重建模式、生态农业重建模式、采矿迹地景观生态重建模式。

**发展趋势** 金属矿采选业要针对我国金属矿山目前存在的问题，研究高效节能的新工艺、新技术和新设备，逐步研发具有我国金属矿产资源特点的开采工艺、选矿工艺与装备，大力开展资源节约和综合利用，加快研究和推广无废或少废开采技术，有效回收伴生金属，加强矿山开采过程中的环境保护和生态恢复，提高清洁生产水平；通过资产的联合重组，提高金属矿采选企业生产集中度，提高金属矿采选企业竞争能力。

概括来说，金属矿采选业清洁生产发展趋势为装备大型化、无轨化、自动化，生产集中化、高效化，复杂难采矿体、深部矿体开采安全化、高效化，矿山开采无废化、环保化、数字化、智能化。 （宗子就 任锋 张启军）

**jinlun gongye qingjie shengchan**

**锦纶工业清洁生产** （cleaner production in polyamide fibre industry） 从资源节约和环境保护两方面鼓励企业采用清洁能源和先进工艺设备，降低能耗、物耗和水耗，优化生产管理，提高资源利用率，从源头减少污染物排放，促进锦纶工业健康持续发展。

锦纶，学名聚酰胺，俗称尼龙。锦纶性能优良，主要用于服装、产业用布、家用纺织品三大领域。目前在国内外市场上最常见、占绝对主导地位的锦纶纤维为锦纶 6 和锦纶 66，我国以锦纶 6 为主。

**沿革** 2003 年 1 月 1 日，《中华人民共和国清洁生产促进法》正式实施，标志着我国清洁生产步入法制化轨道。同时随着 2001 年我国加入世界贸易组织，环保绿色纺织品更是成为我国进行国际贸易的先决条件。2014 年 7 月 1 日，中国化学纤维工业协会发布了《聚酰胺 6 工业清洁生产评价指标体系》（HX/T 52004—2014），为聚酰胺生产企业开展清洁生产提供技术支撑。2018 年 12 月 29 日，国家发展和改革委员会、生态环境部、工业和信息化部发布了《合成纤维制造业（锦纶 6）清洁生产评价指标体系》，指导和推动合成纤维（锦纶 6）生产企业依法实施清洁生产。该指标体系规定了锦纶 6 切片、民用长丝、工业丝生产企业清洁生产的一般要求，适用于锦纶 6 生产企业清洁生产审核、清洁生产潜力与机会的判断以及清洁生产绩效评定和清洁生产绩效公告制度，也适用于环境影响评价、排污许可证管理、环保“领跑者”等环境管理制度。

**主要污染物** 锦纶 6 生产过程中排放的污染物包括废水、废气、固体废物和噪声，其中以废水为主。废水主要来自聚合生产线、纺丝生产线，废水中的主要污染因子为 $COD_{Cr}$、$BOD_5$、TOC、$NH_3$-N 等。聚合生产废水主要来自生产工艺及辅助生产过程的排水和生产装置设备的冲洗水，含己内酰胺及低聚物，COD 约为 2 800 mg/L。聚合工艺废水可生化性较好，有机污染物浓度较高，可采取生物厌氧处理的方法，使废水在厌氧池中的停留时间达到 12 h 以上。纺丝工艺废水含有油剂，COD 约为 700 mg/L，这部分废水需经过破乳后再经油水分离器去除油脂，最后进入污水处理站进行处理。

**生产工艺及清洁生产技术** 锦纶 6 包括锦纶 6 切片、锦纶 6 民用长丝、锦纶 6 工业丝、锦纶 6 短纤维、锦纶 6 膨体长丝（BCF）等，锦纶 6 短纤维和 BCF 在锦纶 6 行业中产量占比很小。将熔融的己内酰胺、引发剂和分子量调节剂一起加入聚合管（釜）中，在一定的温度和压力下聚合。当分子量达到预定要求后，便将聚合物从釜底排出，并用水急冷，经铸带、切粒，即得到锦纶 6 切片（图 1）。

锦纶 6 长丝是以锦纶 6 切片为原料，经螺杆挤压机加工成熔体，熔体经纺丝、侧（或环）吹风冷却固化、上油、牵伸、卷绕成型、打包等工序制作而成，具体生产过程如图 2 所示。锦纶 6 牵伸变形丝（DTY）是以锦纶 6 预取向丝（POY）为原料，由加弹机制造而成，其生产过程如图 3 所示。

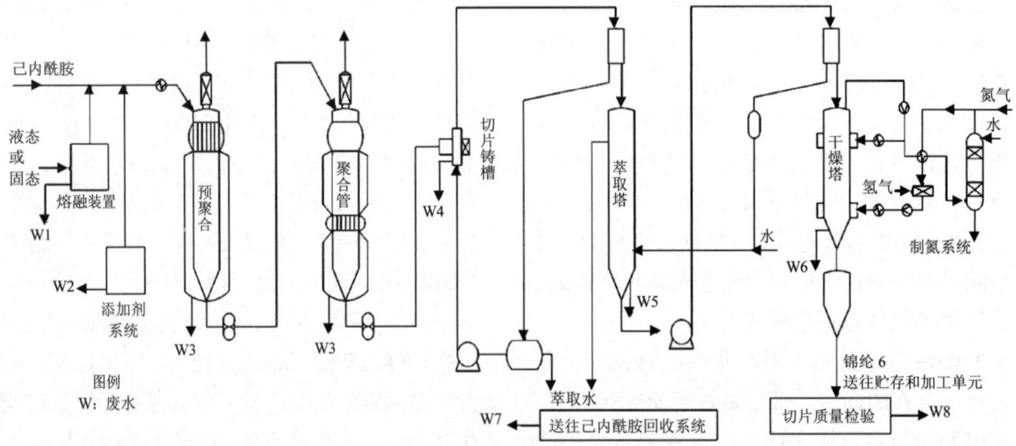


图 1　锦纶 6 切片生产工艺流程及排污节点

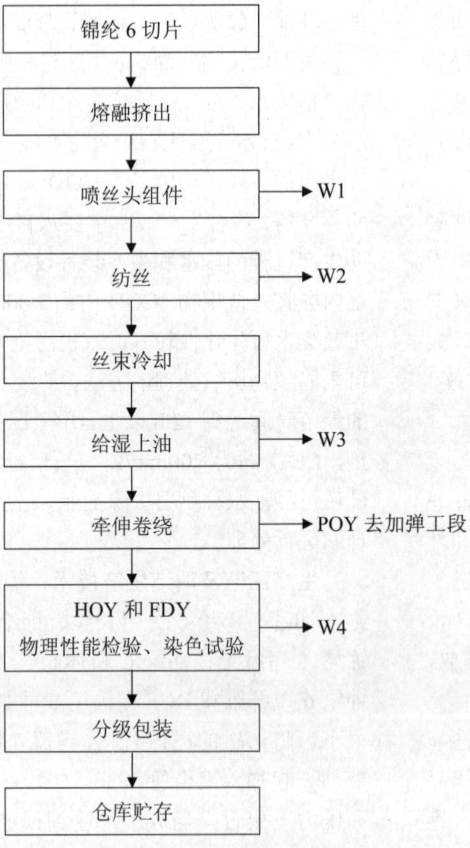


图 2　锦纶 6 纺丝生产工艺流程及排污节点

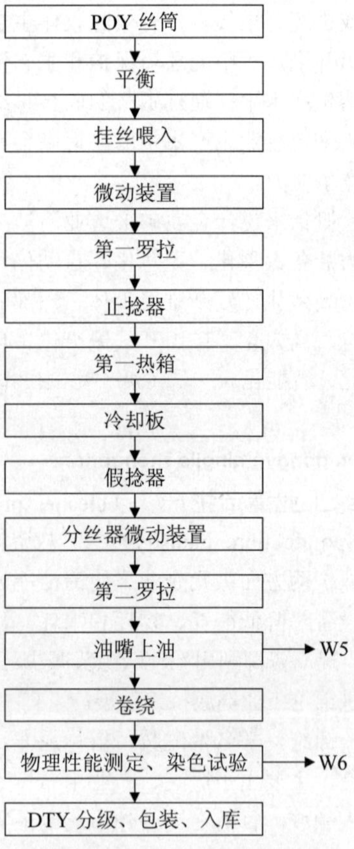


图 3　锦纶 6 加弹工艺流程及排污节点

目前锦纶工业的清洁生产技术主要包括以下几个方面：

①锦纶6切片高压水解技术。己内酰胺和低聚物浓缩液进入低聚物水解反应器中，在高温、高压下进行水解反应生成己内酰胺水溶液；水解反应器中的环状低聚物和二聚体在高温、高压下充分水解，经静态混合器后与新鲜己内酰胺混合，经换热器加热提高溶液温度，缩短聚合物开环和聚合时间。该技术可以避免产生含己内酰胺和低聚物的残渣，同时减少废水排放量。

②锦纶6切片热切粒技术。在锦纶6切片水下切粒生产工艺过程中，使用低成本的循环冷却水取代低温冷冻水，可降低能源消耗量和企业生产成本。

③环吹风纺丝冷却技术。采用独立的环吹风方法对锦纶6长丝（特别是超细旦长丝）进行冷却，可替代目前使用的侧吹风冷却技术，用风量仅为侧吹风量的30%，节能效果显著。

④废切片、废丝回用技术。采用再熔融注粒方式实现废丝废料的循环使用。

⑤单体回收技术。通过过滤、喷淋等方法对聚合、纺丝过程中产生的少量废气进行部分回收利用。现有企业多采用蒸馏裂解的方式对锦纶6切片萃取水进行处理，回收己内酰胺单体，新建企业均引进无萃取物残渣排放的全回收聚合装置，可实现萃取水100%的回用。

⑥低浓度己内酰胺废水MCP浓缩工艺。该技术将0.1%～2%的低浓度己内酰胺废水通过多级串联的MCP膜，经多级分离后提高己内酰胺浓度，减少后续三效蒸发环节工作量，分离后得到的废水回收至三效回收脱盐水罐。该技术能有效减少三效蒸发环节蒸汽消耗量，降低己内酰胺回收过程中的能耗。

⑦锦纶6切片单体MVR回收工艺。该技术将机械蒸汽再压缩技术（MVR）应用于锦纶6单体回收过程，充分利用二次蒸汽的余热，通过压缩机压缩做功，提高蒸汽压力和温度，然后用蒸汽加热蒸发器内料液，充分利用蒸汽潜热并回收己内酰胺单体。该技术可大幅降低蒸汽使用量，在减少企业能源消耗的同时增加了经济效益。

⑧反渗透废水回收技术。采用反渗透技术对低浓度己内酰胺水溶液进行回收，与蒸馏法回收相比，该方法回收费用大幅降低，经济效益明显。

**发展趋势** 锦纶行业清洁生产是一个持续推动、改进和提高的过程，需要从技术和管理两方面开展具体工作，此外自动化、信息化技术在锦纶行业清洁生产过程中将扮演越来越重要的角色。①坚持把提升清洁生产和循环利用水平作为推进锦纶产业转型升级的重要着力点，推广应用先进节能减排技术；②大力发展循环经济，加快推动资源利用方式向绿色低碳、清洁安全的发展方向转变，降低行业资源消耗；③推动淘汰和改造落后产能工作，依托能耗、物耗、环保、质量和安全等限制指标，加快淘汰能耗高、生产设备和控制系统老化的落后产能；④发挥化纤产业技术创新战略联盟的作用，形成上下游紧密衔接、产学研用紧密合作的机制；⑤依托《合成纤维制造业（锦纶6）清洁生产评价指标体系》，鼓励企业开展清洁生产审核；⑥搭建行业绿色制造标准体系，发挥清洁生产评价指标体系的支撑引领作用，做好行业清洁生产审核配套工作。（刘世扬）

**jinglun gongye qingjie shengchan**

**腈纶工业清洁生产** （cleaner production in acrylic fibre industry） 以环境保护和可持续发展为目的，将腈纶纤维生产过程中对环境的直接或间接负面影响全部消除或使之尽可能减少。腈纶纤维是聚丙烯腈纤维的简称，是三大合成纤维之一。

20世纪60—70年代，腈纶在世界范围内快速发展。80年代以后，以我国为代表的发展中国家，使腈纶工业得到了进一步的发展壮大。目前，我国的腈纶产能占世界总产能的38%左右，产能和产量均位居世界首位，是世界腈纶纤维的主要生产基地。国内腈纶行业还未进行清洁生产标准体系的制定，主要还是从定量评价和定性要求两方面来衡量，通过对各项指标的实际达到值、评价基准值和指标的权重值进行比对，综合考评企业实施清洁生产的状况和企业清洁生产程度。该方法可以用于评价腈纶生产企业的清洁生产水平，作为创建清洁生产先进企业的主要依据，为企业推行清洁生产提供技术指导。

**生产工艺及产污环节** 腈纶纤维的生产工艺路线多种多样。对于聚合工艺，有溶液聚合（一步法）和水相悬浮聚合（二步法）两类；对于纺丝过程，有干法纺丝和湿法纺丝两类；按所用溶剂类型来分，有无机溶剂和有机溶剂两类，主要的有机溶剂有二甲基甲酰胺（DMF）、二甲基乙酰胺（DMAC）、二甲基亚砜（DMSO）、碳酸乙烯酯（EC）和丙酮等，主要的无机溶剂有硫氰酸钠（NaSCN）、硝酸（$HNO_3$）和氯化锌（$ZnCl_2$）等。2020 年 7 月，我国最后一套干法腈纶装置溶剂替代工艺改造完成，将使用 20 多年的毒性较大的纺丝溶剂 DMF 彻底淘汰，取而代之的是挥发性更低、毒性极低、更加环保且同属于酰胺类的有机溶剂 DMAC。目前，我国腈纶生产企业主要有四种生产工艺路线：以 NaSCN 为溶剂的湿法一步法纺丝、湿法二步法纺丝，以 DMAC 为溶剂的干法二步法纺丝和以 DMAC 为溶剂的湿法二步法纺丝。

腈纶纤维的生产流程大体由四部分组成，即原液制备、纺丝成形、后处理及溶剂回收或溶液精制。工艺流程如下：聚合—原液制备—纺丝（干法、湿法）—水洗—拉伸—上油、卷曲—切断—打包。在腈纶纤维的生产过程中，无论是采用干法还是湿法纺丝，在聚合和纺丝工序都会产生一些废水。NaSCN 湿法二步法纺丝废水中主要污染物成分为低聚物、丙烯腈（AN）、NaSCN，DMAC 湿法二步法纺丝废水中主要污染物成分为低聚物、AN 等。生产中产生的废水一般采用如下方法处理：废水中的 AN 通过蒸馏塔回收后重复使用。其他各种溶剂（无机、有机）和单体也可回收后重复利用。最后剩余的废水再经过综合处理达标后排放。废渣主要产生于过滤环节，目前国内的腈纶生产企业普遍采用定期检查、清理和不定期更换过滤网、过滤布的方法。一般更换下来的过滤网、过滤布多采用焚烧或填埋的方法处理，对周边的环境污染很小。废气主要是有机溶剂在纺丝过程中分解产生的，目前国内的腈纶生产企业多采用先回收利用，然后再将无毒、无异味的低分子简单有机物排空的方法，既减少了对大气环境的污染，同时也实现了资源再利用。

**清洁生产技术** 腈纶清洁生产技术以资源回收技术为主，可减少生产过程中的废物排放，使资源得到循环利用，包括吸收、蒸馏、吸附、萃取和超滤技术。 （薄广明）

**juzhidilun gongye qingjie shengchan**

**聚酯涤纶工业清洁生产** （cleaner production in polyester manufacturing industry） 在聚酯涤纶生产过程中，为保护人体健康和生态环境，采用新工艺、新技术、新装备，降低聚酯涤纶行业资源、能源消耗，削减污染物的产生和排放，加快推动行业落后产能的淘汰，促进聚酯涤纶行业可持续、健康发展。

聚酯涤纶由于其良好的性能被广泛应用，是国内外近十多年来发展最为迅速的化纤主体品种和纺织工业使用量最大的重要基础原料。产品主要包括聚酯切片、涤纶长丝、涤纶短纤维等，其中涤纶长丝包括预取向丝（POY）、全牵伸丝（FDY）、弹力丝（DTY）等。聚酯涤纶纤维生产中还可以通过各种特殊方式或添加其他材料，使产品具有超细、异形、阻燃、抗静电、抗菌、可调温、导电、有色等功能性和差别化特性。

**沿革** 2003 年 1 月 1 日，《中华人民共和国清洁生产促进法》的正式实施，标志着我国清洁生产步入法制化轨道。2008 年 4 月，环境保护部发布了《清洁生产标准　化纤行业（涤纶）》（HJ/T 429—2008），为涤纶企业开展清洁生产提供了技术支撑。该标准为推荐性标准，可用于化纤行业（涤纶）生产企业的清洁生产审核和清洁生产潜力与机会的判断，以及清洁生产绩效评定和清洁生产绩效公告制度。2016 年，国家发展和改革委员会、环境保护部、工业和信息化部联合发布公告，将合成纤维制造业（聚酯涤纶）清洁生产评价指标体系纳入《清洁生产评价指标体系制（修）订计划（第二批）》。2018 年 12 月 29 日，国家发展和改革委员会、生态环境部、工业和信息化部联合发布了包括《合成纤维制造业（聚酯涤纶）清洁生产评价指标体系》在内的 14 个行业的清洁生产评价指标体系，并于公布之日起施行。

**工艺流程** 纤维级聚酯生产工艺有两种：酯交换法及 PTA 法（直接酯化法）。目前，我国以 PTA 法为主，即采用精对苯二甲酸（PTA）和乙二醇（EG）为原料，在催化剂的作用下，连续酯化、缩聚生成具有一定黏度的聚酯（PET）熔体，直接纺丝或制成切片（图 1）。

涤纶长丝以聚酯熔体或切片为原料，熔体经纺丝、侧（或环）吹风冷却固化、上油，并在特殊设计的热牵伸辊上牵伸，最后卷绕成型（图 2、图 3）。

直纺涤纶短纤维以聚酯熔体为原料，经纺丝、卷绕、集束、牵伸、定型、卷曲、切断、打包，最后成品出厂（图 4）。

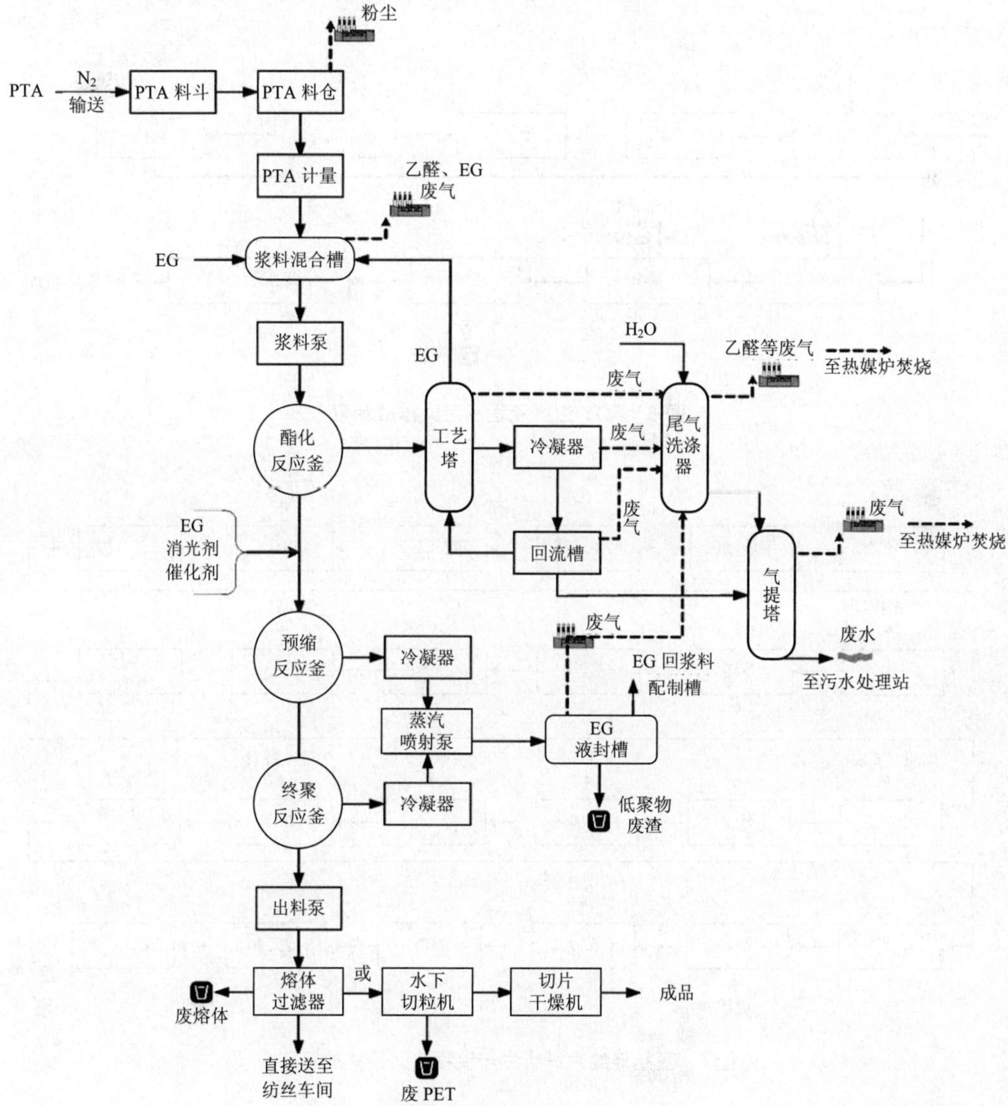


**图 1 纤维级聚酯生产流程及污染排放示意**

注：图中实线表示工艺流程，虚线表示公用工程流程。

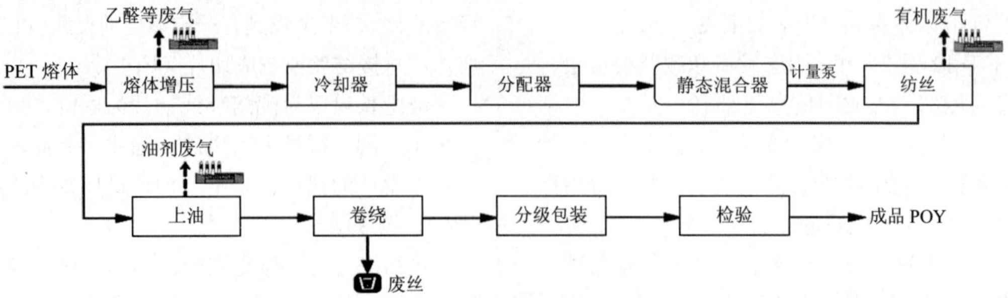


图 2　POY 生产流程及污染排放示意

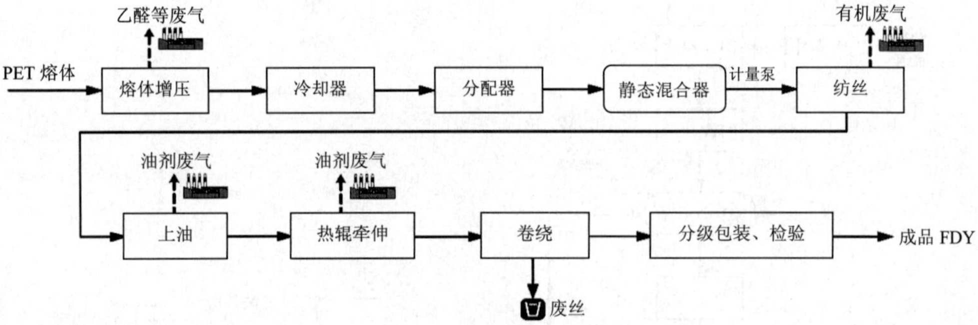


图 3　FDY 生产流程及污染排放示意

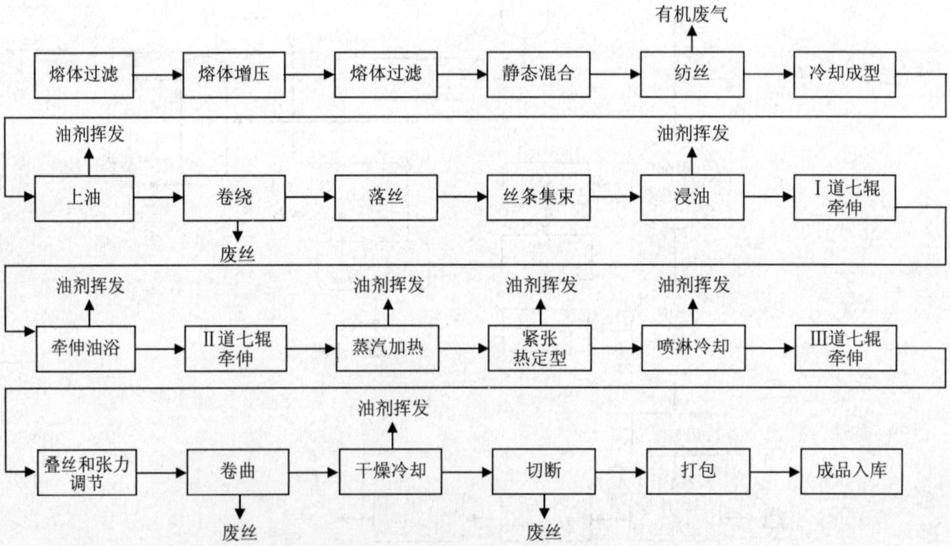


图 4　直纺涤纶短纤维生产流程及污染排放示意

**主要污染物及处理**　聚酯涤纶生产过程中会产生废水、废气和固体废物。聚酯涤纶生产废水由三部分组成：酯化反应产生的废水和工艺尾气淋洗塔的淋洗废水，主要污染物是乙二醇、醋酸和乙醛；此外，还有间歇排放的清洗废水，主要污染物有乙二醇及微量聚合物颗粒。其中，酯化废水、淋洗塔废水进入气提塔，气提的废气送入热媒炉焚烧或回收乙醛、乙二醇加以利用，该部分废水与间歇排放的清洗废水经厌氧/好氧生物组合工艺处理后达标排放。聚酯涤纶生产产生的废气主要来自聚合环节的各个单元，最后集中排到尾气淋洗塔经水洗后送到热媒炉焚烧。聚酯涤纶生产产生的固体废物中含有的主要污染物有聚合釜聚酯废块、废丝、污水处理泥浆等。其中，聚酯废块、废丝可回收再生利用。

**清洁生产措施**　目前，聚酯涤纶工业清洁生产主要从以下几个方面开展：一是采用先进的生产工艺装备，综合降低生产过程中的资源能源消耗，减少污染物的排放。例如，采用低温短流程差别化聚酯装备和技术，利用气提焚烧技术处理聚酯装置的工艺尾气，此外还有连续聚合聚酯装置酯化蒸汽能量回收技术、酯化余热制冷技术、细旦丝环吹风技术、多头纺技术、熔体液相增黏直纺工业丝技术等。二是提高水的循环利用率，例如，采用阶梯式水循环利用技术、冷却水封闭循环利用技术、冷凝水替代软化水技术、中水回用及废水深度处理回收利用技术，目前聚酯涤纶行业水重复利用率达 95%以上。三是采用符合安全和生态纺织品生产需求的助剂、添加剂、催化剂，如化纤液态消光剂母料、钛催化剂等，从源头减少污染物的产生。四是资源综合利用，如酯化废水中回收乙醛及乙二醇、废旧聚酯再利用等。

**发展趋势**　高品质、数字化、智能化、绿色化、柔性化是聚酯涤纶工业未来的发展趋势。通过融合信息化、智能化、绿色化管理手段，积极开发与集成应用技术，降低资源与能源消耗，减少污染物的产生和排放，推动聚酯涤纶行业高质量发展。（张凌清　万雷）

# L

lüyouye qingjie shengchan

**旅游业清洁生产** （cleaner production in tourism） 以旅游环境保护和可持续发展为目的，实行全过程的环境质量控制，将旅游企业、旅游者对环境的直接与间接的负面影响消除，或使之尽可能地减少，做到在旅游活动全过程中减少废弃物的产生。

旅游业清洁生产运用全过程控制思想和生命周期分析等手段，使旅游活动过程和管理过程产生的负面环境影响最小化，它是对传统旅游活动和管理方式的一种反思与否定，是一种将经济效益和环境效益有机结合的旅游环境管理方式。旅游业清洁生产建立在环境经济学、景观生态学、生态旅游学、环境伦理学和可持续发展等理论的基础上，其目标是保护旅游目的地的空气、水和土壤，维护生物的多样性和完整性，坚持文化区域性的一体化设计、经营和管理，以实现人类和自然在健康、可支撑、多样性和可持续的条件下共存，保障自然系统和人类共生的权利。

**沿革** 1994 年，联合国环境规划署将清洁生产的概念引入了第三产业，首次强调了“服务”的重点，产生了一种新的定义：从服务产品与设施的设计和开发，到整个服务周期，都要考虑并采取行动以减少服务主体、服务对象和服务途径的直接与间接影响，从而实现第三产业的可持续发展。1996 年，联合国环境规划署对清洁生产提出了新的明确定义，不仅对生产过程、产品及服务提出了新要求，而且将环境因素纳入产品的设计和所提供的服务中。由此可见，虽然清洁生产当时并没有包括旅游、酒店等服务业，但显然第三产业对环境的影响及第三产业的环境管理在国际上早已受到重视，如联合国环境规划署提供了可供酒店利用的非正式材料“酒店行动软件包”，指导酒店业的环境管理。

自 20 世纪 90 年代，学者们陆续开始将旅游与清洁生产结合，探讨旅游业清洁生产相关问题。当前随着人们旅游环境保护和旅游业可持续发展意识的增强，国际社会对以自然旅游、绿色旅游、生态旅游、软旅游、负责任旅游等为主的非大众型旅游日益重视。非大众型旅游主要是针对大众型旅游给旅游目的地带来的社会文化、生态环境、经济等方面的负面影响而产生的新的旅游形式，目的是缓解大众型旅游的各种负面影响。非大众型旅游与旅游业清洁生产能够有效缓解旅游所产生的消极影响，其目标一致，即实现旅游业的可持续发展。作为一类旅游形式和旅游产品，非大众型旅游与旅游业清洁生产虽有差异，但可看作是清洁生产的一部分。

目前，全球旅游业公认的可持续旅游标准体系“绿色环球 21”已成为全球 100 多个国家的 1 000 多家旅游企业的共同选择。旅游业清洁生产已逐步演变为一种全球行动。

**必要性** ①降低经营成本。实行清洁生产与降低经营成本是协同的，例如，减少浪费、节约资源的同时，也会降低成本。清洁生产努力寻找现有状态下的清洁机会并通过运用最节约的清洁生产技术改善对环境的影响，这必将给旅游业带来显著的经济效益。②适应旅游者绿色消费需求。人类消费需求具有一定发展规律，罗斯托在 1971 年提出在群众大量消费之后将有一个“追求生活质量”阶段，这是受经济发展规律所制约的。人类的消费需求除了受马斯洛“需求层次论”的影响，还会受时序的影响，即“量的满足—质的满足—情感的满足—生态的满足”。而生态满足是与环境质量密切相关的。目前，消费观念的“绿色”趋向就意味着“追求生活质量和生态满足”时代的来临。推行清洁生产、改善旅游业环境正是迎合了这样的市场消费需求。③增强旅游产品的国际竞争力。在经济全球化的今天，中国面对的关税壁垒将会逐渐下降，但环境问题将会成为制约国际贸易的一个重要因素。旅游业通过推行清洁生产来提高环境质量及内部环境管理水平，从而有机会获得象征国际贸易绿色通行证的 ISO 14000 的认证，有利于加强我国旅游业的国际竞争力。所以，推行清洁生产、提高环境质量势在必行。④提升旅游业形象。清洁生产的推行可以重整和提升整个旅游企业的形象。旅游企业若能开展清洁生产，削弱或避免对环境造成的危害，相对提高环境质量和效益，就会获得社会的赞誉，其自身的企业形象也会得到大大的提升，这不仅能够为旅游企业带来新的发展契机，更能够带动整个旅游业形象的提升。⑤提高旅游业经营管理水平。旅游业在推行清洁生产的过程中，必须进行自身的系统化、规范化、程序化管理。首先，培养员工的清洁生产意识，使旅游业的经营管理观念更加统一；其次，为达到这个目标，旅游业的一切行为都要符合“清洁”的合格标准，包括清洁的能源、清洁的服务和清洁的产品。融清洁生产于环境管理的思想是一种新型的管理思想，其要点是融生态环境保护与可持续发展的观念于旅游业的经营管理中。⑥促进旅游业的可持续发展。清洁生产试图通过控制生产全过程和管理产品生命全周期进而全面预防所有对环境的消极影响。具体来说，清洁生产严格管理各种资源，有机结合经济、社会和美学，促进文化完整性、生物/生态环境多样性的保持，从而可以在增加未来发展机会的同时，满足游客和旅游地居民的需求，最终实现旅游业可持续发展的目标。

**清洁生产环节**　旅游业是综合性的产业，涉及食、住、行、游、购、娱等旅游活动的各个环节，每个环节在运行过程中都可能造成水、土、气、噪声等污染，导致生态环境质量的下降。为尽量减少旅游业产生的副产品，根据产生污染的环节、来源等，将旅游业清洁生产的环节划分为清洁旅游的后备支持、清洁旅游的生产过程和清洁旅游产品。

**清洁旅游的后备支持**　虽然旅游业是相对清洁的产业，较之其他产业能耗较少，但是旅游服务的开展仍然离不开各种能源资源及设施的后备支持。因此，在景点、酒店、交通设施等主要旅游场所的运营中应当依照清洁生产标准，减少常规能源（如煤、石油等）的耗费或者大力推广其清洁使用，充分开发利用太阳能、水能、风能等可再生的清洁能源，少用或不用非清洁的能源与原料；同时强化旅游基础设施的循环使用，加强技术支持，提高其使用年限，有效提升旅游业清洁生产的效度。

**清洁旅游的生产过程**　在旅游开发建设、旅游服务与经营管理过程中，采用各种节能降耗、控制污染的技术；在游客服务方面，以旅游大数据及现代科技为媒介，大力推行无接触式服务，降低旅游能源及原料消耗，不断改进服务和完善管理；在旅游废弃物处理方面，一是减少旅游产品生产、销售和消费过程中的危险或一次性用品，使旅游副产品和废物减少或被循环利用，二是在景区及酒店等旅游场所，重点推广强化旅游废弃物处理技术，以最大环境承载力为限促进旅游目的地的可持续发展。

**清洁旅游产品**　在旅游产品的开发过程中，简化包装，减少原材料、能源、昂贵稀缺原料的消耗，多用二次资源（即由废物转化来的资源）。此外，易在环境中自然降解以及游客购买后能够拥有长期使用寿命也是清洁旅游产品的内在要求。清洁旅游产品的目的在于减少资源消耗，同时不危害环境和人体健康，最大限度地实现人与自然的和谐，缓解当前严峻的人地矛盾。

**原则与宗旨** 旅游业清洁生产应特别强调全过程控制、时效性、污染物的最小量化和综合利用、节约资源和环境影响最小化等原则。

**全过程控制** 旅游业清洁生产全过程包括食、住、行、游、购、娱等环节涉及的旅游基础设施构建、旅游服务提供以及旅游目的地常态化管理等，每一个步骤都涉及旅游资源运用、废物产生等问题，因此旅游业清洁生产从旅游行为管理者、旅游资源提供者以及游客等不同主体角度出发，对旅游活动的全过程进行清洁化处理，包括原料削减、从源头减少废物产生、预防污染、游客监管与教育等方面的管控与治理。

**时效性** 旅游业清洁生产注重当下的旅游环境保护及可持续发展，因此相对于传统的旅游活动，旅游业清洁生产更加注重旅游活动中的环境保护性以及污染最小化，倾向于从基础设施建设、旅游活动过程管理、原材料使用、污染物排放等方面出发，促进旅游清洁生产的常态化发展。同时，由于旅游活动的普遍性，旅游业清洁生产也注重当前效果的改进，通过密切观察旅游业清洁生产的发展动态，在不断反思与改进中不断完善。

**污染物的最小量化和综合利用** 旅游资源综合利用强调将旅游活动中所有原料在生产过程中都变成产品，消除废料产生。但任何生产活动都存在利用率的问题，即总有废弃材料的产生。因此，旅游业清洁生产更加注重减少旅游设施建设、旅游产品储备、旅游服务提供等环节的废弃物产生，力争达到污染物的最小量化；同时注重旅游废弃物处理工艺，努力构建旅游废弃物综合利用的路径与模式。

**节约资源和环境影响最小化** 旅游活动具备资源利用率高的特点以及环境依赖的趋向，旅游业清洁生产应综合考虑旅游原材料和能源供应，转变传统旅游活动中的不环保理念，保护旅游环境、节约旅游资源，并对旅游活动资源进行综合利用，以实现对环境的影响最小化。

**清洁生产措施** 根据旅游业清洁生产所倡导和强调的原则、宗旨，分别介绍管理措施、工程措施在旅游业清洁生产中的体现，同时对旅游活动各个环节的清洁生产举措进行阐述。

**管理措施** 管理措施主要应用于旅游目的地物资、旅游消费、旅游活动和旅游行为等的清洁管理。运用经济、法律、技术、行政、教育等手段，鼓励旅游目的地使用清洁原材料，采取节能降耗措施，减少废水、废气和固体废物等的产生和排放，减轻各种污染物对旅游环境造成的压力，实现社会、经济与旅游环境的协调发展。按照“清洁旅游业”构建的基础理论，旅游业清洁生产在于实现两个“全过程”的控制，即在宏观层次上对清洁旅游进行全过程的控制，在微观层次上对清洁旅游进行资源转化全过程的控制。因此，旅游业清洁生产的管理模式也可以分为两个系列来进行：一是在宏观层次上进行政府政策和措施的管理；二是在微观层次上进行技术措施的管理。在宏观层次上，依靠政府宏观政策和经济、行政、法律等措施来实现对旅游业清洁生产全过程的控制，包括对旅游资源和旅游地域的环境清洁评价，旅游发展清洁规划，旅游设施清洁设计，旅游项目清洁实施、维护、改建、扩建，旅游部门营运的清洁管理以及清洁旅游的效益评价等。在微观层次上，依赖工程技术措施和改进旅游产品的生产方式和服务的流程，来实现对清洁旅游进行资源转化全过程的管理控制，包括对进入景区的食品、建材及其他原材料的清洁采集、储运、预处理、加工、包装，以及产品本身的清洁消费，废物最终清洁处理等环节进行管理控制。

**工程措施** 旅游业清洁生产应运用清洁生产技术，依托旅游目的地所具有的自然景观和生物资源开展清洁旅游活动，尽可能减少对不可再生资源的占用和消耗，避免对景区环境可能造成的负面影响。因此，在旅游业的清洁生产过程中，对于生产之初的输入系统来说，可以运用专门的技术进行资源的综合利用、短缺资源的代用、二次资源的利用，以实现节能、省料、节水，从而合理利用自然资源，减缓资源的耗竭。对于清洁旅游业的“不清洁产品”的输出而言，借助产品生命周期分析原理，采取工程处理措施，使得从原材料获得到产品最终处置的全过程尽可能把对环境的负面影响减至最低。具体操作中可以通过减少“不清洁产品”的生成、对“不清洁产品”进行分类回收和工程处理来解决“不清洁产品”的输出问题，例如，可推广“不清洁产品”的分离系统和生物垃圾桶，对“不清洁产品”进行分类，能利用的尽量回收，不能回收利用的可采用外运、填埋等方式进行最终处置。

**旅游环节清洁生产举措** ①食。在旅游食物及其来源上，做到清洁生产、加工及销售。尽量选择当地新鲜食材，合理评估食材消耗量，减少厨余垃圾的产生量；对于本地出产的旅游特产类食物，包装应选取无污染、可降解的材料；从游客及旅游餐饮供应者角度出发，食物消费提倡节约、反对浪费，如推出半份菜、光盘行动以及剩菜罚款等举措。

②住。在旅游目的地酒店设施中，尽量使用清洁能源并努力开发新能源，如利用太阳能热水器、利用风能及水能进行照明等。酒店用水是旅游目的地水污染的主要源头，应加强水资源的循环利用，减少污水产生，同时强化对酒店污水处理系统的监管，推广酒店污水标准化处理。减少酒店“五小件”的使用量，改用可循环配置等。

③行。加强火车、旅游大巴、旅游观光车等公共旅游交通工具的使用，采取限号、收费等方式减少景区内私家车的进入量。在旅游目的地推广共享单车等便捷环保的代步工具。步行道两边设立休息区，倡导游客步行。

④游。减少资源消耗量大的旅游产品的开发，进行资源消耗量小、由可再生资源构成的旅游产品的开发。游览过程中倡导游客的文明行为，如垃圾分类、环保消费等，自觉保护环境。加强监管人员对景区环境卫生的管理和监督。以环境承载力为限，利用旅游大数据等对游客数量进行实时监测，及时调配并适当分流。

⑤购。出售的旅游商品应当满足环保、可降解、无毒害等条件。旅游纪念品、特色商品和食品减少一次性包装和不适用的华美包装，减少使用塑料等包装类型。

⑥娱。旅游娱乐项目设计以当地民间特色娱乐项目为主，体现独特文化氛围。适当减少大型娱乐项目，以减少环境破坏。娱乐过程中，采取相应措施减少固体废物的产生，减少污水排放，尽量控制噪声污染。

**存在问题及发展趋势** 随着旅游环境保护与可持续发展意识的增强，旅游业清洁生产得到重视。目前，旅游业清洁生产措施还不够全面，旅游环境管理与 ISO 14000 环境管理体系未能完全接轨，旅游业清洁生产评价体系还不完善。在旅游业的未来发展中，需要以当地环境承载力为限，因地制宜发展低碳旅游，促进旅游目的地的环境保护与可持续发展，同时注意构建可操作性强的旅游业清洁生产评价体系。

（唐承财　韩莹　蔡锐）

**推荐书目**

黎洁. 旅游环境管理研究. 天津：南开大学出版社，2006.

周永广. 旅游业环境管理. 杭州：浙江大学出版社，2005.

# M

mafangzhi gongye qingjie shengchan

**麻纺织工业清洁生产** （cleaner production in bast and leaf fibres textile industry） 在麻纺织产品的纤维预处理、纺纱织造、成品加工、后整理和包装等过程中，使用清洁的能源和染料助剂，采用先进的工艺技术和设备，提高资源能源利用效率，从源头削减污染，减少或者避免对环境的不利影响。

**沿革** 麻纺织工业是我国的特色产业，在资源、生产和国际贸易方面具有比较优势。按其原料、工艺技术及设备特点，麻纺织可分为苎麻纺织、亚麻纺织、黄（红）麻纺织以及大麻纺织等。麻纺织行业最容易造成污染的是麻纤维的脱胶工序。20 世纪 60 年代之前，我国麻纺织生产主要采用田间沤麻，需要消耗大量的水资源且沤制不彻底。60—90 年代采用工厂化学脱胶，使用酸和碱进行处理，虽然提高了脱胶质量和效率，但消耗了大量的水资源，且由于酸碱的加入，给脱胶废水的处理增加了很大的难度和成本。90 年代至今逐步推广生物-化学联合脱胶和纯生物脱胶方式，包括生物酶脱胶、生物菌脱胶等，减少了脱胶废水的排放，也降低了废水处理的难度和消耗。

由于麻纺织行业目前规模还小，清洁生产标准一般参照通用标准或相关行业的标准，如《麻纺工业水污染物排放标准》(GB 28938—2012)、《锅炉大气污染物排放标准》（GB 13271—2014)、《工业企业厂界环境噪声排放标准》(GB 12348—2008）等。在麻的纺纱织造过程中，参照造纸、棉纺、化纤等清洁生产标准；在织物后整理过程中，参照印染和整理标准。

**生产工艺及产污环节** 由于麻纺织生产加工的原料不同，加工工艺也不一样，以目前脱胶难度最大的苎麻生产为例，其工艺流程如下：原麻—脱胶—精干麻—给油—梳麻—预并条—梳麻—并条—粗纱—细纱—络筒—织造—成品。

我国目前生产加工量最大的是亚麻，主要从法国、比利时、荷兰等国进口打成麻和短麻，其脱胶过程已经在农户手中完成，主要采用湿法纺纱，打成麻和短麻的工艺流程如下：打成麻—栉梳—成条—预并条—并条—粗纱—煮漂—细纱—干燥—络筒—织造—成品；短麻—给湿—切麻—梳麻—排麻—分磅—延展—制条—并条—粗纱—煮漂—细纱—干燥—络筒—织造—成品。

麻纺织生产主要包括麻纤维的脱胶过程和纺纱织造过程。脱胶时如果采用传统的脱胶工艺，对工业用水、酸碱和化学助剂等用量较大，产生的污染废水较多；纺纱织造时也需要进行粗纱煮漂和湿纺，对水的用量较大，排出的废水中含有残留的酸碱等化学成分。脱胶、煮漂和后整理过程中产生的废水对环境有较大的影响，主要污染物为 $COD_{Cr}$，来自煮练、酸洗、水洗过程中排放的废水。

**清洁生产技术** 麻纺织工业清洁生产技术发展的主要目标是减少污染、节约用水和减少能源消耗。我国麻纺织企业在近些年实施了很多脱胶的清洁生产工艺，如生物脱胶工艺和酶法脱胶工艺等，主要是利用生物菌和生物酶来去除纤维素之外的半纤维素、木质素和果胶质。这种脱胶技术专一性强，可以降低生产成本，提高纤维品质，还能减轻环境污染，是极具发展潜力的一项技术。

目前麻纺织行业使用范围较广的是生物-化学联合脱胶技术，其原理是利用原麻中纤维素和胶质成分等对生物菌（或生物酶）以及碱、无机酸和氧化剂作用的稳定性不同，以生物方法为主、化学方法（添加碱剂、无机酸、氧化剂、其他助剂等）为辅的方式去除原麻中的胶质等杂质成分，保留纤维素成分。这种工艺可减少能源和化学药品的消耗，降低环境污染，且纤维损伤较小，得到的精干麻品质优良，手感蓬松柔软。

在煮漂和印染后整理过程中，我国麻纺织企业也做出了努力，如无氯煮漂工艺和生物酶处理工艺等，大大减少了酸碱的使用量，且煮漂废水可以和后面的染整废水合并处理。

（罗玉成　牛春华）

**maofangzhiye qingjie shengchan**

**毛纺织业清洁生产**　（cleaner production in woolen textile industry）　以毛纺织业环境保护和可持续发展为目标，通过淘汰高污染及落后的生产工艺和设备，采用无污染、低污染、低能耗的先进生产工艺和污染治理措施，加强全面精细化管理等方式，实行全过程环境质量控制，从源头削减污染，持续有效地减轻或消除毛纺织业对人类健康和环境的危害。

毛纺工业是纺织工业的重要组成部分，产品主要有精梳、粗梳纯毛或毛混纺面料、毛针织品、毛毯、地毯、毡制品等。毛纺产品的主要原料来自绵羊毛、山羊绒及其他特种动物纤维，如兔毛、马海毛、牦牛绒、驼绒等。动物纤维具有天然、可再生、可降解的生态特性以及舒适、保暖、吸湿、透气、阻燃、抗菌等良好的使用性能，是纺织中的高档原料，因此毛纺产品深受消费者的青睐。

**沿革**　清洁生产是20世纪80年代发展起来的环境保护战略措施，90年代开始，毛纺织工业逐步推进清洁生产工作，大力宣传推广清洁生产技术，促进行业健康可持续发展。2011年国家发展和改革委员会修订了《产业结构调整指导目录》，明确提出鼓励符合生态、资源综合利用与环保要求的羊毛及特种天然动物纤维的加工技术研究与产品研发，鼓励企业采用新型纺纱、小浴比染色等成熟技术。“十二五”时期以来毛纺行业通过不断推广先进技术和装备，逐步淘汰了落后产能，提高了劳动生产率，减少了资源和能源消耗，降低了污染物的排放。2012年10月，环境保护部、国家质量监督检验检疫总局发布《毛纺工业水污染物排放标准》（GB 28937—2012）和《纺织染整工业水污染物排放标准》（GB 4287—2012），对洗净毛、粗梳毛织物、精梳毛织物的水污染物排放标准和单位产品基准排水量予以规定。2014年6月，国家质量监督检验检疫总局、国家标准化管理委员会发布《取水定额　第14部分：毛纺织产品》（GB/T 18916.14—2014），规定了使用羊毛及其他纤维通过毛纺工艺流程生产洗净毛、毛条、毛纱、精梳毛织物、粗梳毛织物、毛针织品、羊绒制品等产品的取水定额，加强了对毛纺织企业的用水管理。“十三五”期间，毛纺织工业认真贯彻“创新、协调、绿色、开放、共享”五大发展理念，大力推进绿色制造，通过绿色产品认定引领绿色生产和绿色消费，促进产业绿色健康发展。

**工艺流程及产排污节点**　毛纺工业生产主要包括原料初级加工和毛纺织加工两部分。以绵羊毛为例，原料初级加工主要在洗毛和炭化过程中消耗大量的水。由于绵羊在生长过程中机体会分泌羊毛脂、羊汗，在自然环境下羊毛纤维外部会落入砂土污泥、植物性物质、粪块等，因此洗毛过程会耗用大量的水和洗涤剂，并产生难以处理的高浓度有机废水和土杂、污泥。炭化是用强酸性助剂和物理碾压方式去除羊毛纤维中的草刺、草杂等植物性杂质，炭化过程也需要消耗大量的水，产生的废水酸性较强。

毛纺织加工分为精梳毛纺和粗梳毛纺，主要在染色和后整理工序使用大量的水、蒸汽和染化料助剂，会产生不同污染程度的废水、固体废物等。

**清洁生产工艺** 毛纺织行业清洁生产主要涉及清洁的能源与原料、清洁的生产过程和绿色产品等，通过适宜的方法正确评价重要环境因素并识别改进能源绩效的机会，采取措施，尽量减少污染物的产生和排放。

**清洁的能源与原料** 在毛纺织行业内推广应用清洁能源（如太阳能、天然气等）。推进新型绿色环保纤维在行业内的应用，使用环保型染化料和助剂等。

**清洁的生产过程** 重点在耗水、耗能大和产生污染物多的工序开展清洁生产管理。①洗毛重点工序。采用原毛除杂装置使进入洗槽的原毛灰土、草杂含量降低，减少水和洗剂的用量；使用先进的提油设备和技术，最大限度提取羊毛脂，减少污水处理压力；使用少氯、无磷的环保洗剂和助剂，减少污水中有害物质的产生；合理控制生产用水和排放水的 pH，降低污水处理过程中的药剂、能源消耗，降低固体废物总量；采用烘干机帘子中间打手装置，加大热交换面积，提高烘干效率，减少能源浪费。②染色、后整理重点工序。采用新型高效节水型染色机，通过热交换器、智能匀染控制、染液循环、智能清洗等技术设备，实现小浴比（1∶6 以下）染色，以减少染色用水量、用蒸汽量；采用羊毛、羊绒低温染色工艺，使羊毛、羊绒等纤维的染色温度由 100℃降至 80℃左右，可大大减少纤维损伤，降低能耗，提高制成率和产品质量；采用连续式或半连续式后整理工艺，可减少用水量；推广使用环保型毛用活性染料和环保型助剂，严控六价铬及其他有害物质的产生；推广先进的水、汽、能源回收技术以及染色废水膜处理技术等，提高水的重复利用率。

**绿色产品** “十三五”期间毛纺织行业建立了绿色产品评价体系，按照全生命周期的理念，在毛纺织产品设计开发阶段系统考虑原材料选用、生产、销售、使用、回收、处理等各个环节对资源环境造成的影响，力求产品在全生命周期中最大限度地降低资源消耗，尽可能少用或不用含有有害物质的原材料，减少污染物产生和排放。2019 年 7 月，中国纺织工业联合会发布实施了《绿色设计产品评价技术规范　羊绒产品》（T/CNTAC 38—2019）和《绿色设计产品评价技术规范　毛精纺产品》（T/CNTAC 39—2019）两项团体标准，是工业和信息化部认可的绿色产品评价依据。绿色产品评价模式采用自我声明的方式，充分体现以企业为主体的理念，利用市场监管的方式对获得绿色标识的产品进行监督管理，为促进我国绿色产品的有效供给、推动供给侧结构性改革发挥了技术支撑作用。

**发展现状与趋势** 近年来，毛纺工业积极践行绿色发展理念，努力向低碳、清洁生产方向转变，拥有一批国家或地方级绿色工厂和绿色产品，引领行业高质量发展。未来，毛纺工业将继续深入研究清洁生产工艺与技术，提高水资源的重复利用率，推广无水或少水染色技术，解决洗毛与染色污水处理瓶颈，加强天然纤维原料的资源利用与回收，引导毛纺行业的绿色可持续发展。（吴砚文　彭燕丽）

maojin gongye qingjie shengchan

**毛巾工业清洁生产**（cleaner production in towel industry） 在毛巾生产全过程中，不断采取改进设计、使用清洁的能源和原料、采用先进的工艺技术与设备、改善管理、综合利用等措施，提高资源利用效率，实现毛巾产品低能耗、少排放。

**沿革** 我国近代毛巾产业始于 20 世纪初，是我国较早发展的民族工业之一。中华人民共和国成立后，特别是改革开放后，我国毛巾产业生产装备和工艺水平快速提升，产能聚集扩充，形成了骨干企业+产业集群的发展格局，品牌建设和产品水平达到了新的高度。我国的毛巾产品不仅满足了国内日益增长的消费需求，而且是家纺出口的主打产品。为贯彻《中华人民共和国环境保护法》和《中华人民共和国清洁生产促进法》，指导和推动印染企业依法实施清洁生产，国家发展和改革委员会于2006年制定发布了《印染行业清洁生产评价指标体系（试行）》。毛巾主要为棉制产品，生产工艺过程主要包括织造和印染两个部分，印染是影响毛巾清洁生产的主要环节。依照《印染行业清洁生产评价指标体系（试行）》评价毛巾企业的清洁生产水平，作为创建清洁先进生产企业的主要依据，为企业推行清洁生产提供技术指导。在生产工艺方面，毛巾企业通过采用低温酶退煮漂工艺、推广低浴比的溢流机和筒染设备、采用低温皂煮染色工艺、加大热能回收和中水回用等措施，清洁生产水平不断提高。

**清洁生产工艺** 毛巾工业清洁生产技术发展的主要目标是减少污染、节约水、节约热源和充分利用纤维资源。目前毛巾工业已经针对浆纱、前处理、染色、印花等过程应用一系列清洁生产先进技术，具有较为明显的环境效益和经济效益。

①浆纱工序。毛巾产品在织造前进行浆纱加工时，选用无PVA浆料的加工工艺，可降低污水处理难度。

②前处理工序。采用高效生物酶前处理工艺，改善前处理废水的可生化性能；采用废水近零排放的先进工艺，减少练漂损耗及化学品消耗，降低污染物排放。

③染色工序。选用高上染率染料，实现中温皂洗。此外，由于采用高上染率染料，染色废液中未上染染料的浓度较低，可降低废水色度，减轻污水处理难度。采用低盐或无盐染色技术、湿短蒸染色技术，提高染色生产效率。

④印花工序。优化染料组合，提高染料固着率，降低水洗废液的色度；选用低甲醛、低氨氮环保浆料，推广尿素替代品在活性印花工艺中的应用，降低污水中氨氮的排放。

**发展现状与趋势** 目前，毛巾企业注重通过技术创新和管理提升，大力推进生产过程中的节能降耗，呈现出生产清洁化、资源节约化的发展趋势。①优先使用有机棉、丝、麻等天然纤维，再生纤维素纤维以及环境友好的化学纤维。②采用低浴比、短流程、低能耗工艺技术装备，选用高上染率染料、高效环保助剂。③对毛巾产品全生命周期进行绿色评价，包括原料的选择、生产过程的控制、最终废弃处置等环节，不断优化绿色生产流程。④中水回用的比例符合国家及行业相关要求，产生的污泥进行无害化处理，减少环境影响。

（魏启雄　门雅静）

**meitan hangye qingjie shengchan**

**煤炭行业清洁生产**　（cleaner production in coal industry）　将污染预防理念应用于煤炭开发的全过程，在煤炭开采、洗选过程中，应用先进的管理制度与方法，采用先进的生产工艺与装备，高效开发煤炭资源，在生产优质、清洁产品的同时，减少或者避免污染物的产生和排放，以降低煤炭开发对生态环境的扰动。

煤炭行业主要包括煤炭开采业和煤炭洗选业。在矿井下采煤、掘进和煤炭洗选加工过程中均会产生大量的废水、废气和固体废物。废水主要指矿井水（或疏干水）和生活污水。废气主要指煤粉尘和燃煤烟气，主要来源于锅炉产生的有组织排放以及矿区煤矸石、原煤堆场等产生的无组织排放。固体废物主要指煤炭开采和洗选过程中产生的煤矸石、粉煤灰、煤泥等。

**清洁生产技术原理和措施** 煤炭行业清洁生产是煤炭行业清洁高效发展的重要手段，也为煤炭产业链下游的清洁高效利用奠定了基础。通过完善清洁生产管理体系、推广煤炭绿色开采技术、提升生产工艺和装备水平、大力发展煤炭洗选加工、提高煤炭资源回采率、加强废弃资源综合利用、采煤沉陷区治理、提高商品煤质量、控制污染物排放等方式，将煤炭清洁生产贯穿在生产全周期，从源头上减少和控制污染物的产生，减轻煤炭生产过程中对环境的损害，并且为下游煤炭利用提供清洁优质原料，实现煤炭工业安全、高效、绿色、循环发展。

**完善清洁生产管理体系** 清洁生产管理体系是指任一组织用以建立清洁生产方针、流程，以实现清洁生产目标的一系列相互关联或相互作用的要素集合。通过清洁生产体系的建立，促进煤炭行业清洁生产方面的法律法规、政策、标准和技术的实施，及时发现清洁生产实施过程中责任不明、程序不规范、结果不清楚等问题，建立和完善相互联系、相互制约和相互促进的体系结构，系统地组织清洁生产工作，将工作落到实处。

**推广煤炭绿色开采技术** 煤炭绿色开采是指从煤炭生产角度防止或尽可能减轻开采煤炭对环境和其他资源的不良影响，减轻煤炭生产对水土的破坏和对地表的扰动，减少废弃物排放，使矿山废弃物得到资源化利用。主要措施有：推广长壁综合机械化采煤技术，发展“三下”采煤、沿空留巷、沿空掘巷、边角煤回收以及薄煤层综合机械化采煤等提高资源回收率的采煤技术；因地制宜推广使用煤炭地下气化、充填开采、保水开采、煤与瓦斯共采、减沉开采等绿色开采技术；推广使用半连续、连续和吊斗铲倒堆工艺等露天矿开采技术。

**提升生产工艺和装备水平** 煤炭生产装备是指煤炭生产所需的各种生产资料、物质资料的总称。煤炭生产工艺是利用煤炭生产装备，通过开掘井巷或剥离覆岩土层，开采煤炭资源的方法。主要措施有：采用先进适用的技术装备，以优化开拓部署，简化、优化生产系统，减少工作面个数，提高生产效率为主要内容，积极推进大中型煤矿技术改造，做到生产系统可靠、节能，提高生产效率和资源回收率，实现高效集约化生产。

**大力发展煤炭洗选加工** 煤炭洗选加工是指利用物理或化学等方法除掉煤炭中的杂质，将煤按需要分成不同质量、规格产品的加工过程。主要措施有：提高原煤洗选水平，所有大中型煤矿均应配套建设选煤厂或中心选煤厂，开展井下选煤厂建设和运营示范，提高原煤入选比重。

**提高煤炭资源回采率** 煤炭资源回采率是指煤矿所开采出来的原煤占其可采储量的百分比。主要措施有：普及长壁回采工作面，推广应用大采高技术装备、放顶煤开采技术、无煤柱开采等，建设大型现代化矿井、智能化矿井。

**加强废弃资源综合利用** 废弃资源主要指煤炭生产过程中产生的煤矸石、矿井水、煤矿瓦斯等。煤矸石是采、掘煤炭过程中从顶、底板或煤层夹矸混入煤中的岩石（掘进矸石）和选煤厂加工过程中排出的洗选矸石。矿井水是在煤矿建设和煤炭开采过程中产生并从井下抽排到地面的水，包括井下涌水、井下生产过程中产生的废水。煤矿瓦斯主要是存在于煤矿中的伴生气体，是成煤过程中经过生物化学热解作用以吸附或游离状态赋存于煤层及固岩的自储式天然气体，属于非常规天然气，是优质的化工和能源原料，其主要成分是甲烷（$CH_4$）。这些废弃资源的综合利用措施主要有：①煤矸石、煤泥用于低热值发电，如煤与煤矸石混烧发电、煤泥发电；煤矸石可用于生产建材产品，进行井下充填、复垦造田和筑路等；煤矸石还可以用于生产低热值煤气，制作土壤改良剂等。②将矿井水进行深度处理，结合处理后的不同矿井水水质，用于满足矿区生产、生活和生态用水需求，也可以用于周边城镇居民及工业企业供水。③建设瓦斯抽采系统，配套建设瓦斯利用工程，以就地发电和民用为主，高浓度瓦斯力争全部利用，推广低浓度瓦斯提纯和风排瓦斯利用技术，实施低浓度瓦斯发电项目。

**采煤沉陷区治理** 沉陷区是指煤炭地下开采时，因煤炭资源采出引起上覆岩土层和地表发生垂直和水平移动变形而造成地表下沉的土地。主要措施有：尽量减少地表沉陷，对不可避免形成的沉陷区进行及时治理，实现耕地资源基本不减少；对沉陷后因积水难以复垦的区域，探索发展观光旅游、水产养殖等产业，形成农、林、牧、渔、游相结合的产业链。

**提高商品煤质量** 商品煤是指作为商品出售的煤。主要措施有：煤炭生产过程中加强矿井煤质预测研究，重视原煤质量控制；洗选加工阶段重点关注洗选加工过程中清除杂质和矸石，使煤中的水分、灰分、磷和硫等成分降低到国家规定的允许含量；完善煤炭清洁储运体系，加强煤炭运输、销售过程煤质指标管理，科学配煤，强化煤炭质量控制；落实国家有关商品煤质量的规定，建立健全煤质管控体系，加强煤炭质量全过程监督管理。

**控制污染物排放** 主要指控制煤炭生产过程中产生的、未经处理和利用的有害物质，如粉尘、烟尘、污废水等。大气污染控制措施主要有：加强产煤、储煤等地区原煤、精煤、中煤及煤泥的封闭存储；逐步淘汰矿区 20t/h 以下的燃煤小锅炉；矸石堆场采取覆土绿化、苫盖等方式，防治扬尘和自燃；采煤工作面是煤矿产尘量最大的作业场所，目前采取煤层注水、采煤机内外喷雾、液压支架喷雾、破碎机喷雾、转载点喷雾、风流净化、清扫冲洗、个人防护等综合防尘措施，粉尘降尘效率达到 75%以上，其中高压外喷雾可使总粉尘降尘效率达到 90%以上。

矿区建设矿井水和生活污水处理站，要求出水水质达标并进行综合利用。矿井水处理工艺主要有：①高悬浮物矿井水的处理：一般采用混凝、沉淀（或浮升）以及过滤、消毒等工序处理后，其出水水质即能达到生产使用和生活饮用标准的要求。②高矿化度矿井水的处理：除采用给水净化传统工艺去除悬浮物和消毒外，其关键工序就是脱盐。③酸性矿井水的处理：有中和法、生物化学处理法、湿地生态工程处理法等。

煤矸石、粉煤灰、煤泥的最佳处置方式首选综合利用，不能综合利用的部分通过回填井下采空区、沉陷区充填等方式进行合理化处置。

**发展现状及趋势** “十三五”时期以来煤炭行业通过自主创新、技术引进，涌现了一批节能减排技术，主要有：洗选加工技术，如干法选煤技术；工业和民用型煤开发利用技术；煤气化联合循环发电系统发电技术；煤化工领域煤制气、煤液化等技术；煤矿井下智能化开采技术，绿色开采、煤层气开发等技术。标准规范方面，煤炭行业实施了一系列清洁生产技术标准，如《清洁生产标准　煤炭采选业》（HJ 446—2008）、《煤炭行业清洁生产评价指标体系（试行）》《煤炭采选业清洁生产评价指标体系》等，其中《煤炭采选业清洁生产评价指标体系》是对《煤炭行业清洁生产评价指标体系（试行）》的修改和完善。

近年来，煤炭企业相继开展了清洁生产审核工作，进行清洁生产问题查找、原因分析以及改进方案实施，从生产过程的各环节入手，采取改进设计、使用清洁的能源和原料、采用先进的工艺技术与设备、改善管理、综合利用等措施，促进企业从源头削减污染，提高资源利用效率。

结合国家生态文明建设进程，“十四五”期间，实行绿色开采、提高资源开发利用水平、建立健全区域生态环境修复与治理体系、减少温室气体排放、建设现代化和智能化矿区等将成为煤炭行业清洁生产发展的主要方向。

（谭杰　颜丙磊）

**mianfangzhi gongye qingjie shengchan**

**棉纺织工业清洁生产** （cleaner production in cotton textile industry） 通过优化生产工艺、采用先进技术、精细化生产管理等措施，在棉纺织生产过程中降低能耗物耗，减少污染的产生和排放。

**沿革** 棉纺织工业在中国的纺织工业中创建较早，已经有 130 年的历史，是中国纺织的基础性行业，是支撑化纤、印染、针织、家纺及服装行业发展不可或缺的行业。2006 年国家环保总局发布了《清洁生产标准　纺织业（棉印染）》（HJ/T 185—2006），2020 年中国纺织工业联合会发布团体标准《绿色设计产品评价技术规范　色纺纱》（T/CNTAC 51—2020）。这些标准为棉印染企业开展清洁生产提供了技术支持，对棉纺织生产工艺和设备、原材料、资源和污染物指标及生态纺织品作出了明确的说明和要求。

**工艺流程** 棉纺织工业涉及棉花生产、轧花、纺纱、织布、印染、成衣和终端消费等多个环节，按照棉纺织工艺可分为纺纱和织布两大工序。

纺纱的主要产品为纱线，按原料的不同可分为棉纱、棉混纺纱和化纤纱。以棉花及棉型化纤为原料，通过纤维的开松、梳理、并合、牵伸、加捻而纺成纱线，以供织造使用。其主要工艺流程为：配棉与混棉→开清棉→梳棉→并条→精梳→粗纱→细纱→络筒。清洁生产主要涉及棉尘、细小棉纤维收集处理和能源综合利用等。

织布的主要产品为织物，是由相互垂直排列的经纱和纬纱在织机上按照一定的组织规律交织而成的纺织品。其主要工艺流程为：整经→浆纱→穿结经→织造→整理。清洁生产主要涉及浆纱残液，后整理工序中的废水、废液、染化料等。

**清洁生产工艺** 棉纺织行业清洁生产的主要目的是节电、节水、节气，提高资源的综合利用效率，降低废物排放量，以减少对环境的危害。

**设备升级改造** 主要包括设备专件改造、电机改造、风机改造三个方面。节能装备技术改造涉及诸多生产环节，是降低生产成本、提高企业经济效益的有效途径，棉纺织行业的生产设备（细纱机、粗纱机、络筒机等）和辅助设备（空调、除尘设备）大多存在功率匹配问题，通过加装变频器的方式对设备进行改造升级，可以提高工作效率，节约用电。电机、风机的改造，一方面是变频改造，另一方面是新型节能电机、风机的使用，此外，还可对风机负压系统进行改造。

**能源、动力系统改造** 主要涉及供电/照明系统、空压系统、供热/保温系统、空调系统、除尘系统：①供电/照明系统。国家大力推广清洁能源的利用，自发自用、余电上网型光伏电站是实现清洁能源转换、推广微电网的基础。照明方面，目前企业已普遍使用LED灯代替日光灯。②空压系统。压缩空气生产是一个高能耗过程，空压系统可从生产、输送和使用三个方面综合应用节能措施。③供热/保温系统。生物质锅炉与传统的锅炉设备相比节能30%以上，成为纺织企业供热改造替代燃煤炉的主要方向之一。保温方面，浆、染工序有大量的加热环节，保温效果显得尤为重要，可以针对染色浆纱烘筒进行保温改造，降低热量损耗。④空调系统。纺纱过程中，车间为保持一定的温湿度，需要配备空调，空调系统包括夏季降温、冬季采暖、车间加湿和车间换气。可以在空调变频、智能化，空调圆盘回风窗，空调风机与设备开台联动技术等方面进行改造。⑤除尘系统。在纺纱工序中产生的棉尘、细小棉纤维虽不会对环境造成污染，但如果车间管理不好，会影响工人的健康，且车间湿度过低时，如遇有火星，易发生火灾、爆炸等安全事故。在目前的实际生产中，对于棉尘、细小棉纤维主要通过专门的滤尘系统收集，最终统一处理，部分棉尘还可作为菌种的培养基。

**循环利用技术** 主要包括余热回用技术、水回用技术、废旧纺织原料回用技术三个方面。①余热回用技术。棉纺织生产所使用的空压机、空调、纺纱车间等都会产生大量热量，通过加装热量回收或交换装置，将余热循环用于生产工序或生活用热，可达到节约能源的目的。②水回用技术。废水回用主要是指空调水及浆染后整理工序的水回用。③废旧纺织原料回用技术。纺织厂在生产过程中产生大量边纱、回丝、布条、布块等，具有较大的回用空间。

**智能制造技术** 智能制造技术有助于降低能源损耗，达到提升效率、统筹分工、优化系统的效果。主要涉及AGV输送系统、粗细络包联纺纱系统、细纱接头智能导航系统、自动打包系统、ERP和在线监控系统的管控集成五个方面。①AGV输送系统。带有自动导航系统的AGV运输车通过电磁感应方式，可以在车间将原料及条筒在粗纱之前的工序间进行自动导航运输，实现物料装卸与搬运的自动化。②粗细络包联纺纱系统。粗细络包联纺纱系统由自动落纱粗纱机、细纱机、粗细联输送系统、细络联输送系统、全自动包装入库物流生产线等部分组成，实现了粗纱、细纱、络筒、打包、入库等工序的自动化、连续化、智能化连接。③细纱接头智能导航系统。细纱单锭监测系统将实时断头即时传送到云中心，云中心自动按照先断先接和就近接头相结合的原则对路径进行优化分析，将路径优化结果实时传送至值车工的智能平板，引导值车工快速到达相应的断头锭位，进行接头，提高生产效率。④自动打包系统。从络筒机取纱到自动套袋、装袋，自动码垛，自动入库、出库，整个流程无人工直接参与，全过程自动化。⑤ERP 和在线监控系统管控集成。将棉纺织企业管理信息系统（ERP 系统）和车间生产的在线监控系统进行集成，实现棉纺织管理和生产监控的信息一体化。

**环保上浆工艺** 纺织上浆是织造准备的必要工序。在上浆过程中，经常会用到 PVA 浆料，此类浆料不易自然降解，大量排放会造成环境的污染。在棉纺织行业大力推广使用变性淀粉、丙烯酸等环保浆料取代 PVA，可以降低对环境的影响。随着环保浆料研发水平的不断提升和环保上浆工艺的应用，PVA 的使用比例在逐年下降，目前纯棉中低支中等密度、高支普通密度的常规产品已实现完全无 PVA 上浆，且产品质量稳定，但纯棉高支高密、高比例的涤棉产品等还不能做到完全无 PVA 浆料上浆。

**绿色染整技术** 牛仔布和色织布的染纱废液和后整理剂中有机物含量高、碱性强，其中可能含有偶氮类、烷基酚类等有毒化学物质，因此在牛仔布、色织布染纱过程中不使用含偶氮类、烷基酚类以及重金属等污染程度大的染料及助剂，可降低环境污染风险。推广应用新型、小浴比染纱工艺和技术，缩短工艺时间，可实现节能减排。在后处理中推广生物酶的使用，代替传统高温碱煮，可以有效节能节水。采用物化、厌氧-耗氧等工艺对染整污水进行处理，使排放的污水 COD 值、pH 等指标符合环保要求。（侯锋　罗蒙）

muyuye qingjie shengchan

**沐浴业清洁生产**（cleaner production in bath services） 将清洁生产的理念引入沐浴行业经营活动中，从项目设置、流程设计、原辅材料的选择和提供、设施设备运行及维护、企业内部管理到为消费者提供正式服务及最终产生的废水、废物管理和处置等环节，推动企业优化能源资源供给，提升管理水平，实施节能、节水、节约原材料的技术措施，从源头削减污染，提高能源资源利用效率，减少污染物的产生和排放，以减轻或消除对人类健康和环境的危害，促进企业绿色发展。

**沿革** 沐浴业既是历史悠久的传统服务业，又是不断创新发展的新兴服务业，与民众健康息息相关。能耗高、水耗大并造成大量污水排放是沐浴业的突出特征。以北京市为例，2015 年对 20 家沐浴企业现场调研，结果表明调研企业人员洗浴平均能耗、水耗和废水产生量分别为 3.88 kg 标准煤/人次、0.35 $m^3$/人次、0.29 $m^3$/人次，而同期北京市人均生活能耗、水耗仅为 1.90 kg 标准煤/d、0.22 $m^3$/d（根据北京市统计局发布数据计算）。此外，沐浴业还存在硬件设施差、节能减排力度不够、绿色消费意识不强等问题，因此鼓励企业采用清洁生产措施，推动企业节水、节能、减排和降低经营成本，促进沐浴业绿色发展是必然趋势。

2012 年 10 月，国家发展和改革委员会、财政部正式批复北京市为全国唯一的清洁生产试点城市。同年，《北京市服务业清洁生产试点城市建设实施方案（2012—2015 年）》获得批复。2013 年 4 月，北京市正式启动并部署服务业清洁生产试点城市建设工作，并于 11 月制定颁布了《北京市清洁生产管理办法》，鼓励企业推行清洁生产，实施清洁生产技术改造。2015 年 12 月，北京市发布《清洁生产评价指标体系　沐浴业》（DB 11/T 1261—2015），并于 2016 年 4 月 1 日正式实施，用于沐浴企业的清洁生产审核、评估和绩效评价，为沐浴业清洁生产提供了评价指标体系、评价方法、指标计算方法等，以规范沐浴企业的清洁生产审核、评估和绩效评价。“十三五”期间，北京市启动多家沐浴企业清洁生产审核。

**能源消耗和产污情况** 综合性沐浴企业经营服务范围一般包括洗浴、健康保健、餐饮住宿和休闲娱乐等项目。沐浴业的能源消耗主要用于采暖供热、热水供应、空调通风、场地照明、给排水、办公设备运行、餐饮加工等方面；水资源消耗主要用于泡池、盥洗、洗浴、洗衣、餐饮、绿化及空调循环冷却用水、锅炉用水。沐浴服务过程中产生的污染物主要为废水、固体废物、油烟、噪声。

**清洁生产措施及技术原理** 沐浴业清洁生产可从合理设置服务项目、采用环境友好型原辅材料和清洁能源、加强设施设备维护与更新、节水节能技术的推广应用及工艺改造、优化过程控制、推进废物减排和资源循环利用、提高管理水平等方面开展实施。

**合理设置服务项目** 服务项目决定沐浴企业的能耗、水耗，因地制宜、科学规划，合理设置服务项目，避免开展高耗能、高耗水、高污染项目，不仅是产业发展及节能减排、清洁生产的要求，也关系到企业的服务质量及经济效益。

**采用环境友好型原辅材料和清洁能源** 在开展沐浴服务的建设期、运行期及维护期，企业需要购买各种材料和能源，如沐浴消耗品（香皂、沐浴液、洗发液）、电、汽油、柴油等，原辅材料和能源本身对环境的友好程度，一定程度上决定了沐浴服务过程对环境的危害程度。推广环境友好型沐浴产品，推动使用无磷、无污染的沐浴产品，提升优质能源的利用比例，推动能源利用清洁化，从源头优化供给、减少污染是沐浴业清洁生产应重点实行的措施。

**加强设施设备维护与更新** 沐浴业的主体建筑（如泡池、沐浴房等）、沐浴设备、辅助运行设备等承担了主要的服务功能。设施设备的购置时间、使用年限、适用情况、先进程度、维护保养等情况均会影响到能源资源的利用效率及废弃物的产生。采购具有能效标识的设备、采用先进的节水洗浴设备并加强运营维护可以有效提升沐浴业清洁生产水平。

**节水节能技术的推广应用及工艺改造** 在沐浴业大力推广节水、节能技术，并推动企业进行工艺设备改造，具体措施包括：引导沐浴企业使用节水型设备，对洗浴技术流程进行升级改造；鼓励沐浴企业采取集中热水供应，减少分散供热的能源浪费和污水排放；推广太阳能、地热、空气源热泵、污水源热泵等节能高效热水设备，推进节能和用能清洁化改造；实施高效节电系统改造，强化照明系统和动力系统节能，推进中央空调、电梯等设备绿色化、智能化改造。

**优化过程控制** 过程控制直接影响能源资源的利用效率和废弃物的产生。具体措施：优化功能区设置，改进服务流程，加强设备运行管理和资源能源的回收利用等。在此过程中，可通过加强资源能源分项计量系统建设（主要环节安装水表，冷热源、输配系统、照明系统和其他大功率电机按相关规定独立计量能耗），结合智能控制和“互联网+”技术，构建资源能源智能管控平台，实现对制热、储存、运输、供水、热回收、水处理等环节的精确调控，进而实现能源资源最优化配置，提高能源资源利用效率，减少污染物的产生。

**推进废物减排和资源循环利用** 废物废水本身所具有的特性和所处的状态直接关系到它是否污染环境和是否可现场再利用或循环利用。具体措施：加强废水热量回收利用，提升洗浴水的循环利用率，推进中水回用；按需供应牙刷、香皂、沐浴液、洗发液等消耗品，减少不必要的一次性沐浴用品使用；采取剩余牙膏、肥皂等消耗品，废旧床单、毛巾等用品有效收集和再利用措施；设置垃圾分类收集设施，在显著位置宣传垃圾分类回收，按规定放置、储存、处置固体废物和危险废物；废水处置及排放严格遵循相关标准；加强餐饮油烟治理等。

**提高管理水平** 建立环境管理体系、节能管理制度、职业健康安全管理体系等以提升清洁生产管理水平，使管理系统化、专业化，同时加强培训和宣传，提升员工技能，鼓励自觉节水、节电和绿色消费，提高员工及顾客参与节能减排的积极性。

**发展现状及趋势** 随着人们对健康的日益重视和消费理念的转变，沐浴业作为健康服务产业的重要内容，进入快速发展期。《中国沐浴行业发展报告》数据显示，2016 年全国沐浴业企业的数量为 15.8 万家，从业人数为 1 030.5 万人；2018 年相关企业数量已达 18.3 万家，从业人数达 1 106.5 万人。不仅如此，沐浴业经营理念、经营模式、经营结构、经营布局也在发生变化，沐浴业五个业态（洗浴、足浴、温泉、SPA、修脚）之间的联系更加紧密，已形成较完善的产业链，但沐浴业清洁生产却刚刚起步，未来有较大的提升空间。2019 年《国家节水行动方案》（发改环资规〔2019〕695 号）发布，明确指出严控高耗水服务业用水，从严控制洗浴等行业用水定额。“十四五”期间，随着建立健全绿色低碳循环发展经济体系和促进生产生活方式绿色转型的推进，沐浴业的能耗水耗问题会越来越受到重视。（周廷）

# N

nianjiao xianwei gongye qingjie shengchan

**粘胶纤维工业清洁生产** （cleaner production in viscosity industry） 将整体预防的环境战略运用于粘胶纤维生产过程中，采用先进的生产工艺技术与设备，提升资源和能源利用效率，最大限度减少或者避免污染物的产生和排放，将粘胶纤维工业对环境的负面影响消除或使之尽可能地减少。

**沿革** 粘胶纤维工业在资源转化和深加工上具有重要作用，是循环经济和可持续发展的重要工业。粘胶纤维生产技术是化学纤维生产技术中最早应用于工业化生产的技术之一，于20世纪初被引入工业化生产。一个世纪以来，对于“三废”的有效治理一直贯穿粘胶纤维行业的发展过程中。2003年我国开始实施《中华人民共和国清洁生产促进法》，将清洁生产推向了法治化和规范化的管理轨道，并对“清洁生产”的概念进行了更加科学的界定。针对粘胶纤维工业，要求采用先进的装备、工艺和技术，减少生产过程中化工原料的使用量并对“三废”进行回收利用和无害化处理。2009年中国化学纤维工业协会出版第一版化纤行业白皮书，并于2012年、2017年更新再版，对粘胶纤维行业的节能、降耗、减排、资源利用及技术推广应用等给出指导性意见。工信部于2010年发布《粘胶纤维行业准入条件》（工消费〔2010〕第94号），于2012年发布《粘胶纤维生产企业准入公告管理暂行办法》（工信部消费〔2012〕39号），对行业准入进行严格管理。两项文件于2017年修订为《粘胶纤维行业规范条件》《粘胶纤维行业规范条件公告管理暂行办法》，工信部先后于2017年、2019年、2021年组织企业申报并发布三批符合要求的企业名单。2016年，水利部、国家发展和改革委员会委托全国节水标准化技术委员会归口发布了《取水定额 第25部分：粘胶纤维产品》（GB/T 18916.25—2016）。为配合清洁生产相关工作的开展，中国化学纤维工业协会于2014年制定并发布了团体标准《粘胶纤维工业清洁生产评价指标体系》（HX/T 52005—2014），根据清洁生产的原则和指标的可度量性，要求从生产工艺装备及技术、资源与能源消耗、资源综合利用、污染物产生、产品特征、清洁生产管理等六方面对粘胶纤维企业清洁生产进行评价，综合考评企业清洁生产水平和执行相关法律法规与标准政策的情况。在此基础上，协会做了进一步完善，国家发展和改革委员会、生态环境部、工信部于2019年发布了《再生纤维素纤维制造业（粘胶法）清洁生产评价指标体系》，对相关指标要求进行了进一步提升。

**工艺流程及产排污** 粘胶纤维是以天然纤维素（棉短绒、木片、麻、竹子等）为原料，经一系列化学、物理变化，纺丝加工制成的纤维品种。

粘胶纤维原液制备生产工艺流程为：浆粕→浸渍→压榨、粉碎→老成→黄化→粉碎（粗研磨）→匀化→换热→混合→过滤→脱泡→过滤→纺前存储→粘胶（细分为粘胶长丝、粘胶短纤维）。粘胶长丝与短纤维的纺丝原液制备工艺基本相同，但纺丝工艺有较大的差别，具体而言：粘胶长丝纺丝流程：粘胶→过滤器→喷丝头→纺丝浴→导丝轮→水洗→上浆→烘干→卷绕→检验→分级包装。粘胶短纤维纺丝流程：粘胶→过滤器→喷丝头→纺丝浴→导丝辊→头道牵伸→塑化浴→二道牵伸→水洗浴→切断→精炼→湿开棉→烘干→调湿→精开棉→打包。

粘胶纤维生产产生的废水主要来自原液、纺炼车间的含有 NaOH、废粘胶的碱性废水以及来自酸站、纺炼车间的含有 $H_2SO_4$、$ZnSO_4$、$Na_2SO_4$ 和其他硫化物的酸性废水；废气主要是二硫化碳和硫化氢，产生节点主要在纺丝、集束牵伸、切断、精炼机以及酸站；固体废物主要是废丝、元明粉（芒硝）、纺炼产生的胶块及废水处理产生的含有锌离子的污泥。

粘胶纤维生产工艺流程见下图。

**清洁生产** 粘胶纤维工业清洁生产技术发展的主要目标为节水节能、资源综合利用及污染减排。目前清洁生产技术主要涉及以下几个方面：①采用先进的生产工艺装备。例如，制浆生产采用新型绿色制浆工艺、低温蒸煮工艺、黑液综合处理措施等；粘胶纤维生产配备吸附、燃烧等高效废气回收、治理装置，采用多效闪蒸节能技术等。②热能回收。例如，采用热泵

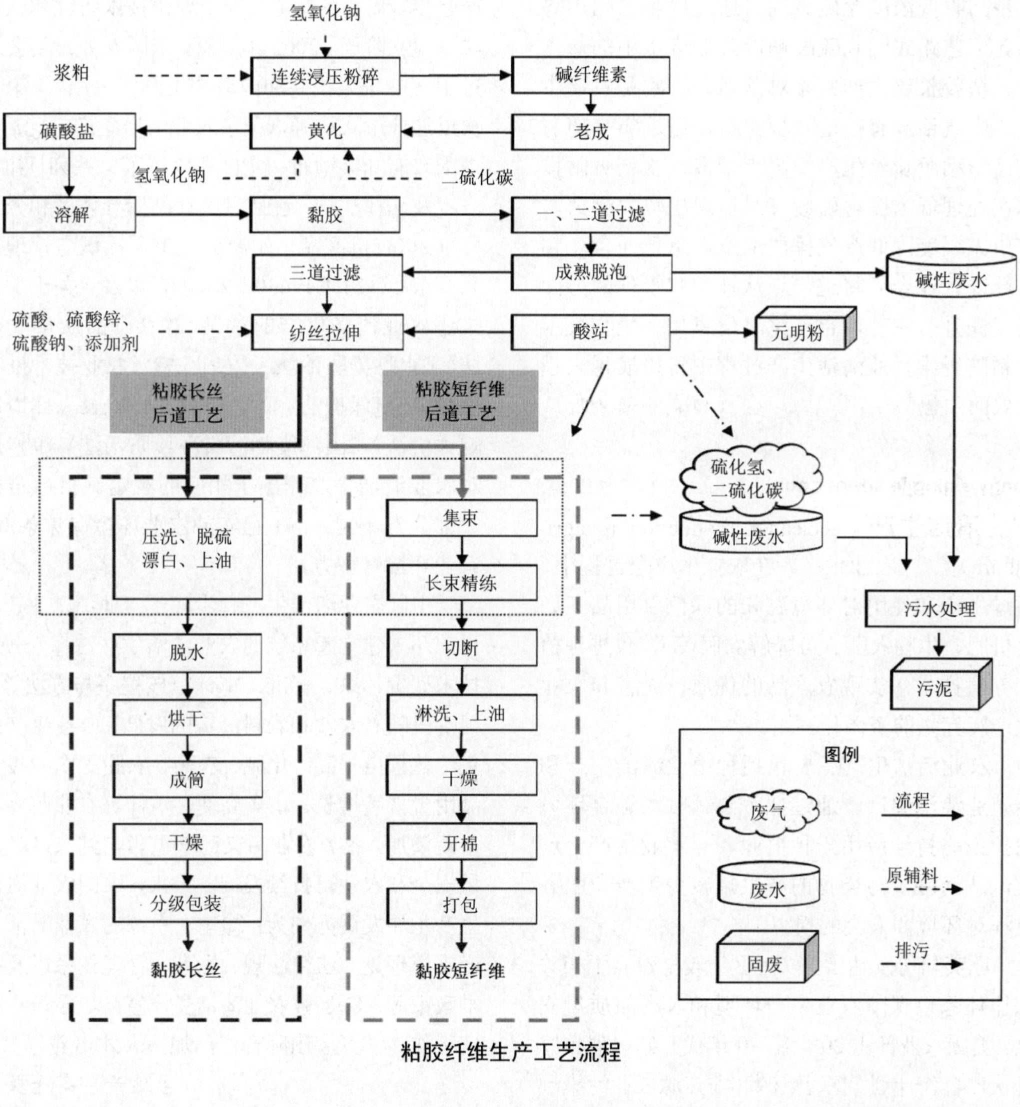

粘胶纤维生产工艺流程

技术，对淋洗用热水进行回收利用。③水循环利用，如阶梯式水循环利用技术、冷却水封闭循环利用技术和废水深度处理回收利用技术等。④资源综合利用。例如，木材、秸秆等木质素分离提取，碱回收，二硫化碳回收，硫酸、硫酸盐、硫化物的利用等。

**发展现状和趋势** 目前，短纤维生产企业普遍采用大型柔性化生产设备，可大幅降低资源消耗及“三废”的产生，并配备各种高效的配套装置对“三废”进行有效集中回收利用和无害化处理。近年来，越来越多的粘胶短纤维企业通过生物吸附技术、污水站加盖等方式进一步回收低浓度含硫废气，通过冲毛水回用等创新工艺路线回收硫酸钠以降低废水中的盐含量。粘胶长丝生产则相对落后，特别是长丝生产的废气治理有待进一步完善，但近年来随着连续纺粘胶长丝生产线逐步增多，生物吸附技术在处理低浓度含硫废气时展现出较大潜力，有望大幅度降低废气排放浓度。总体而言，粘胶纤维行业今后将进一步从技术和管理两方面逐步提升与完善，自动化、信息化、生物技术在粘胶纤维行业清洁生产过程中将扮演越来越重要的角色。 （田克　张子昕）

nongye qingjie shengchan

## 农业清洁生产

（cleaner production in agriculture） 农业生产者在农业生产全过程中，通过生产和使用对环境温和的绿色农用品（如有机肥、生物农药、可降解农膜等），改进种植和养殖技术，实现农产品的优质、无害和农业生产废弃物的资源化利用。

农业清洁生产主要包括种植业清洁生产和养殖业清洁生产。通过把污染预防的综合环境保护策略持续应用于种植业、养殖业生产全过程，从而减少污染物的产生，减少生产和服务过程对环境和人类的损害。

欧美日等发达国家（地区）较早建立了相关法律体系以保障农业生产环境和农产品质量安全。美国农业部于20世纪70年代开始提倡自愿性伙伴合作计划，探讨点源和非点源农业污染预防、清洁生产问题，并在以后的40年时间内先后实施了农村清洁水试验计划、水质改善保护计划、保护储备计划、环境质量激增计划、农业之星计划、反刍畜类甲烷计划、农药环境管理计划等一系列政策措施。欧洲自20世纪80年代开始提倡自愿性伙伴合作计划，欧盟委员会于2000年发表《食品安全白皮书》，2002年1月28日《欧盟食品法》正式生效，成为欧洲国家农业清洁生产的有效法律保障。日本政府于1992年首次提出“环境保全型农业”概念，随之出台一系列法律法规，并开展有机农业、绿色农业、开发低害农药、治理受污染土地等活动。中国农业清洁生产起步较晚，目前主要处于理论技术研究和法律法规建立阶段。2002年6月，全国人大常委会通过了《中华人民共和国清洁生产促进法》，第一次以法律形式明确规范了农业清洁生产。此后，中国政府陆续颁布、实施和修订了一系列标准、政策及法律法规，包括绿色食品标准体系和分级标准、《有机产品　生产、加工、标识与管理体系要求》（GB/T 19630—2019），以及《关于加快推进农业清洁生产的意见》《农产品质量安全法》《水污染防治法》《农业法》《农业技术推广法》《环境保护法》《大气污染防治法》《环境影响评价法》《固体废物污染环境防治法》等，均对农业清洁生产作出了相应的规定。目前全国大部分省（区、市）已实施农业环境保护条例、农业环境管理办法。

中国农业清洁生产起步晚于工业清洁生产，目前还未建立起系统的农业清洁生产法律法规、技术评价体系、标准、审计审核程序与方法等。现阶段随着农业和农村经济的发展，农业生产的集约化程度提高，化肥、农药、农膜等农业投入品用量持续增长，畜禽粪便、秸秆等农业废弃物不断增加，各类农业污染已严重影响到农产品质量安全和农业可持续发展。未来，中国农业清洁生产主要发展方向为：①建立系统的农业清洁生产支撑理论、法律法规、标准、管理体系以及鼓励政策等；②加强农业清洁生产宣传、示范、推广工作；③开展国际合作，加快人才培养。

（李延云　高逢敬）

# Q

qiche weixiu ji chaijieye qingjie shengchan

**汽车维修及拆解业清洁生产** （cleaner production in motor vehicle repair and dismantling industry） 将清洁生产的理念引入汽车维修及拆解活动中，在汽修作业的检修、装配、喷/烤漆等工序，以及汽车拆解的检查和登记，拆解预处理，报废汽车存储、拆解，物资存储和管理等各个环节，实行节能、节地、节水、节材，最大限度地减少对自然资源的破坏及对环境造成的污染。

**沿革** 随着汽车工业的飞速发展，我国汽车维修业也得到了快速发展，逐步形成了一个社会化的、资金和技术密集型的、相对独立的行业。汽车修理是为了恢复汽车完好技术状况或工作能力和延长汽车使用寿命而进行的作业，它是汽车有形磨损的逐步补偿，包括故障诊断、拆卸、鉴定、更换、修复、装配、磨合、试验、涂装等作业。在汽车维修领域，维修技术经历了事后维修、预防维修和主动维修等几个主要的发展阶段。汽车维修消耗水、电力、燃油、燃气等能源。汽车维修过程中排放的污染物主要有喷/烤漆废气、少量的焊接烟尘和打磨粉尘、钣金噪声及设备噪声、废机油和废零件等废物。传统的维修技术没有考虑到对环境的影响和对资源的合理利用，因此，合理利用资源、减少环境污染的绿色维修技术逐渐成为汽车维修发展的新途径。

我国报废汽车拆解业始于20世纪80年代，但发展缓慢。近年来，随着汽车产业迅猛发展，保有量快速增加，由此带动的汽车循环经济市场潜力巨大。2007年，国家环境保护总局颁布实施了《报废机动车拆解环境保护技术规范》（HJ 348—2007），从环保、安全和资源节约的角度出发，制定了报废汽车经营者的一般性规范要求。2019年，国家颁布实施新版《报废机动车回收管理办法》（国务院令第715号），取消报废机动车“五大总成”强制回炉销毁的规定，要求企业在存储拆解场地、设备设施、拆解操作规范等方面符合环境保护相关要求。目前，我国汽车维修及汽车拆解业废物产生量大，废旧铅蓄电池、废旧轮胎、废机油、废气等有毒有害物质对环境的影响相当严重。因此，合理处置汽车维修及拆解的废物，减少环境污染，提高资源利用率，是汽修企业清洁生产的重要内容。

**清洁生产措施及技术原理** 针对汽车维修及拆解业清洁生产采取的措施主要有选用先进的节水技术、节能技术及环保技术，具体包括红外线烤漆房技术、超声波清洗零部件技术、水性漆技术、省漆喷涂技术、无尘干磨系统、空调冷媒加注回收设备、汽车可拆解性设计、电弧焊切割技术、机械化或自动化拆解技术等。

**节水技术** ①电脑洗车技术利用电脑控制毛刷和高压水来清洗汽车。电脑洗车房由控制系统、电路、气路、水路和机械结构构成，采用电脑洗车设备，通过水的循环利用，可比高压水枪节水 30%以上。②蒸汽洗车技术利用蒸汽发生器所产生的高温高压蒸汽，对汽车表面、内饰和其他部位进行清洗消毒，具有更高的清洗能力和去污效果，使得汽车清洗用水量大幅下降。

**一体化空压机节电技术** 采用同步变频调速技术及 PID 技术，利用压力传感器信号及有关电气控制信号，根据设定的压力值控制空压机马达转速，实现节能运行。

**红外线烤漆房技术** 采用先进的碳纤维红外线石英电热管作为发热载体，有效提高了能源利用效率。红外线具有反射性、渗透性和共振性，红外线烤漆房充分利用了红外线的特点：由于红外线具有优越的反射性，在空间内可随处反射，因而被烘干物体随时都可接触到红外线的辐射；红外线能有效地渗透到漆层的里面，可以做到由最内层向外层逐步烘干，提高了烘干温度和环节温度，从而达到快速烘干的目的。烤漆房整体功率可降低 40%～50%。

**超声波清洗零部件技术** 充分利用了超声波清洗省时省力、清洗效果好、节约能源资源的特点。此外，还有微波清洗技术，可使被清洗的零件在微波的作用下，表面形成空穴，再使油污、油漆自行脱落。

**水性漆技术** 使用水性漆对汽车进行喷涂作业，可以有效减少油漆中 VOCs 含量。水性漆的最大优点是涂层质量与传统溶剂型漆相当，但 VOCs 排放量小，约为溶剂型漆的三分之一，是实现金属闪光漆低公害化的唯一途径。一个合格的溶剂型油漆钣喷车间只需在原有设备条件下，配置水性漆专用喷枪、专用吹风枪和专用洗枪机就能满足水性漆喷涂施工的日常需要。

**省漆喷涂技术** 采用环保省漆喷枪（高流低压喷枪），涂料传递效率高达 65%以上，比一般喷枪节约油漆，提高了漆料的有效使用率。此外，高上漆率提高了工作效率，降低了涂料成本，减少了 VOCs 排放，改善了工作场所的环境，有利于喷漆者的身体健康，同时也降低了处理废漆的费用。

**无尘干磨系统** 在汽车漆面处理过程中，用气动或电动工具进行干磨，代替传统的手工水磨工艺，通过真空集尘装置（打磨头及真空风机）收集打磨过程中产生的粉尘，实现“无尘干磨”。既省时省力、环保无尘，也可以提高漆面打磨效果。

**空调冷媒加注回收设备** 能够实现冷媒回收和加注、抽真空、循环再生以及冷冻油的排放和加注等功能，有效防止了空调冷媒的外泄。空调冷媒加注回收设备可在维修和保养之前，自行进行压力测试、真空检漏等各种硬件测试。

**汽车可拆解性设计** 是提高再生资源利用率的基础条件。产品应具有良好的可拆解性，才能提高再生资源的利用率，减少产品废弃时对环境的污染。只有在汽车产品设计的初始阶段将报废后的拆解性作为设计目标，才能最终实现资源的高效回收。

**电弧焊切割技术** 适用于大部分金属材料。以电弧焊切割替代乙炔气焊切割可减少切割时焊烟尘的产生，减少环境污染。同时，能够加工多种不能用气割加工的金属，如铸铁、高合金钢、铜和铝及其合金等，对有耐腐蚀要求的不锈钢一般不采用此种方法切割。

**机械化或自动化拆解技术** 拆解是废旧产品回收利用的重要过程，只有合理拆解才能回收高纯度的材料，才能实现零件的再使用和再制造。采用高效率的机械化或自动化拆解工具、仪器和装备，是提高废旧汽车再生资源回收利用质量和效益的途径。

**发展现状及趋势** 随着我国汽车产量和保有量的不断增大，汽车维修和拆解业的发展空间潜力巨大。同时，随着汽车技术含量的增加，汽车维修由以机械修理、简单电路检修为主的传统方式，逐步转向依靠电子设备和信息数据进行诊断与维修。以优质、高效、节能、省材、环保为主要目标的绿色维修作为综合考虑环境影响和资源利用效率的现代维修模式在未来将得到更多的应用和推广。

目前，我国汽车拆解行业已经形成一定规模，但仍存在拆解水平较低、设备和技术落后等问题，由于缺乏规范化的操作管理，在拆解过程中仍会造成二次污染。正规汽车拆解回收企业以破碎回收原材料为主，单车回收价值量相对较低，企业盈利能力较弱。未来汽车拆解企业盈利模式将向零部件再制造转型，盈利能力将大幅提升。同时，互联网模式将在汽车拆解企业中居于核心地位，在前端负责整合收车渠道、最大化地扩大收车市场，在后端根据大数据及各种信息，实现零配件资源的最合理调配。 （于承迎）

qiche zhengche zhizaoye qingjie shengchan

**汽车整车制造业清洁生产** （cleaner production in vehicle manufacturing industry） 将清洁生产理念引入冲压、焊接、涂装和总装各个环节，通过一系列技术革新和设备升级，如采用先进的汽车表面喷涂工艺、使用清洁环保型涂料以及建立科学的能源管理系统，实现节能、降耗、减污的目的，降低或避免汽车整车制造业对环境的污染和人体的危害。

**沿革** 汽车整车制造企业数量占汽车制造业总数的5%，能耗占全行业总能耗的40%。汽车整车制造业是综合性的组装工业，具有关联产业多、技术密集、产业链长等特点，生产过程中消耗大量的原辅材料，如密封胶、脱脂液、磷化液、电泳漆、稀料溶剂、油漆涂料等（其中油漆涂料、磷化液等属于危险化学品）。涂装工艺是污染排放最严重的环节，主要污染物为挥发性有机物（VOCs）。

20世纪90年代以来，汽车制造业呈现井喷式的发展，但随着产业规模和产业链的迅速壮大，生产制造过程带来的资源能源消耗及环境污染也迅猛增加，成为制约行业可持续发展的最大挑战。为有效解决这个问题，清洁生产概念被逐渐引入汽车行业中来。2006年，国家环境保护总局针对汽车整车制造的涂装工序发布了《清洁生产标准 汽车制造业（涂装）》（HJ/T 293—2006）。2010年，环境保护部发布《关于深入推进重点企业清洁生产的通知》，将汽车行业纳入了《重点企业清洁生产行业分类管理名录》，其中规定汽车制造业企业须每五年组织实施一轮清洁生产审核。2012年，工业和信息化部、科技部、财政部组织清华大学、相关行业协会等30多家单位先行开展了“十一五”国家科技支撑计划“重点行业节能减排技术评估与应用研究”项目，发布了汽车、装备制造及石化等11个行业的节能减排先进适用技术指南，在行业内推广一批节能减排的先进适用技术，其中《汽车行业节能减排先进使用技术指南》对整个汽车制造行业持续提高清洁生产水平发挥了重大作用。2015年，北京市制定了《清洁生产评价指标体系 汽车整车制造业》（DB 11/T 1180—2015），该标准规定了汽车整车制造业清洁生产的评价指标体系、评价方法，具体包括生产工艺及装备指标、资源能源消耗指标、资源综合利用指标、污染物产生和排放指标、产品特征指标及清洁生产环境管理指标6项一级指标。

**清洁生产措施及技术原理** 针对汽车整车制造业清洁生产采取的措施主要有：选用先进的生产工艺及装备、设备，采用清洁环保涂装材料，建立完善能源资源管理体系等。

**选用先进的生产工艺及装备、设备** 可以有效降低生产过程中的能源消耗，减少VOCs的排放量，降低环境污染。例如，优化简化涂装工艺，采用水性紧凑型免中涂涂装工艺代替传统的3C2B工艺，可有效降低能耗成本，减少VOCs排放；选用高效、低能耗的压力机进行冲压；焊接、涂装工序装设高效烟尘净化装置；涂装工序中使用电泳漆自动补加料装置和自动控温系统，可提升生产自动化精确控制水平，从而降低能耗；采用新型LED照明灯具、淘汰高耗能电机，可节约电能。

**采用清洁环保涂装材料** 涂装前处理采用无磷、低温或生物型脱脂剂及低温、低锌、低渣磷液，以提高去油能力和水洗效果，减少漂洗用水，降低COD排放，其中CN4有机促进剂是一种比较理想的促进剂，稳定、成膜好、控制范围宽；底涂选择无铅、无锡、节能型阴极电泳漆，可减少重金属污染；中涂和面漆涂料选用水性涂料、高固体分涂料，可减少有机溶剂用量和VOCs的产生量，此外，高固体分涂料不需要对原有的涂装线进行改造就可使用。

**建立完善能源资源管理体系** 建立能源资源管理体系便于企业对能源资源消耗情况进行分析，查找能耗高、水耗高、物耗高的环节，及时挖掘清洁生产潜力，制定相关措施，降低消耗。例如，对冷热源、输配系统和照明等各部分能耗进行独立分项计量，对大功率电机单独安装电表，建立能源在线监测系统，定期开展能量平衡测试，制定并实施节能措施；提升二级水表计量率，采取措施，合理利用水资源，节约用水，提高处理后污水的重复利用率。

**发展现状及趋势** 清洁生产强调全产业链、全周期性的开展，注重源头削减。汽车整车制造行业涉及行业非常广，上、下游产业链长。当前大多数的汽车整车制造企业清洁生产工作只关注企业自身的节能、降耗，仅有少数企业注重对上、下游企业的拓展延伸。汽车行业的供应链以汽车整车制造业为核心，带动上游钢铁、橡胶、机械等原材料产业和下游销售、维修、保险等服务业的发展，因此，未来行业的清洁生产将更加注重在全产业链的应用，采用在整个供应链中综合考虑环境影响和资源效率的现代管理模式，从上游油漆涂料供应、原辅材料仓储、产品运输、使用报废等各个环节考虑对环境的影响，制定相应的规章制度，减少资源能源的浪费，同时在生产制造过程中加强与第三方物流企业的协作，提出如使用绿色交通工具等方面的要求；在下游逐步完善废旧车辆、零部件回收重复利用制度，减少材料消耗。 （李靖）

**qinggongye qingjie shengchan**

## 轻工业清洁生产

（cleaner production in light industry） 将整体预防的环境战略运用于轻工业产品生产过程中，根据所生产的产品类型，改进工艺设计，使用清洁的能源和原料，采用先进的工艺技术与设备，提高资源和能源利用效率，加强废物综合利用，改善管理，最大限度地减少或者避免生产过程中污染物的产生和排放。

**沿革** 20 世纪 90 年代初，在联合国环境规划署、世界银行的经济援助和许多外国专家的协助下，中国启动和实施了一系列推进清洁生产的试点项目，多家造纸、食品发酵等轻工企业被列入试点企业，开展了系统的清洁生产审核工作。2010 年 4 月 22 日，环境保护部发布了《关于深入推进重点企业清洁生产的通知》（环发〔2010〕54 号），提出了《重点企业清洁生产行业分类管理名录》，酿造、造纸、发酵、制糖、植物油加工等轻工行业被列为需要开展清洁生产审核工作的重点行业，轻工业的清洁生产工作开始全面推进。2010—2012 年，工业和信息化部先后发布了《发酵行业清洁生产技术推行方案》《啤酒行业清洁生产技术推行方案》《酒精行业清洁生产技术推行方案》《肉类加工行业清洁生产技术推行方案》《造纸行业清洁生产技术推行方案》《皮革行业清洁生产技术推行方案》《制糖行业清洁生产技术推行方案》《荧光灯行业清洁生产技术推行方案》等轻工行业的清洁生产技术推行方案，对加快轻工行业重大清洁生产技术的示范应用和推广，提升行业整体清洁生产水平起到了重要的促进作用。

在清洁生产标准和清洁生产评价指标体系制定方面，2003—2010 年，国家环境保护主管部门先后发布了制革行业（猪轻革）、制革工业（牛轻革、羊革）、合成革工业、酒精制造业、啤酒制造业、白酒制造业、葡萄酒制造业、食用植物油工业（豆油和豆粕）、甘蔗制糖业、乳制品制造业（纯牛乳及全脂乳粉）、味精工业、淀粉工业、铅蓄电池工业等轻工行业的清洁生产标准；2006—2009 年，国家发展和改革委员会先后发布了制浆造纸行业、电池行业、陶瓷行业、发酵行业、制革行业、日用玻璃行业等轻工行业的清洁生产评价指标体系（试行）；2012 年之后，国家发展和改革委员会会同环境保护部、工业和信息化部对清洁生产标准和清洁生产评价指标体系进行了整合修编，2015—2017 年先后发布了《制浆造纸行业清洁生产评价指标体系》《电池行业清洁生产评价指标体系》《合成革行业清洁生产评价指标体系》《制革行业清洁生产评价指标体系》等轻工行业的清洁生产评价指标体系。

**清洁生产技术**　轻工业污染防治的重点工作主要包括COD、氨氮水污染防治，重金属污染防治和挥发性有机物废气污染防治。

造纸、发酵、酿造、皮革、制糖、肉类加工等行业是轻工业COD、氨氮水污染防治重点行业。造纸行业清洁生产技术包括：低卡伯值蒸煮、封闭逆流洗涤、全封闭压力筛选、纸浆无元素氯漂白技术、碱回收技术和造纸白水回用技术等；发酵行业清洁生产技术包括：味精生产的浓缩连续等电点提取技术和发酵母液综合利用技术、柠檬酸生产的发酵废水资源再利用技术等；酿造行业清洁生产技术包括：酒精生产的浓醪发酵技术、酒糟离心清液回配技术、糟液废水全糟处理技术、间接蒸汽蒸馏技术，啤酒生产的低压动态煮沸技术、煮沸锅二次蒸汽回收技术、麦汁冷却过程真空蒸发回收二次蒸汽技术；皮革行业清洁生产技术包括：主要工序废水循环使用技术、废毛和废渣制备制革用蛋白质的提取及应用填料技术、无硫（低硫）少灰保毛脱毛技术、无氨少氨脱灰软化技术、高吸收铬鞣及铬鞣废液资源化利用技术、制革无盐浸酸技术等；制糖行业清洁生产技术包括：低碳低硫制糖新技术、全自动连续煮糖技术、废水循环利用与深化处理技术等；肉类加工行业清洁生产技术包括：畜禽骨深加工新技术、节水型冻肉解冻技术、猪血制蛋白粉新技术等。

电池、荧光灯等行业是轻工业重金属污染防治重点行业。电池行业清洁生产技术包括：铅蓄电池无镉化技术、铅蓄电池内化成工艺技术、扣式碱性锌锰电池无汞化技术、纸板锌锰电池无汞无镉无铅技术等；荧光灯行业清洁生产技术包括：低汞生产技术、高性能固汞生产技术、灯管纳米保护膜涂敷技术等。

家具、制鞋、人造革合成革等行业是轻工业挥发性有机物废气污染防治重点行业。家具行业主要清洁生产技术包括：水性漆喷漆技术、UV漆喷漆技术等；制鞋行业清洁生产技术包括低挥发性有机化合物排放集成技术等；人造革合成革行业清洁生产技术包括：水性合成革技术、无溶剂合成革技术、二甲基甲酰胺（DMF）回收技术等。

**发展现状及趋势**　轻工业通过持续推动清洁生产工作取得了明显的成效。通过采用新技术、新工艺和新材料，提高能源资源利用率，皮革、造纸等行业的综合消耗明显下降，造纸、酒精、味精、柠檬酸、制革、铅蓄电池等行业实现了落后产能的淘汰和产业转型升级。但是，轻工行业所面临的节能减排任务仍然非常艰巨，行业中部分企业没有采取综合利用的方式，依然采用粗放的增长方式，物耗、水耗、能耗大，污染较为严重。

轻工行业需要进一步增强清洁生产工作力度，加大造纸、皮革、食品、电池、陶瓷、日用玻璃等重点行业清洁生产技术开发和应用推广力度，加强废弃物综合利用技术的研发与推广应用，提高废弃电器、废纸、废塑料、废电池、食品废渣、皮革废弃物等工业固体废物的回收利用率，加快在合成革、塑料彩色印刷、制鞋、木制家具、油墨等行业推广低挥发性有机溶剂工艺，减少VOCs的排放。在轻工重点行业推行生态设计，加快清洁生产改造升级，提高行业资源能源利用效率，降低行业的能耗、物耗、水耗和污染物排放。　（吕竹明）

**qingjie shengchan**

**清洁生产**　（cleaner production）　不断采取改进设计、使用清洁的能源和原料、采用先进的工艺技术与设备、改善管理、综合利用等措施，从源头削减污染，提高资源利用效率，减少或者避免生产、服务和产品使用过程中污染物的产生和排放，以减轻或者消除对人类健康和环境的危害。

**词源**　清洁生产最早起源于20世纪60年代美国化工行业的污染预防审计，随着“污染预防”的理念由北美传入欧洲，欧洲许多发达国家和联合国均接受了这一理念。70年代末，欧共体（欧盟前身）开始在各成员国正式推行清洁生产政策，开展了一系列清洁生产示范工程。1989 年，联合国正式提出“清洁生产”的概念，在总结各国开展的污染预防活动并加以提升和完善后，1996 年进一步完善了“清洁生产”的定义：清洁生产是一种新的创造性的思想，该思想将整体预防的环境战略持续应用于生产过程、产品和服务中，以提高生态效率和减少人类及环境的风险。清洁生产自提出来以后，得到国际社会的普遍响应，成为一种环保潮流，被认为是环境战略由“被动反应”转向“主动行动”的一个转折点。清洁生产在不同的发展阶段或不同的国家有不同的叫法，如“废物减量化”“无废工艺”“污染预防”等，但其基本内涵是一致的，即对产品和产品的生产过程采用预防污染的策略来减少污染物的产生。

**内涵** 包括清洁的设计、清洁的原料、清洁的过程、清洁的产品、清洁的服务等几方面。①清洁的设计。针对产品和所提供服务的设计应符合生态设计理念，在产品整个生命周期中对环境的负面影响最小，例如，产品生产所使用的原料应为清洁的原料，使用的能源为清洁能源，产品具有节能、节材，产品寿命结束后便于拆解的特性，构成产品的材料具有可循环利用的特性等。②清洁的原料。在农业、工业、服务业的活动过程中所使用的原料应该是清洁的，用无污染、少污染、无毒、低毒、无害、少害的原料替代污染重、毒性大、危害强的原料。③清洁的过程。在农业、工业、服务业的活动过程中，用消耗少、效率高、无污染、少污染的工艺、设备替代消耗大、效率低、污染重的工艺、设备；通过清洁生产培训，提高相关人员的专业技能和环保意识；通过规范化的管理，提高生产效率，减少无效的投入。④清洁的产品。使用清洁的原料，经过清洁的生产过程，所生产出的产品即为清洁的产品。产品包装物的材质应有利于循环利用，包装过程尽量减少废物和污染物的产生，不过度包装。⑤清洁的服务。涉及服务行业、产品后期的服务等。清洁的服务行业是指提供的服务符合清洁生产的理念，使用清洁的原料和能源，原料和能源消耗较少，废物产生量少。产品在离开生产过程成为成品后，从生产厂家到销售环节，应尽可能减少运输距离，满负荷装载，减轻包装重量，做到省油、省力，实现清洁的服务。

**特征** 清洁生产具有预防性、持续性和经济性三个特征。

**预防性** 清洁生产提出的初衷是将污染物从生产过程之中削减或者消灭。传统的环境保护思路末端治理侧重于“治”，在污染物产生之后通过污染治理设施来削减，实质是污染物的转移，与生产过程无关。而清洁生产则突出“防”，通过使用清洁的原料和能源、改进生产工艺、利用节能减污技术和改善管理等手段，从而减少污染物的产生。

**持续性** 清洁生产是一个相对的、不断的持续改进的过程，随着社会的发展和技术的进步，清洁生产的标准也在不断提升。

**经济性** 清洁生产实现了环境保护与经济发展的统一。传统的环境保护依靠末端治理设施来消除污染物，往往投入大、运行成本高，只有环境效益，没有经济效益。而清洁生产采用清洁的设计，使用清洁的能源和原材料，通过清洁的生产过程生产出清洁的产品，提高了资源的利用效率，增加了企业的利润，实现了经济效益和环境效益的统一。

**国际清洁生产进展** 清洁生产最早起源于 20 世纪 60 年代美国化工行业开始实施的污染预防审计，“废物最少化”政策是美国污染预防的初期表达，1990 年美国国会通过了《污染预防法》，以立法手段确认了污染的“源削减”政策，从联邦到各州的环保局都设立了专门的污染预防办公室，推动组织实施清洁生产。加拿大于 1991 年成立了“全国污染预防办公室”，协调和推动全国的污染预防工作，政府还开展了“3R”（即减量化 Reduce、再利用 Reuse 和再循环 Recycle）运动，延伸了清洁生产的概念及范围，促进了清洁生产工作的开展。

20 世纪 70 年代中后期，“废物最少化”“污染预防”等理念由北美传入欧洲，“清洁生产”概念开始出现。1976 年，欧共体（欧盟前身）在巴黎“无废工艺与无废生产国际研讨会”上提出“消除造成污染的根源”，初步提出清洁生产理念。1979 年，欧共体理事会正式宣布推行清洁生产政策。1984—1987 年，欧共体环境事务委员会拨款支持建立清洁生产示范项目，在各成员国示范推广清洁生产理念及实践。瑞典于 1987 年引入美国“废物最少化”评估方法，随后，荷兰、丹麦和奥地利等国也相继开展了清洁生产。欧盟的重点是清洁技术，强调技术上的创新，同时把财政资助与补贴作为一项基本政策，着眼于如何减轻末端治理的压力，将污染防治上溯到生产源头，并拓展至生产全过程。欧盟于 1996 年通过了“综合污染预防与控制”（Integrated Pollution Prevention and Control，IPPC）指令，该指令是针对企业工业生产全过程的、以污染预防为主、综合性的污染防治战略，体现了清洁生产理念。

1989 年，联合国正式提出“清洁生产”的概念，并于 1996 年进一步完善了“清洁生产”的定义。联合国工业发展组织（UNIDO）和联合国环境规划署（UNEP）通过在部分国家启动清洁生产试点示范项目，将“清洁生产”引入这些国家并加以实践验证，在全球范围内推行清洁生产，自此清洁生产开始在全世界全面推广、施行并取得了良好的成果。1994 年，UNIDO 和 UNEP 联合启动了世界上首个全球范围的“建立发展中国家国家清洁生产中心”项目，资助近 50 个发展中国家建立了国家或地区级清洁生产中心，培训了大批清洁生产专家，完成了大量企业清洁生产审核，并对清洁生产审核成果和经验进行宣传、推广。2010 年，UNIDO 和 UNEP 第二次联手启动了“全球资源高效利用与清洁生产”项目，共同资助并支持成立了“全球资源高效利用与清洁生产网络”（RECPnet），该网络是目前全球规模最大的清洁生产专业网络，负责推进资源高效利用与清洁生产理念、方法、政策、实践及技术在各国特别是发展中国家和转型国家的有效开发、应用、完善和推广。

**我国清洁生产进展** 我国自 1993 年引进清洁生产理念以来，清洁生产已经深入人心，指导工业、农业、服务业开展清洁生产技术应用和改造，促进产业优化升级，助力企业走绿色可持续发展之路，并已成为我国经济发展、环境保护和推进生态文明建设的重要手段。

①清洁生产形成阶段（1973—1992 年）。

我国与清洁生产相关的活动已有较长的历史。1973 年，我国制定了《关于保护和改善环境的若干规定（试行草案）》，提出要努力改革生产工艺，不产生或少产生废气、废水和废渣，加强管理，消除跑、冒、滴、漏的现象，并提出了“预防为主，防治结合”的治污方针。这是我国最早的关于清洁生产的法律规定。

20 世纪 80 年代，随着环境问题的日益严重，我国又提出消除“三废”的根本途径是技术改造，要通过技术改造把“三废”的数量降到最低。1983 年，国务院《关于结合技术改造防治工业污染的几项规定》（国发〔1983〕20 号）中的一些内容已经体现了清洁生产的思想。例如，“对现有工业企业进行技术改造时，要把防治工业污染作为重要内容之一，通过采用先进的技术和设备，提高资源、能源的利用率，把污染物消除在生产过程之中”。

1985 年国务院批转的国家经委《关于开展资源综合利用若干问题的暂行规定》（国发〔1985〕117 号），对企业开展资源综合利用规定了一系列的优惠政策和措施，并附有资源综合利用的具体名录。该规定的颁布标志着我国政府在总结了环境保护和经济建设工作中的经验教训后，提出了持续发展的战略思想。

1989 年，联合国环境规划署提出推行清洁生产的行动计划后，清洁生产的理念和方法正式引入我国，我国政府作出了积极回应，有关部门和单位也开始研究如何在我国推行清洁生产。

1992 年 8 月，国务院制定了《环境与发展十大对策》，提出：“新建、改建、扩建项目时，技术起点要高，尽量采用能耗物耗小、污染物排放量少的清洁生产工艺。”清洁生产成为解决我国环境与发展问题的对策之一。

②清洁生产法制化阶段（1993—2002 年）。

我国清洁生产由自发阶段进入政府有组织

的推广阶段。这一阶段是清洁生产概念和方法学的引进及其在中国的推广实践阶段。特别是2002年《中华人民共和国清洁生产促进法》的颁布，标志着我国清洁生产进入法制化的轨道。在这一阶段，我国清洁生产工作有了重大发展。

1993年10月，国家环保局、国家经贸委在上海召开了第二次全国工业污染防治工作会议。这次会议的主题是进一步贯彻“预防为主、防治结合”的方针，提出工业污染防治要从单纯的末端治理向生产过程控制转变，积极推行清洁生产。这次会议确定了清洁生产在中国环境保护事业中的战略地位，也是推行清洁生产进入一个新阶段的标志。

1994年3月，国务院第16次常务会议讨论通过了《中国21世纪议程》，在确定国家可持续发展优先项目时，把建立资源节约型工业生产体系和推行清洁生产列入可持续发展战略与重大行动计划。《中华人民共和国国民经济和社会发展“九五”计划和2010年远景目标纲要》把推行清洁生产作为一项重要的环保措施。《国家环境保护“九五”计划和2010年远景目标》中明确提出将“结合技术进步，积极推行清洁生产”作为工业污染防治的主要任务之一。

1994年后修订的《中华人民共和国大气污染防治法》《中华人民共和国水污染防治法》《中华人民共和国海洋环境保护法》和制定的《中华人民共和国固体废物污染环境防治法》等新的环境污染防治法律法规，均明确提出实施清洁生产的要求，规定发展清洁能源，鼓励和支持开展清洁生产，尽可能使污染物和废物减量化、资源化和无害化。1998年发布的《建设项目环境保护管理条例》也规定，工业建设项目应当采用能耗物耗小、污染物产生量少的清洁生产工艺。

1997年4月国家环境保护局制定的《关于推行清洁生产的若干意见》，对结合现行环境管理制度的改革、推行清洁生产，提出了基本框架、思路和具体做法。在推行清洁生产时，我国将其与工业产业结构、产品结构的调整相结合，要求在制定产业政策时，严格限制或禁止能造成严重污染的产业、企业和产品，要求工业企业采用能耗物耗小、污染物产生量少的有利于环境的原料和先进工艺、技术和设备，采用节约用水、用能、用地的生产方式。

1999年，国家经贸委发布了《关于实施清洁生产示范试点计划的通知》，选择北京、上海等10个试点城市和石化、冶金等5个试点行业开展清洁生产示范和试点。与此同时，陕西、辽宁、江苏、山西等许多省市也制定和颁布了地方性的清洁生产政策和法规。

2000年国家经贸委发布《国家重点行业清洁生产技术导向目录》（第一批）（2003年联合国家环保总局发布第二批，2006年国家发展和改革委员会联合国家环保总局发布了第三批）。

在联合国环境规划署、世界银行、亚洲银行的援助和许多外国专家的协助下，我国启动和实施了一系列推进清洁生产的项目，清洁生产从概念、理论到实践在我国广为传播。

1999年，第九届全国人大常委会从加快推行清洁生产、实现可持续发展战略的高度，将《清洁生产促进法》列入九届全国人大立法计划，并委托国家经贸委组织起草。经过两年多的工作，2002年6月29日，第九届全国人大常委会第二十八次会议审议通过了《中华人民共和国清洁生产促进法》，这标志着我国进入依法推行清洁生产的新阶段，对促进经济、社会进一步健康发展具有重要作用。

③清洁生产环境管理制度化阶段（2003—2012年）。

《中华人民共和国清洁生产促进法》的颁布标志着我国清洁生产纳入法制化管理的轨道。为了实施这部清洁生产专项法，规范清洁生产监督管理制度，还必须制定配套法规、规章，完善清洁生产法律法规体系。为此，国家陆续出台了清洁生产相关的管理制度，我国清洁生产进入了环境管理制度化阶段。

为了落实《中华人民共和国清洁生产促进法》，国家环保总局于2003年4月4日发布了《关于贯彻落实〈清洁生产促进法〉的若干意见》（环发〔2003〕60号）。同年12月17日，国务院办公厅转发了由国家发展和改革委员会、国家环保总局等11部门发布的《关于加快推行清洁生产的意见》（国办发〔2003〕100号），具体包括：提高认识，明确推行清洁生产的基本原则；统筹规划，完善政策；加快结构调整和技术进步，提高清洁生产的整体水平；加强企业制度建设，推进企业实施清洁生产；完善法规体系，强化监督管理；加强对推行清洁生产工作的领导等6部分内容。

为全面推行清洁生产，规范清洁生产审核行为，2004年8月16日国家发展和改革委员会、国家环境保护总局制定并审议通过了《清洁生产审核暂行办法》，该办法提出加强管理部门对清洁生产的审核和监督，明确了企业单位应按照一定程序，对生产和服务过程进行调查和诊断，找出能耗高、物耗高、污染重的原因，减少有毒有害物料的使用、产生，降低能耗、物耗以及废物的产生。

为进一步发挥清洁生产在污染减排工作中的重要作用，规范和加强重点企业的清洁生产审核工作，2005年12月13日，国家环保总局出台了《重点企业清洁生产审核程序的规定》（环发〔2005〕151号），对如何选择当地的"重点企业"、如何准备公告材料、咨询机构应该具备的条件、审核过程、评审验收等提出了具体要求和规范。2008年7月1日，环境保护部出台《关于进一步加强重点企业清洁生产审核工作的通知》（环发〔2008〕60号），明确了环境保护部门在清洁生产审核中的职责和作用，提出了重点企业清洁生产审核评估验收实施指南。

为促进清洁生产关键共性技术产业化应用，降低工业行业污染物排放强度，推动重点区域、重点流域污染防治工作，2009年10月31日，财政部、工业和信息化部联合制定了《中央财政清洁生产专项资金管理暂行办法》（财建〔2009〕707号），重点规范中央财政清洁生产专项资金管理，要求提高资金使用效益，加快清洁生产技术应用推广，提升企业清洁生产水平。

2010年4月22日，环境保护部出台了《关于深入推进重点企业清洁生产的通知》（环发〔2010〕54号），提出了《重点企业清洁生产行业分类管理名录》，确定了各地区需实施清洁生产审核的重点企业，并对企业实施清洁生产审核及评估验收等内容提出了方向和指导意见。

2012年1月20日，为从源头上减少污染，节约能源资源，工信部、科学技术部、财政部联合发布《工业清洁生产推行"十二五"规划》（工信部联规〔2012〕29号），明确了"十二五"期间工业清洁生产总体目标和主要任务，包括开展工业产品生态设计，提高生产过程清洁生产技术水平，开展有毒有害原料（产品）替代等内容。

2012年2月29日，第十一届全国人民代表大会常务委员会第二十五次会议通过了对《中华人民共和国清洁生产促进法》的修订，此次修订在政府推进清洁生产的工作职责，对企业实施强制性清洁生产审核的范围，建立清洁生产财政支持资金，清洁生产审核法律责任，政府监督与社会监督作用等方面做了进一步强化和完善。

④清洁生产延续阶段（2013年至今）。

经过了近30年的清洁生产的摸索与实践，我国清洁生产在法规、规章和管理制度上形成了较为完善的体系，清洁生产逐步深入我国环境保护、工业、农业、服务业等各领域中，在节约资源、降低能耗、减少污染产生与排放等方面均取得了积极的成效。在后期的发展中，清洁生产与现行管理制度将进一步结合，不断融入国家的战略方针、行动计划和政策当中，发挥其重要的支撑作用。

2013年9月13日，国务院发布《关于印发〈大气污染防治行动计划〉的通知》（国发〔2013〕37号），提出全面推行清洁生产，对钢铁、水泥、化工、石化、有色金属冶炼等重点行业进行清洁生产审核，针对节能减排关键领域和薄弱环节，采用先进适用的技术、工艺和装备，实施清洁生产技术改造；推进非有机溶剂型涂料和农药等产品的创新，减少生产和使用过程中挥发性有机物的排放；积极开发缓释肥料新品种，减少化肥施用过程中氨的排放。

2014年1月3日，工业和信息化部发布《京津冀及周边地区重点工业企业清洁生产水平提升计划》（工信部节〔2014〕4号），明确提出到2017年年底，京津冀及周边地区重点工业企业通过实施清洁生产技术改造，实现年削减主要污染物二氧化硫25万t、氮氧化物24万t、工业烟（粉）尘11万t、挥发性有机物7万t的目标。

2015年4月2日，国务院发布《关于印发〈水污染防治行动计划〉的通知》（国发〔2015〕17号），提出示范推广控源减排和清洁生产先进技术，支持开展清洁生产、节约用水和污染治理等示范，健全重点行业水污染物特别排放限值、污染防治技术政策和清洁生产评价指标体系等内容。

为贯彻落实《大气污染防治行动计划》和《水污染防治行动计划》，推进工业重点行业企业实施清洁生产技术改造，降低污染物排放强度，促进环境质量持续改善，2014年7月2日和2016年8月18日，工业和信息化部先后印发了《大气污染防治重点工业行业清洁生产技术推行方案》（工信部节〔2014〕273号）和《水污染防治重点行业清洁生产技术推行方案》（工信部联节〔2016〕275号）。

为进一步规范清洁生产审核程序，更好地指导地方和企业开展清洁生产审核，国家发展和改革委员会与环境保护部联合对《清洁生产审核暂行办法》进行了修订，并于2016年5月16日发布了《清洁生产审核办法》，该办法由原来的6章33条款调整到6章40条款内容，在清洁生产审核概念的内涵、清洁生产审核管理机制、清洁生产审核评估验收制度的重点内容、清洁生产技术咨询服务能力建设要求和清洁生产管理能力建设等方面进行了细化和完善。

为了贯彻落实《中国制造2025》和《绿色制造工程实施指南（2016—2020年）》，2016年12月6日，环境保护部印发《环境保护部推进绿色制造工程工作方案》（环办科技函〔2016〕2192号）并对工作任务进行了分解。该方案提出到2020年，基本实现我国环境管理从末端治理向全过程管理转变，促进大气、水、土壤污染防治行动计划所涉及的重点污染行业中的企业实现绿色化、清洁化改造，打造一大批具有核心竞争力的绿色制造企业和清洁生产工业园区，推动绿色供应链建设，全面提高工业企业的清洁生产水平，减少重点行业的污染物产生量和排放量，促进环境质量明显改善。

为了进一步规范各地开展清洁生产审核评估验收的程序，指导清洁生产审核评估与验收工作，2018年4月12日，生态环境部联合国家发展和改革委员会制定并印发《清洁生产审核评估与验收指南》（环办科技〔2018〕5号），该指南明确了各级主管部门开展清洁生产审核评估与验收工作的职责，为科学推进清洁生产工作、规范清洁生产审核行为、指导清洁生产审核评估与验收工作提供了技术依据，对提升全国清洁生产审核的整体质量起到了至关重要的作用。

**发展现状及趋势** 近年来，国家相关政策、规划、计划等对清洁生产工作提出了新的任务和要求。2018年6月，《中共中央、国务院关于全面加强生态环境保护 坚决打好污染防治攻坚战的意见》中提出，在能源、冶金、建材、有色、化工、电镀、造纸、印染、农副食品加工等行业，全面推进清洁生产改造或清洁化改造；同年8月，生态环境部印发的《关于生态环境领域进一步深化“放管服”改革，推动经济高质量发展的指导意见》中提出，强化清洁生产审核机制，推行绿色供应链建设；2020年3月，中共中央办公厅、国务院办公厅印发了《关于构建现代环境治理体系的指导意见》，提出加大清洁生产推行力度，加强全过程管理，减少污染物排放；同年6月，生态环境部印发的《2020年挥发性有机物治理攻坚方案》中提出，以石化、化工、工业涂装、包装印刷等为重点领域，全面加强对光化学反应活性强的VOCs物质的控制，强化源头、过程、末端全流程控制，引导企业自觉守法、减污增效……所有这些都为清洁生产工作的推进提供了动力和导向。

当前，我国正进入高质量发展新阶段，但粗放型的生产方式尚未根本扭转，经济与资源能源和环境之间的矛盾仍然突出，尚处于经济绿色转型期，加快传统产业升级改造，推动发展方式根本转变迫在眉睫。清洁生产作为一种绿色生产方式，在提升资源能源利用效率，降低污染物产排强度，实现产业结构升级，推动经济高质量发展，打好污染防治攻坚战等方面将继续发挥重要作用。（周长波）

qingjie shengchan gongju

**清洁生产工具** （cleaner production tools） 实现清洁生产内容和目的所使用的技术、政策、分析方法等措施。使用清洁生产工具的目的在于提高资源能源利用效率，减少或者避免生产、服务和产品使用过程中污染物的产生和排放，以减轻或者消除对人类健康和环境的危害。清洁生产工具可分为技术工具和政策工具。

**技术工具** 主要包括清洁生产审核、环境管理体系、生态设计和生命周期评价。

**清洁生产审核** 按照一定程序，对生产和服务过程进行调查和诊断，找出能耗高、物耗高、污染重的原因，提出减少有毒有害物料的使用、产生，降低能耗、物耗以及废物产生的方案，进而选定技术经济及环境可行的清洁生产方案的过程。企业实施清洁生产审核的最终目的是减少污染、保护环境，节约资源、降低费用，以及增强企业自身的竞争力。

**环境管理体系** 清洁生产和 ISO 14000 环境管理体系标准最大的相同点是都因应对日益严重的环境问题而产生、发展，两者都以加强环境保护、实现可持续发展为目的，它们之间是相辅相成的。ISO 14000 环境管理体系标准为清洁生产提供了机制、组织保证；清洁生产为 ISO 14000 环境管理体系标准提供了技术支持。清洁生产在世界范围内的确立和推行，以及可持续发展的环境管理体系的需求，是 ISO 14000 环境管理体系标准得以广泛推广的基础。ISO 14000 系列标准是环境管理标准，也是环境管理的工具和参照物，由国际标准化组织（ISO）于 1996 年年底正式颁布实施。ISO 14000 系列标准涉及环境管理体系、环境审核、环境标志、生命周期评价等国际环境领域的诸多焦点问题。ISO 14001 是 ISO 14000 系列标准的主体标准，可供组织建立一套环境管理机制，通过环境管理体系的持续改进实现组织环境绩效的提升。

**生态设计** 又称绿色设计、生命周期设计或环境设计，是指将环境因素纳入设计之中，从而帮助确定设计的决策方向。产品的生态设计是 20 世纪 90 年代初出现的关于产品设计的一个新概念，是清洁生产的重要组成部分，其要求在产品开发的所有阶段均考虑环境因素，从产品的整个生命周期减少对环境的影响，最终引导产生一个更具有可持续性的生产和消费系统。生态设计标志着清洁生产从最初的关注生产过程逐渐延伸到关注有形产品，将污染预防的理念纳入产品设计的前端。从保护环境的角度，生态设计活动体现在减少资源能源消耗、实现可持续发展战略；从商业的角度，生态设计活动体现在降低成本、减少潜在的责任风险，以提高竞争能力。

**生命周期评价** 评价产品、工艺过程或活动从原材料的采集和加工到生产、运输、销售、使用、养护、回收、循环利用和最终处理整个生命周期系统有关的环境负荷的过程。生命周期评价是清洁生产审核、评价的有效工具，作为新的环境管理工具和预防性的环境保护手段，生命周期评价主要通过定量化研究能量和物质利用以及废弃物的排放来评估一种产品、工序和生产活动造成的环境影响。生命周期评价的基本结构包括明确目标与范围、清单分析、影响评价和改善评价。

**政策工具** 主要包括法律法规、经济手段、支持措施和外部援助。

**法律法规** 将清洁生产纳入现有的法律法规中，通过修改现有的法律法规，使清洁生产实现较末端治理的优先性，并消除鼓励末端治理的能源、水以及原材料的市场优势，以达到促进清洁生产的目的；或者重新制定有关清洁生产的法律法规，通过制定新的法律法规来要求清洁生产。通过运用法律法规，可以提升整个国家的环境意识，促使工业企业自觉进行清洁生产。

**经济手段** 包括奖励型和惩罚型两种形式。奖励型经济手段包括排污费返还、税收优惠、补贴等，惩罚型经济手段包括罚款等。经济手段可以促使企业在生产全过程推行清洁生产，通过技术投资、原材料和能源的替代使用以及污染和废弃物的管理，鼓励企业使用清洁生产技术。经济手段通过加入污染的经济成本来重新分配生产的社会成本以达到清洁生产效果，同时降低清洁生产的操作成本而激励企业进行清洁生产。

**支持措施** 政府应提供以下清洁生产支持措施：提供企业开展清洁生产评估所需要的有关技术和环境方面的信息；对企业管理者、政府官员、技术和研究人员开展清洁生产培训；协助改变现有的教育课程，将清洁生产纳入工程和企业管理课程中；协助清洁生产专门机构，进行机构强化和能力建设。

**外部援助** 主要适用于发展中国家。清洁生产的外部援助可以采取资金支持、教育与培训、信息交流、技术转让以及硬件援助等形式。通过对发展中国家提供资金、技术和知识产权的支持，在一定程度上能够促进当地的清洁生产能力建设。 （袁殷）

**qingjie shengchan jishu**

**清洁生产技术** （cleaner production technology）在不降低目标工序产品质量的前提下，相对于目标工序现有主流技术，具有明显的节能、减排效果且经济效益显著的技术。

**特征** ①源头削减，用无污染、少污染的能源和原材料替代毒性大、污染重的能源和原材料；②过程减量，用消耗少、效率高、无污染、少污染的工艺和设备替代消耗多、效率低、产污量大、污染重的工艺和设备；③末端循环，对不可避免产生的废弃物，采用回收、循环利用技术处理其中的有价资源；④管理减排，以先进的管理措施和提升员工素质为基础形成可复制的节能减排措施和方法；⑤显著的环境效益和经济效益。

**分类** 为规范不同行业清洁生产技术的表述，方便清洁生产技术的交流、传播与比较，通常将清洁生产技术分为三类：源头削减类、过程减量类、末端循环类。

**清洁生产技术评价** 指在对某行业或领域生产过程技术全面了解的基础上，综合考虑技术特征、资源环境和经济等各方面因素，选用适宜的技术评价指标和综合评价方法，按照规定的原则和程序筛选出清洁生产技术的过程。清洁生产技术评价涉及评价流程、评价方法和评价结果三个方面。

**评价流程** 清洁生产技术的评价流程为：①行业关键节点信息分析。通过分析行业生产工艺流程，确定污染物产生的关键节点，编制关键节点特征信息表，为清洁生产技术的分类评价奠定基础。②行业备选清洁生产技术确定。制定清洁生产技术调研表，调研清洁生产技术，确定备选清洁生产技术，获得清洁生产技术评价数据。③分类评价。提出分类评价标准和评价方法，确定清洁生产技术评价的一级指标、二级指标和三级指标及其权重，确定对照值和指标值，进行评价指数计算，然后将评价指数与基准指数进行比较，确定是否满足清洁生产技术要求。其中，清洁生产技术的分类评价标准根据备选技术所属行业关键节点的点位不同，分为源头削减、过程减量、末端循环三类，并根据三类特征效应指标分别建立源头削减、过程减量、末端循环三类清洁生产技术的分类评价指标体系。清洁生产技术的一级指标包括特征效应、资源消耗、环境绩效和经济成本；清洁生产技术的二级指标包括原材料改进/替代、辅料改进/替代、能源改进/替代、原材料节约、辅料节约、能源节约、废弃物循环利用和能源回收利用；清洁生产技术的三级指标是根据不同备选技术在二级指标的框架下细分出的具体指标名称。

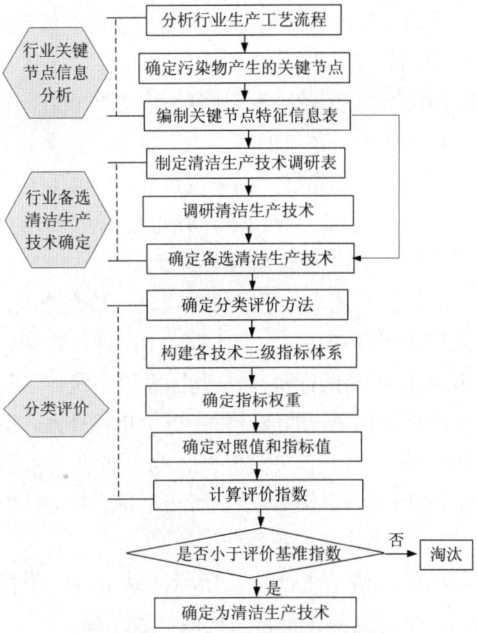


**清洁生产技术的评价流程**

**评价方法** 采用多指标综合评价法对清洁生产技术进行评价，建立不同类清洁生产技术的评价指标，将备选清洁生产技术的单项指标值与其对照值进行定量化比较，得到单项评价指数，再结合各单项指标的权重进行加权累加，得到清洁生产评价指数，将其与基准指数进行比较，确定其是否是清洁生产技术。计算方法如下：

①单项评价指数（$T_{ij}$）计算：特征效应指标的评价指数（$T_{1j}$）采用插值法计算，资源消耗、环境绩效和经济成本指标的评价指数（$T_{2j}$～$T_{4j}$）采用比值法计算。计算公式为：

$$T_{ij}=\begin{cases}1-(I_{ij}-I_{ij0})\,(i=1)\\ I_{ij}/I_{ij0}\quad(i=2\sim4, C_{ij}\text{为正向指标})\,(0\leqslant T_{ij}\leqslant1.5)\\ I_{ij0}/I_{ij}\quad(i=2\sim4, C_{ij}\text{为逆向指标})\end{cases}$$

式中，$C_{ij}$为备选清洁生产技术的单项指标，正向指标的数值越低越符合清洁生产要求（如水耗和能耗），逆向指标的数值越高越符合清洁生产要求（如净利润）；$I_{ij}$为备选清洁生产技术的指标值；$I_{ij0}$为备选清洁生产技术所要提升或更新的目标工序现有技术的对照值。$T_{ij}$一般在1.0左右，但当$I_{ij}$与$I_{ij0}$差异较大时，计算得到的$T_{ij}$值会偏大，对其他单项评价指数产生较大干扰。为了消除这种不合理影响，对此类情况进行修正，当$T_{ij}\geqslant1.5$时，$T_{ij}$值取为1.5。

②清洁生产技术评价指数（CPT）计算：由各单项指标的评价指数与对应的权重乘积累加获得，各指标权重采用专家打分法或层次分析法等确定。计算公式为：

$$\mathrm{CPT}=\sum_{j=1}^{m}T_{ij}\times W_{ij}$$

式中，$T_{ij}$为单项指标的评价指数，$j=1,2,\cdots,m$；$W_{ij}$为单项指标对应的权重，$\sum_{j=1}^{m}W_{ij}=1$。

**评价结果** 清洁生产评价指数小于基准指数，则确定该技术为清洁生产技术，否则不是。统计学中通常将5%作为假设检验的显著性水平，据此清洁生产技术是与所要提升或更新的目标工序现有技术相比具有5%及以上改进效果的技术，对应的基准指数取值0.95。（但智钢）

**qingjie shengchan pingjia zhibiao tixi**

**清洁生产评价指标体系** （assessment indicator system of cleaner production） 由相互联系、相对独立、互相补充的一系列清洁生产评价指标所组成的，用于衡量清洁生产状态的指标集合。

**沿革** 1993—1999年是我国推进清洁生产的起步阶段，主要工作围绕企业清洁生产审核。1999年，国家环保总局首次在我国立项，制定啤酒、电镀和水泥行业的清洁生产标准，从此我国开始了清洁生产标准的研究和编制工作，也为后期我国清洁生产评价指标体系的编制奠定了基础。2002年1月，国家环保总局发布《关于公布清洁生产审计试点单位并开展试点工作的通知》（环发〔2002〕2号），附件中列明了46家试点单位名称及其负责编制的行业清洁生产技术要求和清洁生产审计指南，截至2010年共发布了石油炼制业、钢铁行业、啤酒制造业等58项重点行业的清洁生产标准。清洁生产标准的发布标志着我国清洁生产领域的技术标准从无到有，清洁生产审核从过去依靠行业内经济技术指标、节能指标、节水指标和环境污染物排放指标，到有科学完整体系的适合企业生产全过程控制的指标，将环境指标的评价重点从末端排放指标升级为生产过程的污染物产生指标，客观、完整、系统、真实地反映企业清洁生产水平，为企业寻找生产过程问题、发掘清洁生产潜力、开展清洁生产审核提供有力的技术支撑。2006年，为贯彻落实《中华人民共和国清洁生产促进法》和《国务院办公厅转发发展改革委等部门关于加快推行清洁生产意见的通知》（国办发〔2003〕100号）精神，推动清洁生产工作，指导行业清洁生产评价指标体系的编制，国家发展和改革委员会环境和资源综合利用司提出、组织编制并联合国家质检总局和国家标准委发布《工业清洁生产评价指标体系编制通则》（GB/T 20106—2006）。截至2009年，共发布钢铁、电镀、印染等30项重点行业清洁生产评价指标体系（试行）。清洁生产评价指标体系在清洁生产标准的基础上增加了权重值，企业的清洁生产水平由全部指标加权综合计算得到。2012年《清洁生产促进法》修订实施后，为加快形成统一、系统的清洁生产技术支撑体系，统一规范、强化指导，国家发展和改革委员会、环境保护部会同工业和信息化部等有关部门对已发布的清洁生产评价指标体系、清洁生产标准、清洁生产技术水平评价体系进行整合修编，三部门组织编制并发布了《清洁生产评价指标体系编制通则》（试行稿）。从此国家层面统一了清洁生产标准体系，即清洁生产评价指标体系。截至2020年7月底，共发布9批44项重点行业清洁生产评价指标体系，涉及稀土冶炼、电力（燃煤发电）、制浆造纸等行业。

**构成** 清洁生产评价指标体系由六大类指标、三个等级和评价方法构成（表1）。

**表1 清洁生产评价指标体系框架**

| 序号 | 一级指标 | 一级指标权重 | 二级指标 | 单位 | 二级指标权重 | Ⅰ级基准值 | Ⅱ级基准值 | Ⅲ级基准值 |
|---|---|---|---|---|---|---|---|---|
| 1 | 生产工艺及装备指标 | | 工艺类型 | | | | | |
| 2 | | | 装备设备 | | | | | |
| 3 | | | …… | | | | | |
| 4 | 资源能源消耗指标 | | *单位产品综合能耗 | tce/单位产品 | | | | |
| 5 | | | *单位产品取水定额 | t/单位产品 | | | | |
| 6 | | | 单位产品原辅料消耗 | kg/单位产品 | | | | |
| 7 | | | …… | | | | | |
| 8 | 资源综合利用指标 | | 余热余压利用率 | % | | | | |
| 9 | | | 工业用水重复利用率 | % | | | | |
| 10 | | | 工业固体废物综合利用率 | % | | | | |
| 11 | | | …… | | | | | |
| 12 | 污染物产生指标 | | *单位产品废水产生量 | t/单位产品 | | | | |
| 13 | | | *单位产品化学需氧量产生量 | t/单位产品 | | | | |
| 14 | | | *单位产品二氧化硫产生量 | t/单位产品 | | | | |
| 15 | | | *单位产品氨氮产生量 | kg/单位产品 | | | | |
| 16 | | | *单位产品氮氧化物产生量 | kg/单位产品 | | | | |
| 17 | | | …… | | | | | |
| 18 | 产品特征指标 | | *有毒有害物质限量 | | | | | |
| 19 | | | 易于回收、拆解的产品设计 | | | | | |
| 20 | | | …… | | | | | |
| 21 | 清洁生产管理指标 | | 清洁生产审核制度执行 | | | | | |
| 22 | | | 清洁生产部门和人员配备 | | | | | |
| 23 | | | …… | | | | | |

注：带*的指标为限定性指标。

**六大类指标**　也是清洁生产评价指标体系的一级指标，包括生产工艺及装备指标、资源能源消耗指标、资源综合利用指标、污染物产生指标、产品特征指标和清洁生产管理指标。每项指标下又由若干个二级指标组成。二级指标根据指标的特性可分为定性指标和限定性指标。为了对企业的评价更科学，根据行业特点和指标的重要程度，对每项指标均赋权重值。

**三个等级**　根据当前各行业清洁生产技术、装备和管理水平，将二级指标的基准值分为三个等级：Ⅰ级为国际清洁生产领先水平，代表国内 5%的企业达到的水平；Ⅱ级为国内清洁生产先进水平，代表国内 20%的企业可达到的水平；Ⅲ级为国内清洁生产一般水平，代表国内 50%的企业达到的水平。

**评价方法**　采用清洁生产综合评价指数（Y）法，即限定性指标评价和指标分级加权评价相结合的方法。在限定性指标全部达到Ⅲ级水平的基础上，采用指标分级加权评价方法，计算行业清洁生产综合评价指数。通过对各项指标的实际达到值、评价基准值和指标的权重值进行计算和评分，得出综合评价指数，最终确定清洁生产等级。

**评价结果**　根据最终清洁生产综合评价指数得分，对照表 2 确定企业的清洁生产水平。不同行业的清洁生产综合评价指数基准值有所区别。

**表 2　清洁生产水平等级对照**

| 清洁生产水平等级 | 清洁生产综合评价指数 |
| --- | --- |
| Ⅰ级　国际清洁生产领先水平 | 限定性指标全部满足Ⅰ级基准值要求，同时 $Y_{Ⅰ} \geqslant 85$ |
| Ⅱ级　国内清洁生产先进水平 | 限定性指标全部满足Ⅱ级基准值要求及以上，同时 $Y_{Ⅱ} \geqslant 85$ |
| Ⅲ级　国内清洁生产一般水平 | 限定性指标全部满足Ⅲ级基准值要求，同时 $Y_{Ⅲ}=100$ |

（袁般）

**qingjie shengchan shenhe**

**清洁生产审核**　（cleaner production audit）按照一定程序，对生产和服务过程进行调查和诊断，找出能耗高、物耗高、污染重的原因，提出减少有毒有害物料的使用、产生，降低能耗、物耗以及废物产生的方案，进而选定技术经济及环境可行的清洁生产方案的过程。清洁生产审核是清洁生产的主要工具。

**主要内容**　清洁生产审核的思路可概括为：判断废物产生的部位，分析废物产生的原因，提出减少或消除废物的方案（图 1）。具体来说，通过现场调查和物料平衡找出废物的产生部位并确定产生量；分析产品生产过程（图 2）的每一个环节，找出废物产生的根本原因；针对每一种废物产生的原因，设计相应的清洁生产方案，包括无/低费清洁生产方案和中/高费清洁生产方案。方案可以是一个、几个甚至几十个，通过实施这些清洁生产方案来消除或减少废物的产生。分析废物产生的原因和提出预防或减少废物产生的方案，体现了清洁生产与末端治理的重要区别。

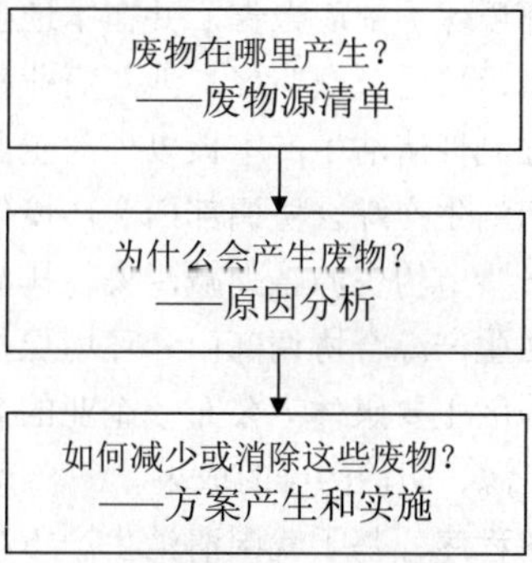


**图 1　清洁生产审核的思路**

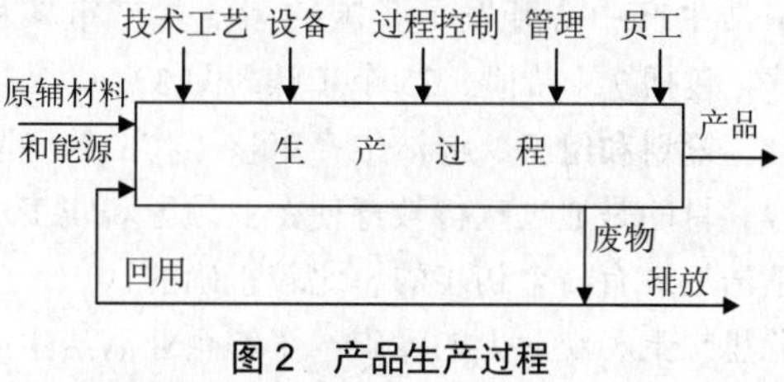


**图 2　产品生产过程**

**审核对象**　清洁生产审核对象为从事生产和服务活动的单位，即第一产业、第二产业和第三产业中所有类型的组织机构（企业、公司、事业单位），并且是具有独立法人资质或者相对独立经营的机构。第一产业清洁生产的审核对象可以是一个种植农场或一家养殖企业，如大麦种植农场、养鸡场、养猪场等。第二产业清洁生产审核对象可以是一家生产企业，如炼钢厂、化肥企业或铅酸蓄电池企业。第三产业清洁生产审核对象可以是酒店、学校、医院、设计单位等。

**审核类型** 清洁生产审核分为自愿性清洁生产审核和强制性清洁生产审核。《中华人民共和国清洁生产促进法》第二十七条规定，有下列情形之一的企业，应当实施强制性清洁生产审核：污染物排放超过国家或者地方规定的排放标准，或者虽未超过国家或者地方规定的排放标准，但超过重点污染物排放总量控制指标的；超过单位产品能源消耗限额标准构成高耗能的；使用有毒、有害原料进行生产或者在生产中排放有毒、有害物质的。实施强制性清洁生产审核的企业，应当将审核结果向所在地县级以上地方人民政府负责清洁生产综合协调的部门、环境保护部门报告，并在本地区主要媒体上公布，接受公众监督，涉及商业秘密的除外。除强制性清洁生产审核以外的企业，可以自愿与清洁生产综合协调部门和环境保护部门签订进一步节约资源、削减污染物排放量的协议。清洁生产综合协调部门和环境保护部门应当在本地区主要媒体上公布该企业的名称及企业节约资源、防治污染的成果。

**审核程序** 基于我国清洁生产审核示范项目的经验，并根据国外有关废物减量化评价和废物排放审核方法与实施的经验，生态环境部清洁生产中心开发了我国的清洁生产审核程序，包括7个阶段、35个步骤（图3）。

**筹划和组织** 清洁生产审核工作的第一阶段。目的是通过宣传教育使企业领导和职工对清洁生产有一个初步的、比较正确的认识，消除思想上和观念上的障碍；了解企业清洁生产审核的工作内容、要求及其工作程序。本阶段工作的重点为：通过企业内部的清洁生产培训，宣传清洁生产的意义以及清洁生产给企业带来的经济、环境和社会效益，获得企业领导的支持，动员全体职工积极参与；组建清洁生产审核小组，审核小组由一名厂级领导，若干名具有环保、技术工艺、设备管理、财会知识背景的人员组成；制订审核工作计划；开展清洁生产和清洁生产审核的宣传工作。

**预评估** 清洁生产审核的第二阶段。目的是对企业全貌进行调查，分析和发现清洁生产的潜力与机会，从而确定本轮审核的重点。本阶段由6个工作步骤组成：对企业概况、生产和管理状况、环境治理及达标等情况进行现状调研，在此基础上，对全厂沿着生产流程路线（即从原料库到产品库）进行现场考察，发现企业存在的浪费资源、浪费能源、废物产生的各个环节，确定审核重点，设置清洁生产审核目标，提出清洁生产方案并对方案组织实施。审核过程始终本着边审核、边提出方案、边实施见效的方针。

**评估** 清洁生产审核工作的第三阶段。目的是通过审核重点的物料平衡，发现物料流失的环节，找出废物产生的原因，查找物料储运、生产运行、管理以及废物排放等方面存在的问题，明确与国内外先进水平的差距，为清洁生产方案的产生提供依据。本阶段工作重点是对审核重点开展实测，实测输入、输出物流，建立物料、能量、水平衡，根据实测数据和平衡结果分析废物产生原因，提出并实施无/低费方案。

**方案产生和筛选** 清洁生产审核工作的第四阶段。目的是通过方案的产生、筛选、研制，为下一阶段的可行性分析提供足够的中/高费清洁生产方案。本阶段的工作重点是根据评估阶段的结果，制定审核重点的清洁生产方案；在分类汇总基础上（包括已产生的非审核重点的清洁生产方案），经过筛选确定出若干中/高费方案供下一阶段进行可行性分析；同时对已实施的无/低费方案进行实施效果核定与汇总，编写清洁生产中期审核报告。

**可行性分析** 企业进行清洁生产审核工作的第五个阶段。目的是对筛选出来的中/高费清洁生产方案进行分析和评估，以选择最佳的、可实施的方案。本阶段工作重点是，在结合市场调查和收集一定资料的基础上，进行方案的技术、环境、经济的可行性分析和比较，从中选择和推荐最佳可行方案。最佳可行方案是指该项投资方案在技术上先进适用、在经济上合理有利、又能保护环境的最优方案。

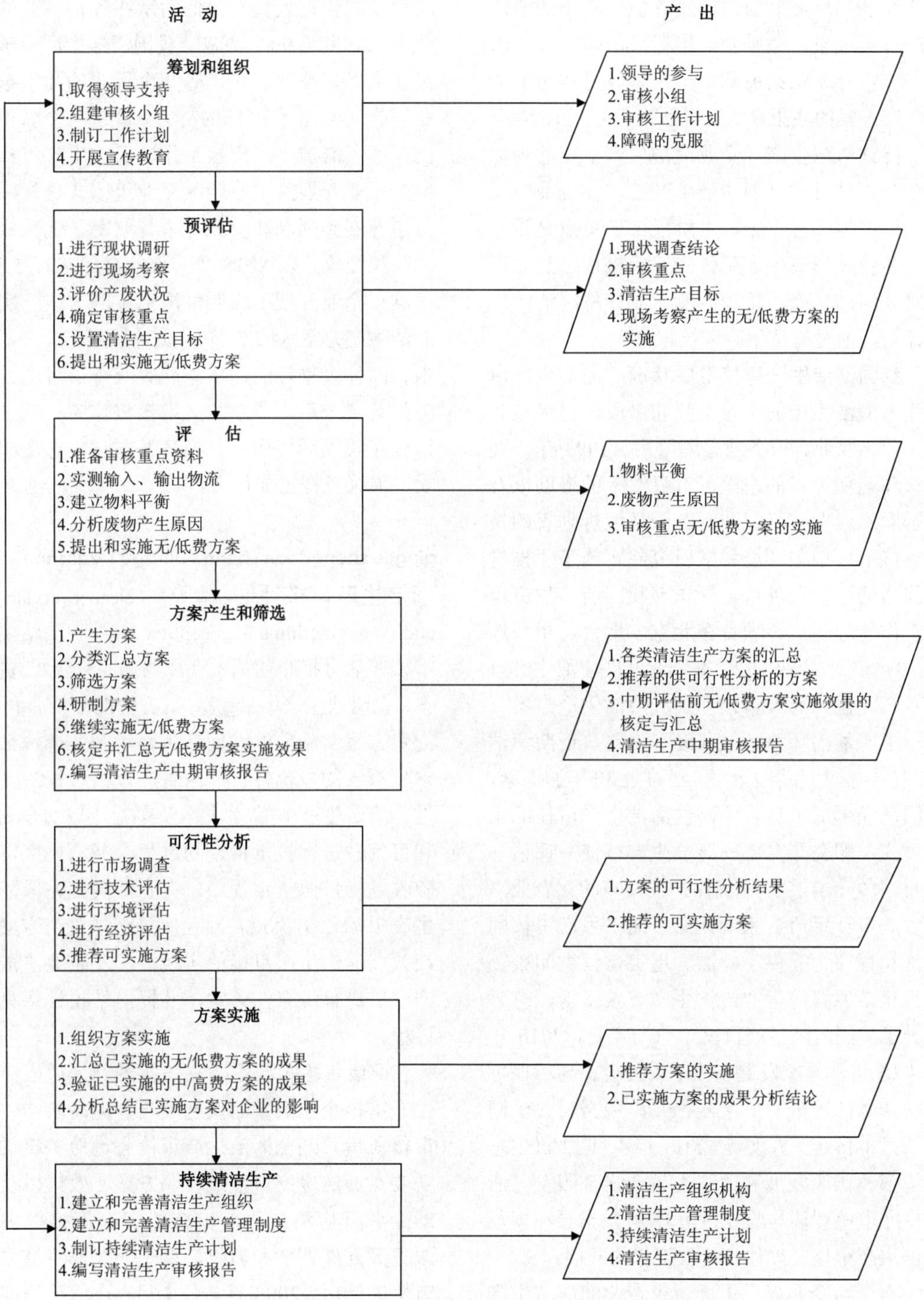


图 3　企业清洁生产审核工作程序

**方案实施** 清洁生产审核的第六阶段。目的是通过推荐方案（经分析的中/高费最佳可行方案）的实施，使企业实现技术进步，获得显著的经济和环境效益；通过评估已实施的清洁生产方案成果，激励企业推行清洁生产。本阶段工作重点是总结前几个审核阶段已实施的清洁生产方案的成果，统筹规划推荐方案的实施。

**持续清洁生产** 企业清洁生产审核的最后一个阶段。目的是使清洁生产工作在企业内长期、持续地推行下去。本阶段工作重点是设置推行和管理清洁生产工作的组织机构，建立促进实施清洁生产的管理制度，制订持续清洁生产计划，编写清洁生产审核报告。

**我国清洁生产审核发展状况** 清洁生产审核作为清洁生产的主要工具和手段，已经被我国工业、农业、服务业普遍采用。1993 年，在国家环境保护局的组织、世界银行的资助以及联合国工业发展组织和联合国环境规划署的技术支持下，中国环境科学研究院实施了“推进中国清洁生产”项目，标志着我国清洁生产审核工作的起步。该项目在北京、烟台、绍兴选择 13 个工业行业的 27 家企业开展清洁生产审核示范，企业通过审核和实施清洁生产方案，取得了明显的环境效益和经济效益，证明清洁生产在中国具有很大潜力。经过近 30 年的探索，我国已经形成了适合强制性清洁生产审核的工作模式，即公布名单→清洁生产审核→评估→验收。1996 年国家环境保护局发布的《企业清洁生产审计手册》系统介绍了清洁生产审核的方法和程序，提供了啤酒、电镀、丝绸印染、有机化工原料等行业清洁生产审核指南，有效指导了我国清洁生产审核工作的开展。2016 年 5 月 16 日，国家发展和改革委员会、环境保护部联合修订发布了《清洁生产审核办法》，于同年 7 月 1 日起正式实施。2018 年 4 月 12 日生态环境部、国家发展和改革委员会联合印发《清洁生产审核评估与验收指南》，科学指导和规范清洁生产审核、评估与验收工作的开展。

为了给企业提供更好、更专业的清洁生产咨询服务，全国已经成立上千家清洁生产审核咨询机构，截至 2018 年年底，全国 34 000 余人参加了国家层次的清洁生产技能培训，现已成为清洁生产审核工作的中坚力量，其中近万人成为专职咨询人员，他们活跃在各行各业的企业中。20 世纪 90 年代初，我国清洁生产审核仅仅在水泥、啤酒、化工等几个行业的几十家企业开展，经过近 30 年的努力，我国各个省份均已开展了清洁生产审核工作，清洁生产审核由单个企业开展到工业园区企业组团式进行、由自愿开展到强制和自愿并举，取得了无数成功案例和经验。以 2018 年为例，全国共有 5 858 家重点企业开展了强制性清洁生产审核，实施清洁生产方案 84 227 个，显著削减了废气、废水、固体废物等的产生，同时获得了可观的经济效益。今后，清洁生产审核将作为一项主要措施在我国环境保护、经济发展和生态文明建设中继续发挥重要作用。 （于秀玲）

**qingjie shengchan shenhe pinggu、yanshou**

**清洁生产审核评估、验收** （cleaner production audit，evaluation and acceptance） 清洁生产审核评估是指企业基本完成清洁生产无/低费方案，在清洁生产中/高费方案可行性分析后和中/高费方案实施前的时间节点，对企业清洁生产审核报告的规范性、清洁生产审核过程的真实性、清洁生产中/高费方案及实施计划的合理性和可行性进行技术审查的过程。清洁生产审核验收是指按照一定程序，在企业实施完成清洁生产中/高费方案后，对已实施清洁生产方案的绩效、清洁生产目标的实现情况及企业清洁生产水平进行综合性评定，并提出结论性意见的过程。

**评估、验收制度建立的背景** 为适应清洁生产审核企业数量的快速增长，提高清洁生产审核质量，健全清洁生产审核咨询服务机构，需要对清洁生产审核过程、方案、效果以及辅助企业开展清洁生产审核的咨询机构提供的服务等开展评估和验收，以充分发挥清洁生产审核的作用。2008 年 7 月 1 日，环境保护部发布《关于进一步加强重点企业清洁生产审核工作的通知》(环发〔2008〕60号，以下简称《通知》)，明确提出了开展重点企业清洁生产审核评估、验收工作的要求，评估、验收自此成为推进重点企业清洁生产审核工作新的切入点和抓手。《通知》的附件《重点企业清洁生产审核评估、验收实施指南（试行）》和《需重点审核的有毒有害物质名录（第二批）》也对清洁生产审核评估、验收的开展提出了规范性的要求。按照《通知》的规定，各级环保部门要抓好重点企业强制性清洁生产审核评估与验收工作，监督企业按时完成强制性清洁生产审核提出的中/高费方案，确保清洁生产取得实效。2012年2月29日修订通过的《中华人民共和国清洁生产促进法》首次明确了清洁生产审核评估、验收制度。2016年7月1日开始实施的《清洁生产审核办法》，对清洁生产审核评估、验收的范围、内容等作出了进一步规范性要求。2018年4月12日，生态环境部办公厅与国家发展和改革委员会办公厅联合印发《清洁生产审核评估与验收指南》，进一步细化了评估、验收在流程、材料、内容、评审、监督、管理等方面的要求。

为促进清洁生产的持续有效推进，清洁生产审核评估和验收的结果直接与清洁生产专项资金、污染物减排核算、咨询机构动态管理等资金和制度形成联动，促进企业有效落实清洁生产方案，特别是中/高费方案。

**清洁生产审核评估、验收企业**　在2016年修订的《清洁生产审核办法》中规定，有下列情形之一的企业，应当实施强制性清洁生产审核：①污染物排放超过国家或者地方规定的排放标准，或者虽未超过国家或者地方规定的排放标准，但超过重点污染物排放总量控制指标的；②超过单位产品能源消耗限额标准构成高耗能的；③使用有毒有害原料进行生产或者在生产中排放有毒有害物质的。该办法同时规定了实施清洁生产审核的两类企业应当进行评估验收：①国家考核的规划、行动计划中明确指出需要开展强制性清洁生产审核工作的企业；②申请各级清洁生产、节能减排等财政资金的企业。

**清洁生产审核评估内容**　清洁生产审核评估应包括但不限于以下内容：①清洁生产审核过程是否真实，方法是否合理；清洁生产审核报告是否能如实客观反映企业开展清洁生产审核的基本情况等。②对企业污染物产生水平、排放浓度和总量，能耗、物耗水平，有毒有害物质的使用和排放情况是否进行客观、科学的评价；清洁生产审核重点的选择是否反映了能源资源消耗、废物产生和污染物排放方面存在的主要问题；清洁生产目标设置是否合理、科学、规范；企业清洁生产管理水平是否得到改善。③提出的清洁生产中/高费方案是否科学、有效，可行性是否论证全面，选定的清洁生产方案是否能支撑清洁生产目标的实现；对“双超”和“高耗能”企业实施清洁生产方案的效果进行论证，说明能否使企业在规定的期限内实现污染物减排目标和节能目标；对“双有”企业实施清洁生产方案的效果进行论证，说明方案能否实现替代或削减有毒有害原辅材料的使用和降低有毒有害污染物的排放。

**清洁生产审核评估程序**　主要包括四个步骤：①确认评估企业。地市级（县级）环境保护主管部门或节能主管部门按照职责范围提出年度需开展清洁生产审核评估的企业名单及工作进度安排，逐级上报省级环境保护主管部门或节能主管部门确认后书面通知企业。②企业提交材料。需开展清洁生产审核评估的企业应向本地具有管辖权限的环境保护主管部门或节能主管部门提交《清洁生产审核报告》及相应的技术佐证材料。委托咨询服务机构开展清洁生产审核的企业，应提交《清洁生产审核办法》第十六条中规定的咨询服务机构需具备条件的证明材料。自行开展清洁生产审核的企业应按照《清洁生产审核办法》第十五条、第十六条的要求提供相应技术能力证明材料。③专家评估审查。本地具有管辖权限的环境保护主管部门或节能主管部门组织专家或委托相关单位成立评估专家组，各专家可采取电话函件征询、现场考察、质询等方式审阅企业提交的有关材料，最后专家组召开集体会议，参照《清洁生产审核评估评分表》打分界定评估结果并出具技术审查意见。④结果反馈落实。本地具有管辖权限的环境保护主管部门或节能主管部门负责将评估结果及技术审查意见反馈给企业，企业需在清洁生产审核过程中予以落实。

**清洁生产审核评估结果** 清洁生产审核评估结果实施分级管理，总分低于70分的企业视为审核技术质量不符合要求，应重新开展清洁生产审核工作；总分为70～90分的企业，需按专家意见补充审核工作，完善审核报告，上报主管部门审查后，方可继续实施中/高费方案；总分高于90分的企业，可依据方案实施计划推进中/高费方案的实施。技术审查意见参照《清洁生产审核评估技术审查意见样表》内容进行评述，提出清洁生产审核中尚存的问题，对清洁生产中/高费方案的可行性给出意见。

**清洁生产审核验收内容** 清洁生产审核验收包括但不限于以下内容：①核实清洁生产绩效。企业实施清洁生产方案后，对是否实现清洁生产审核时设定的预期污染物减排目标和节能目标，是否落实有毒有害物质减量、减排指标进行评估；查证清洁生产中/高费方案的实际运行效果并对企业实施清洁生产方案前后的环境、经济效益进行评估。②确定清洁生产水平。已经发布清洁生产评价指标体系的行业，利用评价指标体系评定企业在行业内的清洁生产水平；未发布清洁生产评价指标体系的行业，可以参照行业统计数据评定企业在行业内的清洁生产水平，或根据企业近三年历史数据进行纵向对比，说明企业清洁生产水平改进情况。

**清洁生产审核验收程序** 主要包括五个步骤：①督促企业验收。地方各级环境保护主管部门或节能主管部门应督促企业实施完成清洁生产中/高费方案并及时开展清洁生产审核验收工作。②企业提交材料。需开展清洁生产审核验收的企业应将验收材料提交至负责验收的环境保护主管部门或节能主管部门，主要包括《清洁生产审核评估技术审查意见》《清洁生产审核验收报告》，以及清洁生产方案实施前、后企业自行监测或委托有相关资质的监测机构提供的污染物排放、能源消耗等监测报告。③编写验收报告。《清洁生产审核验收报告》应由企业或委托咨询服务机构完成，其内容应当包括但不限于以下方面：企业基本情况；《清洁生产审核评估技术审查意见》的落实情况；清洁生产中/高费方案完成情况及环境、经济效益汇总；清洁生产目标实现情况及所达到的清洁生产水平；持续开展清洁生产工作机制建设及运行情况。④组织专家验收。负责清洁生产审核验收的环境保护主管部门或节能主管部门组织专家或委托相关单位成立验收专家组，开展现场验收。现场验收程序包括听取汇报、材料审查、现场核实、质询交流、形成验收意见等。⑤验收结果落实。地市级（县级）环境保护主管部门或节能主管部门应及时将验收“合格”与“不合格”企业名单报送省级主管部门，由省级主管部门以文件形式或在其官方网站向社会公布，对于验收“不合格”的企业，要求其重新开展清洁生产审核。

**清洁生产审核验收结果** 清洁生产审核验收结果分为“合格”和“不合格”两种。依据《清洁生产审核验收评分表》综合得分达到60分及以上的企业，其验收结果为“合格”。存在但不限于下列情况之一的，清洁生产审核验收不合格：①企业在方案实施过程中存在弄虚作假行为；②企业污染物排放未达标或污染物排放总量、单位产品能耗超过规定限额的；③企业不符合国家或地方制定的生产工艺、设备以及产品的产业政策要求；④达不到相关行业清洁生产评价指标体系三级水平（国内清洁生产一般水平）或同行业基本水平的；⑤企业在清洁生产审核开始至验收期间，发生节能环保违法违规行为或未完成限期整改任务；⑥其他地方规定的相关否定内容。

**实施效果** 近年来重点企业清洁生产审核通报、公告制度逐步建立，清洁生产已与污染物减排、重金属污染防治等环境保护重点工作结合起来，与创建环保模范城市、上市公司环保核查、有毒化学品进出口登记等环境管理制度结合起来，相互促进。2008 年起，生态环境部每年发布年度全国重点企业清洁生产审核及评估验收情况的通报，对全国各省（区、市）清洁生产审核、评估、验收情况及实施效果进行总结分析和公告。2010 年起，生态环境部每年不定期发布实施清洁生产审核并通过评估、验收的重点企业名单（清洁生产公告），将通过清洁生产审核评估、验收的重点企业相关信息面向公众进行公开。统计数据显示，各省（区、市）公布的应当实施清洁生产审核的重点企业，开展清洁生产审核的重点企业和全国通过清洁生产审核评估、验收的重点企业数量都有了快速的增长。与此同时，生态环境部还定期召开全国清洁生产工作会议，分享交流先进的评估、验收经验，促进全国清洁生产审核评估、验收工作有序、稳步、持续地开展。

随着通过清洁生产审核评估、验收的企业数量逐年增加，由清洁生产审核催生的污染物减排贡献率也在逐年升高，企业实施的清洁生产方案逐年递增，特别是在化学需氧量、氨氮、二氧化硫、氮氧化物等污染物的减排方面，有效地减轻了环境污染，促进了节能减排。

（庆怀韬）

qingjie shengchan tuixing guihua

**清洁生产推行规划**（cleaner production promoting plan） 清洁生产管理部门为推进本辖区清洁生产工作所制定的关于未来工作的计划、设想和方案。

**分类** 清洁生产推行规划按照管辖范围可以分为国家清洁生产推行规划、省级清洁生产推行规划、市级清洁生产推行规划、县级清洁生产推行规划等；按照行业可以分为工业清洁生产推行规划、农业清洁生产推行规划、服务业清洁生产推行规划等；按照时间可以分为长期规划、中期规划、近期规划等。

**编制部门** 国家清洁生产推行规划由国务院清洁生产综合协调部门会同国务院生态环境、工业和信息化、科学技术部门和其他有关部门，根据国民经济和社会发展规划及国家节约资源、降低能源消耗、减少重点污染物排放的要求编制，报经国务院批准后及时公布。行业清洁生产推行规划由国务院有关行业主管部门根据国家清洁生产推行规划的要求制定，以确定本行业清洁生产的目标、任务和重点项目并组织实施。省、市、县级清洁生产推行规划由地方清洁生产综合协调部门根据国家清洁生产推行规划、有关行业专项清洁生产推行规划，按照本地区节约资源、降低能源消耗、减少重点污染物排放的要求制定，以确定本地区清洁生产的重点项目，并组织落实。

**内容** 主要包括推行清洁生产的目标、主要任务和保障措施，按照资源能源消耗、污染物排放水平确定开展清洁生产的重点领域、重点行业、重点工程、重点项目等。

（于秀玲）

qingjie shengchan xianjin danwei

**清洁生产先进单位**（advanced units of cleaner production） 在清洁生产工作中做出显著成绩的单位。

**分类** 主要分三类单位。①企业，包括实施清洁生产审核的工厂、公司、农场、养殖场等从事生产和服务活动的单位。②政府部门，包括省、市、县等各级人民政府，国家或地方清洁生产综合协调部门，地方、行业推进清洁生产的相关政府部门。③咨询服务机构，包括清洁生产中心、研究院所、大学、节能服务中心、相关服务机构等单位。

**评选条件** 以下为企业、政府部门、咨询服务机构申请清洁生产先进单位评选的基础条件，各行业、各级政府在此基础上增加具体条件或要求。

**企业** 积极开展清洁生产审核，通过审核使企业的清洁生产达到清洁生产评价指标体系中的先进水平，在生产规模、工艺装备、技术和产品等方面符合国家产业政策的有关要求；近三年污染物排放达到地方或国家排放标准，主要污染物排放符合地方总量控制指标，无环境投诉和安全、污染事故。

**政府部门** 按照《中华人民共和国清洁生产促进法》（以下简称《清洁生产促进法》）中清洁生产推进的相关内容，履行政府的职责，在所辖区域内积极贯彻实施《清洁生产促进法》，在推进清洁生产方面的文件发布、清洁生产培训、机构培育和管理、企业清洁生产审核实施、清洁生产示范工程、清洁生产方案、清洁生产项目落实等方面取得显著成绩或者有突出贡献。

**咨询服务机构** 按照《清洁生产促进法》的相关内容，为推进清洁生产工作承担政府部门的创新、开拓性研究工作，工作成果对今后工作的开展具有指导性意义，包括政府相关文件、标准、指南、目录、实施方案等的编写；协助政府部门开展评估验收，取得明显效果；承担企业清洁生产审核，并给企业带来显著的经济、环境和社会效益，帮助企业达到节能减排要求。

**评选程序** 主要由材料准备和申请、专家评审、公示、发布名单四个程序构成。

**材料准备和申请** 申报单位按照评选条件准备申报证明材料，例如，企业清洁生产审核报告，生态环境局出具的三年无环境投诉和安全、污染事故证明，咨询服务机构编写并已发布的文件、标准等材料。申报单位按照评选条件准备齐全申报材料，在规定的时间内向受理申报单位以电子版或者纸质版的形式递交申请材料。

**专家评审** 组织专家对申报单位的材料进行完成度、真实度的审查，并通过实地考察、电话咨询等验证材料和申报单位在清洁生产工作中的成绩。专家背对背给出客观公正的分数，然后平均各个专家的分数，综合打分较高者将进入下一程序。

**公示** 将得分较高的单位的申请材料在媒体上公示，接受公众监督。

**发布名单** 经过公示环节确实没有异议的，将以政府文件形式发布清洁生产先进单位名单。（周长波）

**qingjie shengchan zhuanxiang zijin**

**清洁生产专项资金** （special funds for clearer production） 中央或地方财政预算安排的，专项用于补助和事后奖励清洁生产技术示范项目的资金。可分为中央财政清洁生产专项资金和地方财政清洁生产专项资金。

**使用原则** 清洁生产专项资金的使用安排应坚持科学、公正、公开的原则，并接受社会的监督。工业和信息化部商财政部委托咨询机构或组织专家，在科学、公正、公开的原则下，对清洁生产专项资金申报材料进行审查。财政部按有关规定拨付资金后，地方财政部门具体负责清洁生产专项资金及项目的管理并跟踪问效。财政部不定期组织有关机构进行专项检查，保证专项资金使用的科学性和真实性。

**支持对象** 用于支持清洁生产技术示范项目，优先支持重点行业、流域、区域的重大清洁生产技术示范项目。包括两种类型：① 应用示范项目，指新技术推广前的产业化应用示范项目。重点支持对行业整体清洁生产水平影响较大、具有推广应用前景的共性、关键技术应用示范项目。示范技术应基本成熟，具备应用条件。② 推广示范项目，指应用成熟的先进、适用的清洁生产技术实施的重大技术改造项目。重点支持能够显著提升企业清洁生产水平的中/高费技术改造项目。

**使用方式** 清洁生产专项资金安排采取补助或事后奖励的方式。对应用示范项目，按照不超过项目总投资的 20%给予资金补助；对推广示范项目，按照不超过项目实际投资额的15%给予资金奖励。

**申请流程** 主要有两个步骤：① 申报：省级工业主管部门会同同级财政部门按工业和信息化部、财政部的要求和有关规定组织申报示范项目；中央企业集团直接向工业和信息化部、财政部申报项目。② 审查：工业和信息化部商财政部委托咨询机构或组织专家对申报材料进行审查。

**使用现状** 自《中央财政清洁生产专项资金管理暂行办法》发布以来，工业和信息化部在一系列已印发的重点行业推行清洁生产技术方案以及落实国家相关规划、计划等政策文件时出台的清洁生产实施方案中都明确了相关的清洁生产技术是国家清洁生产专项资金优先支持领域。截至目前，工业和信息化部共发布了聚氯乙烯、发酵、啤酒、酒精、纯碱、氮肥、电解锰、钢铁、磷肥、硫酸、农药、燃料、热处理、肉类加工、烧碱、印制电路、纺织染整、铬盐、钛白粉、涂料、黄磷、碳酸钡、铜冶炼、铅锌冶炼、造纸、皮革、制糖、荧光灯、水泥、电镀、电石、ADC发泡剂、化学原料药（抗生素/维生素）、稀土、食品加工、纺织、有色金属、燃料颜料制造、大气污染防治、水污染防治、建材、化工石化等几十个重点行业或领域的清洁生产技术推行方案，此外还发布了《电池行业清洁生产实施方案》《国家涉重金属重点行业清洁生产先进适用技术推荐目录》等文件。工业和信息化部还将赤泥综合利用清洁生产技术、发酵行业温度敏感突变株强制发酵偶联新型浓缩连续等电提取工艺技术、铅蓄电池行业的清洁生产技术等纳入清洁生产专项资金的扶持范围。

（朱凯　于秀玲）

# S

shangwu louyu qingjie shengchan

**商务楼宇清洁生产** （cleaner production in business buildings） 在商务楼宇日常运营管理中，通过采用提升管理水平、优化运行控制、改进技术设备、使用清洁环保的能源资源、采购绿色办公材料以及加大资源综合循环利用等技术及措施，提高电力、热力、水、办公用品等能源和资源的利用效率，降低运营能耗和办公物耗，减少办公垃圾、生活垃圾以及废水、废气、噪声等污染物的产生和排放，进而促进绿色楼宇建设，提升绿色办公水平。

商务楼宇是以商务楼、功能性板块和区域性设施为主要载体，用于开发、出租楼宇以引进各种企业，承载办公空间的功能性建筑。

**沿革** 2012年，国家发展和改革委员会、财政部批准北京市作为全国服务业清洁生产唯一试点城市。同年，《北京市服务业清洁生产试点城市建设实施方案（2012—2015年）》获得批复。2013年4月，北京市正式启动并部署服务业清洁生产试点城市建设工作，并于11月制定颁布了《北京市清洁生产管理办法》，鼓励企业推行清洁生产，实施清洁生产技术改造。商务楼宇作为服务业重点领域之一，正式引入清洁生产。2015年，北京市质量技术监督局发布《清洁生产评价指标体系 商务楼宇》（DB 11/T 1257—2015），用于指导商务楼宇的清洁生产审核、评估和绩效评价，为商务楼宇清洁生产提供评价指标、评价方法、指标计算方法等，规范商务楼宇开展清洁生产，标志着北京市商务楼宇清洁生产进入了标准化、规范化的新阶段。截至2019年，北京市已经有30余家商务楼宇开展了清洁生产审核工作。商务楼宇开展清洁生产审核的主体通常是物业管理公司。

**行业特征** 商务楼宇大多是大型公共建筑，能源消耗占城市能源消耗比重较大，且远高于城镇住宅和农村住宅的能耗。商务楼宇的功能形态有很多，有的商务楼宇只是单纯的写字楼，有的商务楼宇功能多样，既有商务办公，又有餐饮、娱乐等服务项目。商务楼宇运行管理过程中主要的资源能源消耗是水和电，但不同年代、不同档次的商务楼宇资源能源消耗差别较大。此外，由于租户类型不同，能源资源消耗也有一定差别。商务楼宇水资源消耗以自来水为主，主要包括餐饮、盥洗、冲厕、保洁用水，热水系统、冷却系统用水，绿化及其他用水。商务楼宇电力消耗主要在照明系统、电梯系统、空调系统、新风系统、办公设备、生活热水供应等方面。商务楼宇产生的污染物主要是生活和餐饮污水、餐饮油烟，同时还产生大量办公垃圾、后勤耗材、一次性用品及生活垃圾等。

**清洁生产潜力** 商务楼宇清洁生产潜力主要体现在：节水，节电，节约使用办公耗材，倡导绿色采购和无纸化办公，垃圾分类，减少纸巾和水杯等一次性消耗品的使用量，提倡使用再生纸、玻璃杯、钢笔等环保办公用品等。

**清洁生产技术及措施** 主要涉及节能、节水、环保和管理四个方面。

**节能技术及措施** 主要包括中央空调余热回收技术、中央空调循环水系统变频节能技术、VRV 变频直冷式空调节能技术、$CO_2$ 浓度控制新风量技术、冰蓄冷技术等空调系统节能技术；冷热电三联产技术、供热系统温控与热计量技术、热回收技术、太阳能节能供水技术、热泵技术等供热系统节能技术。此外，还可选用高效节能灯具、新型节能变压器等低能耗设备，采用照明自动控制系统，采用提高功率因数进行无功补偿等照明系统节能技术，采用变频、能量补偿等电梯系统节能技术。

**节水技术及措施** 主要包括建立雨水收集利用系统，采用中水回用技术，调控热水温度，控制供水压力，选用节水器具（如感应式用水器具）等。另外，商务楼宇周边配套的绿化灌溉可采用喷灌、微灌、渗灌、低压管灌节水灌溉技术。

**环保技术及措施** 如餐饮废水处理技术、餐厨垃圾就地处理技术、餐厨油烟治理技术、锅炉低氮燃烧技术等。

**管理技术及措施** 建立能耗分项计量系统、能源智能化管理控制系统，实施废物循环综合利用和垃圾分类收集，推行绿色采购和无纸化办公，减少一次性消耗品的使用，提倡使用环保办公用品等。

**发展现状及趋势** 商务楼宇是城市化、现代化的产物，随着商务楼宇规模、数量不断增大，其能源资源消耗显著增长的问题越来越引起关注。商务楼宇已成为服务业清洁生产工作的重点领域，随着人们环境保护意识的增强和对生活、环境质量要求的不断提高，提供安全、绿色、低碳、环境友好的服务已成为商务楼宇在运营管理过程中实现和谐、可持续发展的方向。未来商务楼宇清洁生产关注的重点应包括能源消耗、中水回用、室内空气污染、办公垃圾处理处置等方面；创建绿色建筑、低碳建筑、零能耗建筑等节能建筑将成为商务楼宇的发展趋势；禁止使用一次性消耗品（如纸杯、一次性餐盒等），提倡环保办公用品，以及废物循环综合利用和垃圾分类收集处理将成为新时尚。

（李晓丹）

**shangye lingshouye qingjie shengchan**

**商业零售业清洁生产** （cleaner production in commercial and retail sector） 将一些节能环保新技术应用于资源能源消耗环节和零售服务过程中，从而优化能源结构，降低单位能源成本，有效提高门店的整体节能环保效率，打造绿色零售企业，同时给企业带来新的利益增长点，取得经济效益和社会效益的双赢。

**沿革** 商业零售业处于流通领域，是社会再生产的重要环节，发挥着引导生产、促进消费的作用。2011 年，国务院出台的《关于印发“十二五”节能减排综合性工作方案的通知》中明确提出，在零售业的商贸服务业开展节能减排行动，加快设施节能改造。从“十二五”时期开始，以北京市为代表的一线城市零售业销售额递增速度居全国前列，北京市第三产业在国民生产总值中的占比已超过 70%，逐渐形成了以服务业为主的产业发展模式。与此同时，服务业的能耗、水耗、污染物排放也呈现增长态势。商品的物质流通主要经由配送中心进货、贮存、分拣、配货、装配送货到达各门店销售，然后通过商品交易到达消费者手中。整个过程涉及大量商品的贮存、分类、运输等步骤，其中物流配送的交通运输是带来污染最大的环节。而冷鲜商品的储藏对温、湿度要求较高，因此空调、冷柜、干燥机等制冷干燥设备的大量使用使能源消耗较大。商品在销售过程中的能源资源消耗主要发生在采光、通风、照明、供暖、制冷、加热、冷冻、用水等方面。以上这些环节都存在较大的清洁生产潜力。

商业零售业污染物的产生与商品的设计、生产、流通、销售、消费等各个阶段均密切相关，污染物形态大致包括常见的固体废物、废水、废气、噪声等。其中，固体废物主要是商品的包装物，如废塑料、塑料袋、废纸、废金属、废玻璃、废橡胶等。废水主要来自餐饮、冲厕、盥洗等，特征污染物为 COD、氨氮、阴离子表面活性剂等。废气主要来源于锅炉、炊事灶等，其油烟成分复杂，含有多环芳烃、醛、酮等多种有害物质，锅炉烟气中含有氮氧化物等污染物。噪声主要是商业活动和娱乐服务中的制冷设备、音响设备、抽风机等产生的噪声。其他污染物还包括较大规模的商家的玻璃幕墙装潢形式对城市环境产生的光污染和制冷及空调设备产生的热辐射和振动污染。

零售行业与衣食住行各方面紧密相关，是国民经济不可缺少的重要组成部分。作为商品流通的最终消费渠道，该行业对上游产业有明显的主导作用和拉动作用，与社会和经济的发展紧密相关。由于商业零售业普遍存在以上问题，亟须在行业内推行清洁生产，积极推进和倡导绿色采购、绿色包装、绿色消费。

2012 年，财政部、国家发展和改革委员会共同发布《国家发展和改革委员会办公厅、财政部办公厅关于开展服务业清洁生产试点城市建设的通知》（发改办环资〔2012〕536 号），选定北京市作为中国第一个服务业清洁生产试点城市，在北京市商业零售业中推进清洁生产。2015 年，《清洁生产评价指标体系　商业零售业》（DB 11/T 1266—2015）发布，对于降低商业零售业企业运营和服务过程中的能源资源消耗、减少污染物排放，以及北京市服务业的生态化、绿色化发展具有推动作用。

**清洁生产措施**　针对商业零售业经营过程中存在的问题，主要有以下清洁生产措施。

**采用新型绿色照明灯具并优化控制**　参照《建筑照明设计标准》（GB 50034—2013），按照标准照度，使用更加节能的 LED 灯具，并根据使用要求，合理设置灯具数量及灯具密度。不同功能区进行分区照明。公共区域照明安装定时器，进行分时分段控制。对于接近自然光的区域，设置灯具照度强弱控制设施。

**空调系统节能技术**　选用性能系数（COP）更高的制冷机组，如磁悬浮式制冷机组、离心式制冷机等。空调系统在设计选型时，大多预留余量，正常运行时很少在满负荷状态，因此多台主机运行时，要调整主机运行台数，确保制冷机组在最佳效率区间运行。使用高效节能的水泵、电机和风机。对水泵、风机采用变频器节电技术，使冷冻泵、冷却泵、冷却塔风机运行频率随主机负载率随时变化。建议安装中央空调智能管控系统，使主机、水泵、风机实现联动控制。设置合理的冷冻水出水温度。

**节能电梯的应用**　商业零售业企业为了方便顾客购物，通常安装多台扶梯和直梯，电梯的能耗较大。针对这种情况，应选用具有节能拖动及节能控制功能的电梯。电梯变频控制可有效地根据负荷的变化而调节电机功率，因此，除选用节能电梯外，还可采用变频控制、启动控制、群梯智能控制等经济运行控制手段，以及分区、分时等运行方式，来达到电梯节能的目的。

**冷冻冷藏设备节能管理**　冷冻冷藏设备选用高效率设备，并对设备按需进行自动除霜。压缩机置于屋外良好环境场所，以降低室内空调的热负荷。避免冷柜出风口有阻挡物，可提高设备工作效率，降低能耗。合理调节冷柜上方及周边空调出风口风量，减少冷柜周边空气流动，可减少冷量损失。针对冷冻系统进行定期保养维护，及时清理出风口、回风口，可提高设备工作效率。冷冻冷藏温度每年定期校正和设定，既能节电，又能保证商品品质。不同冷藏冷冻设施根据存储的产品和产品储存期设置不同的存储温度并控制精度。尽量减少设备的开门次数，以减少冷气外流。冷库门设置开门超时报警管理装置。

**节水技术**　使用节水龙头、节水型坐便器。根据水压定期对洗手盆及冲水阀水量进行调节，减少单次使用的出水量。对供水管网定期检测漏损。在日常管理中，建立供水管网巡视制度，及时发现并更换漏水的龙头和管道。加强对空调系统补水的用水管理，对冷却塔安装收水器，减少冷却水漂散损失。尽量减少使用频繁更换新鲜水的方法来降低冷却水温度。

**发展现状及趋势**　随着我国经济结构的变化，第一、第二产业比重逐渐下降，第三产业中的商业零售业占比和规模逐渐加大，总体营业面积和服务人群总数都呈现大幅度增长。但现阶段商业零售业清洁生产管理水平不一，部分商业零售业企业使用租赁场所，能源消耗设备和自身产生的污染物由物业来管理，因此节能和减少污染物排放的意识较为淡薄。而自有经营场所的企业，日常数据统计、台账管理等环节较为薄弱，更关注商品的进货和销售，节能减污的管理机制不够完善，存在很大的清洁生产空间。

在商业零售业推广清洁生产，符合以服务业为经济主导产业的发展趋势，能有效促进商业零售业逐步实现绿色发展，对我国生态文明建设、社会和谐发展具有巨大的推动作用。在我国碳中和与绿色发展的大背景下，商业零售业清洁生产将重点从节能、碳减排、节水等方面入手，推动企业清洁生产水平不断提升。

（于承迎）

**shifa dianjie yejin hangye qingjie shengchan**

**湿法电解冶金行业清洁生产**（cleaner production in hydro-electrolysis metallurgy industry） 在利用浸出剂将矿石、精矿、焙砂及其他物料中有价金属组分溶解，再以电解法冶炼金属的过程中，按清洁生产审核的程序对整个生产过程进行剖析，查找原料和能源消耗量大、污染严重的重点环节，并针对此类环节进行原料替代和工艺改进，采用先进的技术和设备，以提高原料利用率，促进废物资源化和循环利用。

电解法冶金主要分为两大类：一类是冶炼活泼金属，此过程需在金属氧化物、氢氧化物熔融态下进行，如电解铝；另一类是在溶液中进行金属分离、富集和提取，由于这种冶金过程大都是在水溶液中进行，故称湿法电解冶金，目前除铝以外的有色金属绝大部分都采用湿法电解冶炼，我国采用湿法电解冶炼的金属主要包括电解铜、电解锌、电解铅和电解锰。

**沿革** 自从1807年英国化学家汉弗里·戴维用电解法分离出金属钾和钠后，电解法冶金逐步得到应用。一方面，电解法因其超强的还原性可以冶炼普通化学法无法冶炼的活泼金属，如钾、钠、铝；另一方面，电解法可以精确控制反应的电极电位，有利于冶炼出高纯度的金属，尤其随着矿石品位的下降和对环境保护要求的日益严格，湿法冶金在有色金属生产中的作用越来越大。

2005年，国家对湖南、贵州、重庆交界的“锰三角”地区污染整治的要求中明确指出，要采用清洁生产的方法解决行业的污染问题，此后清洁生产技术在电解锰行业开展了示范和应用推广。由于湿法电解冶金行业的生产工艺过程的相似性，清洁生产技术逐步从电解锰行业扩展至电解锌、电解铜和电解铅行业，对湿法电解冶金行业的生产工艺技术进步和污染防治水平的提升起到了推动作用。

**清洁生产技术** 湿法电解冶金主要包括浸出、固液分离、溶液净化、溶液中金属提取及废水处理等单元操作过程。主要污染物包括：浸出、固液分离后产生的大量矿渣，特别是在矿石品位不断降低的情况下，矿渣的产生量日益增大；阳极氧化剥落等原因产生的含铅阳极泥；产品清洗过程中产生的废水；电解过程中产生的酸雾、氨雾。

**选矿技术** 湿法电解冶金流程首先就是矿石的浸出，通常用酸作溶剂浸出有价金属，工业上常采用硫酸、盐酸、硝酸、亚硫酸、氢氟酸和王水等，而硫酸的沸点高、来源广、价格低、腐蚀性较弱，在电解锰、电解锌行业使用最为广泛。矿石中除有价金属外，还含有大量Si、Ca等杂质成分，在浸出提取有价金属后会产生大量含游离金属离子的矿渣。选矿技术则是在浸出之前，将矿石中的有价成分提取出来，使得与酸反应浸出的矿石中的有价成分大幅度提高，从源头上控制酸浸矿渣的产生。常用的选矿技术包括磁选与浮选，在有色金属湿法电解冶炼行业，浮选技术应用最为广泛。例如，在电解锌行业通过浮选技术可将低品位的锌矿选至50%以上，可减少90%左右的浸出渣。

**阳极钝化技术** 在湿法电解冶金行业，通常采用金属铅作为阳极的主体材料。通过向铅阳极材料中加入少量金属银，可以降低阳极超电压，有利于氧气的析出，目前常用的含银1%的铅阳极，超电压比纯铅电极低 0.1～0.12V。在电解过程中因阳极氧化剥落和其他杂质的析出在阳极区形成阳极泥，因阳极材料主要是金属铅，所以在阳极泥中含有大量重金属铅。阳极钝化技术则是对铅阳极进行预处理，使铅阳极表面形成致密的氧化保护膜，可有效减少铅阳极氧化剥落，从而减少阳极泥中的铅污染物含量，同时延长阳极板的使用寿命。

**电解锌电解后序工段清洗剥离自动控制技术** 电解锌行业的废水主要来源于电解后产品的清洗，废水量大，废水中含有锌等金属离子污染物，且废水酸性大。采用电解锌电解后序工段清洗剥离自动控制技术，避免了人工清洗操作的随意性，将水量控制在规定的范围之内，自动清洗所用水量仅为传统人工操作的 30%左右，因此可以从源头上大幅度削减清洗废水的产生量，降低废水处理的运行负荷。传统人工剥离方式常会发生剥离不彻底而产生废板的情况，阴极板需进一步后序处理方可重复使用。通过采用自动剥离技术，可有效提高电解锌成品率，使废板率控制在 1%以内，同时有效降低了操作人员的工作强度。该技术已经在部分企业开展工业化应用试验。

**电解液浓度、酸度及温度自动控制技术** 在湿法电解冶金过程中，有价金属以离子形态存在于水溶液中，而铜、铅、锌等金属离子在水溶液中易发生水解反应而产生沉淀，严重影响电解液中有价金属的含量，导致生产效率降低。因此，电解液需保持一定的酸度以阻止金属离子的水解。以电解锌为例，维持电解液中锌离子质量浓度在 45～60 g/L，可以保持电流效率≥90%，通常电解液中的锌质量浓度为 50 g/L，电解液进口和出口约有 2 g/L 的质量浓度差。酸度过低则容易引起锌离子的沉降，过高则阴极析氢显著增强，电流效率降低，通常电解锌过程中的硫酸质量浓度维持在 120～160 g/L，不超过 200 g/L。锌与酸浓度还需要同时考虑，一般硫酸与锌的比值为 3～3.5。

电解液温度对电流效率有较大影响，温度高有利于阳极反应，即阳极氧气的析出，但阴极氢气析出也同时加剧，不利于金属离子的析出，因此控制电解反应的温度对于电解过程非常重要，通常电解液温度控制在 50℃左右较有利于电解过程。由于电解过程有焦耳热产生，使电解液温度不断升高，控制难度较大，影响电极反应过程。电解液呈酸性，温度过高时会产生酸雾而对大气环境产生污染。电解液温度自动控制技术利用热电偶或热电阻等热敏传感器适时监测电解液的温度，通过自动控制反馈操作，调节电解液中冷凝水的流量，将电解液温度稳定在可控制的范围之内，不仅确保了电解过程的稳定，提高了产品得率，降低了电能消耗，同时也有效降低了电解过程的酸雾产生量。

**发展趋势** 目前湿法电解冶金行业的清洁生产工作主要围绕矿石浸出过程、电解后序过程开展技术改进，尚未深入到电解过程内部。今后的发展主要针对电解过程进行精细优化，涉及以下几个方面。

①电极的极化控制。由于电解过程中电极表面金属离子析出，导致电极附近的离子浓度降低，产生电极极化现象。电极极化即产生较高的超电压，使电能消耗于产生焦耳热而非析出金属，因此有效控制电极极化是进一步降低能耗的一个途径。

②电解液金属离子浓度的精确控制。由于电解液中的有价金属离子电解析出，电解液金属离子浓度不断降低，通常采用补充新液的方式提高金属离子浓度，目前仍采用人工操作方式。类似于电解液温度自动控制技术，在电解槽中设置金属离子浓度传感器，适时监测金属离子浓度，自动控制新鲜电解液的补充量，可以有效稳定电解条件，降低电解能耗，提高电解金属的成品率。

③电解液杂质含量控制。以电解锌为例，电解液纯度要求为：第一类杂质 Pb、Cd、Fe、Ag 等，质量浓度小于 20 mg/L；第二类杂质 Co、Ni、Cu 等，对电流效率有较大的影响，需控制

Co、Ni 质量浓度小于 1 mg/L，Cu 质量浓度小于 0.5 mg/L；第三类杂质 Ge、Te、Se、Sb、As 等，对电流效率有极大的影响，要求控制电解液中 As、Sb、Se 质量浓度在 0.1～0.3 mg/L，Te、Ge 质量浓度在 0.02～0.04 mg/L。若杂质离子控制不严，不仅严重影响电解过程的电流效率，甚至影响锌在阴极板表面的沉积，发生“烧板”现象。（王璠）

shiyou he tianranqi kaicai hangye qingjie shengchan

**石油和天然气开采行业清洁生产**（cleaner production in oil & natural gas exploitation industry） 在石油和天然气开采过程中选用环保型原辅材料，采用无废、少废的清洁生产技术和装备，最大限度地减少原料和能源的消耗，降低生产成本，提高油气资源和生产用能源的利用效率，强化物质的循环利用，控制污染源头，防治污染，使油气开采过程对环境的影响降到最低，从而达到环境效益和经济效益的双赢。

**沿革** 2002 年 6 月 29 日，第九届全国人大常委会第二十八次会议审议通过了《中华人民共和国清洁生产促进法》，标志着中国推行清洁生产进入法制化管理的轨道。2003 年开始实施的《清洁生产标准　石油炼制业》（HJ/T 125—2003），为石油企业开展清洁生产提供了技术支持和向导。2004 年，国家发展和改革委员会、国家环境保护总局发布了《清洁生产审核暂行办法》，从程序上规范了清洁生产审核行为。在此背景下，中国石油天然气集团有限公司先后颁布了《建设项目环境保护管理办法》《关于加快推进清洁生产的实施意见》《中国石油天然气集团公司关于贯彻 ISO 14000 环境管理系列标准的实施意见》等一系列促进清洁生产的规章制度。石油是一种不可再生资源，石油和天然气的开采过程对周围环境带来了较大的污染和生态影响。油田企业在勘探开发过程中削减废物的产生，降低能耗、物耗，改变“先污染、后治理”的管理模式，已经成为其可持续发展的必然选择。

**资源能源消耗及产排污** 石油和天然气开采行业的生产过程一般包括物探、钻井、井下作业（包括试油、酸化及酸压、压裂、修井）、采油及采气生产等。开展清洁生产应尽量针对每个生产过程的具体问题、具体情况。钻井作业是指通过钻井设备从地面开始沿设计轨道钻穿多套地层到达预定目的层，形成油气采出或注入作业流体的通道。钻井作业主要消耗柴油、电、水、钻井液添加剂及其他辅料，产生废气、废水、废渣等污染物。采油（气）作业是指通过一系列可作用于油气藏的工程技术措施，使油气畅顺流入井或油管，然后举升至地面进行分离和计量。作业主要原料为采出液，包括原油、天然气以及采出水，主要辅料是破乳剂，主要产品是油气。作业资源能源消耗主要为水耗、电耗、天然气消耗，其中水耗主要用于清水回注，电耗主要是抽油机和各种泵类等用电设备消耗的电能，天然气消耗主要用于发电机和加热设备。作业产生的污染物主要是采油污水、固体废物、废气及设备噪声。

**清洁生产技术** 石油和天然气开采行业清洁生产涵盖多种技术和工艺。在井场设计建造时，应设计和建设排水沟，以及油污、雨水和沙子的分离设施。当携带污水的雨水排到污水缓冲池后，沙子沉降到池底，污油分离到污油收集池中，雨水从下部排出。收集的污油及时回收到油气处理厂进行处理。在钻修井过程中，100%收集处理钻修井废液和岩屑。在采油生产过程中，防止“跑、冒、滴、漏、渗”现象的发生，对于采油过程中从地下采出的水，要经处理后回注到合适地层。对于钻修井、试油、油气集输等作业中产生的石油污染土壤（简称“油污土”），在经过拉运、贮存后，采用经济适用的技术处理，如采用生物修复法集中处理。

**钻井废液处理技术** 钻井过程中使用的钻井液和收集到的岩层碎屑是钻井废液的主要成分。钻井液又称钻井泥浆，具有清洗井底和钻头、携岩、稳定井壁、平衡地层压力、传递流体压力等功能，被称为钻井工程的“血液”，在安全、优质、快速钻井中起着关键性作用。钻井液配浆材料主要包括黏土、加重材料（碳酸钙、重晶石、钛铁矿粉等）、水和油。废弃的钻井液和沾带有钻井液的钻屑如果不进行无害化处理，钻井废液中的有害物质随雨水外溢流入农田、河流，渗入地表，会对土壤、地下水造成污染。

钻井液无机处理剂主要包括纯碱、烧碱、氯化钠、氯化钙、氯化钾等无机盐类。这些无机盐的大量使用会产生大量无机离子浓度很高以及高 pH 的钻井废液。虽然经淡水稀释后，钻井废液的无机离子浓度以及 pH 可以降低到排放标准，但由于钻井液使用总量巨大，这种影响不可低估。可溶性盐类与可交换性钠可以使土壤盐碱化，盐度过高会使植物吸水困难，有损于植物生长及土壤的化学性质。即使采用固化技术，钻井废液中的无机离子仍可能渗透到周围的环境中造成污染。钻井液中的有机处理剂主要包括降黏剂、降滤失剂、页岩抑制剂、增黏剂和堵漏剂，这些有机处理剂会造成钻井废液的化学需氧量（COD）严重超标。增黏剂与堵漏剂大多由天然生物材料制成，毒性极小，对钻井废液的污染影响很小。聚合物降黏剂主要成分是聚丙烯酸钠及其衍生物，该处理剂在使用过程中会明显降解，在环境中容易分解生成丙烯酸钠、丙烯酰胺等毒性较大的有机小分子。

油田作业现场钻井废液必须采用防渗池收集储存，并做无害化处理。钻井废液的处理方法主要有固化法、固液分离法、生物降解法、循环使用法等。其中，固化法是指向废弃钻井液中加入具有固结性能的固化剂，使其转化成类似混凝土的固化体，固结其内的有害成分，如重金属离子、有机物、油类等，使钻井废液中的有害成分在较短的时间内发生转变、封闭，防止有害成分的迁移，减少对土壤的渗滤，从而减轻对环境的影响和危害。钻井废液固化处理后可以用于回填建设井场等。一些钻井现场还采用了“钻井废弃物不落地达标处理技术”，即时处理钻井废液和岩屑。

**采出水回注技术** 采出水是随原油和天然气一起从地下开采出来的、经沉降和电化学脱水等工艺分离出来的污水，经处理后方能注入油层。油田开发中后期，往往存在高含水现象，虽然实施了堵水作业，但采出油的同时，也会采出大量的地下水，含水率甚至高达 90%以上。油田采出水的主要成分是水，此外还含有多种有机物，其主要污染物质包括 $COD_{Cr}$、$BOD_5$、石油类、挥发酚和硫化氢等。此外，采出水的水温高，矿化度也较高。可采用集中回注或蒸发池自然蒸发的方式对采出水进行处理，不直接外排。但蒸发池自然蒸发的方式对周围的土壤和植被会产生一定的不利影响。采出水经处理后，回注到致密非渗透岩层下部，能够实现油田采出水向河流或地面零排放的目标（见下图）。

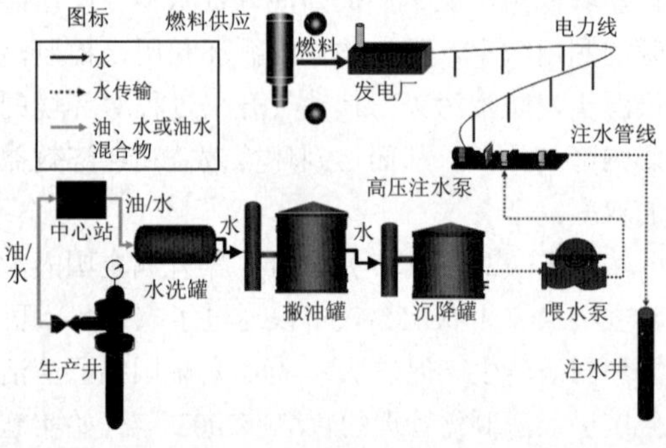


油田采出水处理回注工艺示意图

**油污土生物修复技术** 油污土是由多种原因引起的原油与土壤接触形成的污染土。石油和天然气开采过程中，油污土主要来源于钻井过程中油品泄漏、泥浆池渗漏造成的污染，完井、修井、试油、放喷作业造成的原油污染，油田开发、生产作业过程中的落地原油污染，管道泄漏造成的土壤污染，以及含油固体废物保管不善造成的土壤污染。油污土会改变土壤结构和通透性，影响植被的正常生长。油污土中的轻烃类成分可挥发进入大气，造成空气污染。事故状态下或油污洪水和地表径流的冲刷可使油污土中的原油进入水体，造成水环境污染。

油污土的处理方法主要有热蒸法、水洗法和生物修复法。其中，生物修复法是一种高效、经济和环境友好的污染治理技术，即利用微生物将石油烃类作为碳源进行同化降解，从而转变为无害的无机物质的过程。实际作业中，可在地表露天铺放含油土壤，通过定期翻耕、浇水和施肥，利用微生物降解土壤中的油。具体做法是：①对含油土壤存放区的空地进行夯实，将含油土壤运送到夯实后的空地上，均匀分块，每块土层高度在 30 cm 左右。②用推土机等耕作机械每两天翻耕一次，以保持良好的通风条件，同时向土壤里补充水分和无机营养物。该过程需要进行两周时间。现场喷洒的无机营养物主要包括尿素、硫酸铵、硫酸镁和磷酸盐，按照一定比例进行混合。定期机械耕作可以使含油土壤与营养物、细菌和空气充分接触，使上部处理带保持好氧状态。土壤生物修复技术的关键是通过不断地向土壤里添加营养物质、氧气和水，加快天然微生物的繁殖，从而加快碳氢化合物生物降解速度。③取样化验。每一块地取一个样，交由第三方专业化验机构进行总碳氢化合物含量检测。④如果土壤总石油烃（total petroleum hydrocarbons，TPH）含量超标，继续重复上述第二、第三步，直至土壤 TPH 含量低于国家或地方规定的标准。

（彭继轩　汪华成）

**shipin gongye qingjie shengchan**

**食品工业清洁生产**　（cleaner production in food industry）　将整体预防的环境战略运用于食品生产过程中，使用清洁的能源和原料，采用先进的食品生产工艺技术与设备，提高资源和能源利用效率，加强食品生产过程中副产物的综合利用，改善管理，最大限度地减少或者避免食品生产过程中污染物的产生和排放。

**沿革**　食品生产过程中，需要用大量的水对各种食物原料进行清洗、烫漂、消毒、冷却以及清洗相关容器和设备，食品工业排放的废水量很大，因此，在清洁生产概念刚刚提出之时，食品工业的清洁生产工作就受到了广泛关注。1996 年，联合国环境规划署食品工业清洁生产工作组正式成立，专门从事清洁生产在食品工业中的推广。我国非常重视食品工业的清洁生产工作，1997 年，国家发展计划委员会、中国轻工总会为了推动轻工业资源综合利用工作，制定了《轻工业资源综合利用技术政策》，对制糖、酿酒、发酵等食品行业的原料优化、清洁生产技术应用和资源综合利用方面提出了要求。此后，中国轻工总会于 1997 年发布了《酿酒工业环境保护行业政策、技术政策和污染防治对策》，1999 年国家轻工业局发布了《发酵工业环境保护行业政策、技术政策和污染防治对策》，进一步提出了适宜在酿酒行业和发酵行业推广的清洁生产技术和资源综合利用技术。2010—2011 年，工业和信息化部先后发布了《发酵行业清洁生产技术推行方案》《肉类加工行业清洁生产技术推行方案》《制糖行业清洁生产技术推行方案》等食品工业的清洁生产技术推行方案，进一步促进了食品工业清洁生产工作的开展。

**清洁生产技术**　食品生产过程中的副产物主要来自原料处理后剩下的废渣（如蔗渣、甜菜粕、大米渣、麦糟、玉米浆渣、纤维渣、葡萄皮渣、薯干渣等），分离与提取出的主要产品废母液与废糟（如味精发酵废母液、柠檬酸中和废液、酒精糟、白酒糟、啤酒糟、葡萄酒糟等），是非常宝贵的资源，可以用来生产饲料、饲料添加剂、肥料以及其他产品。

食品工业清洁生产技术发展的主要目标为节水节能、资源综合利用和污染减排。目前食品工业的清洁生产技术主要涉及以下几个方面：①采用先进的生产工艺，综合降低生产过程中的资源能源消耗，减少污染物的排放。例如，味精生产采用新型浓缩连续等电提取工艺，啤酒生产采用低压煮沸、低压动态煮沸工艺，酒精生产采用浓醪发酵技术，肉类加工生产采用畜禽骨深加工新技术，制糖生产采用低碳低硫制糖新工艺和全自动连续煮糖工艺等。②热能回收。例如，啤酒生产过程中回收煮沸锅二次蒸汽和麦汁冷却过程真空蒸发二次蒸汽，乳制品生产过程中的灭菌蒸汽余热回收等。③水循环利用，如阶梯式水循环利用技术、冷却水封闭循环利用技术和废水深度处理回收利用技术等。④资源综合利用。例如，稻壳、碎米、米糠综合利用，酒精糟、白酒糟、啤酒糟、葡萄酒糟综合利用，味精发酵母液综合利用，柠檬酸发酵废水资源再利用，猪血制蛋白粉以及废酵母综合利用等。

**发展现状及趋势** 食品工业通过持续推动清洁生产工作取得了明显的成效，连续高效分离提取、非热加工、低能耗组合干燥等清洁生产技术取得了重大突破，行业装备水平得到了显著提升，谷物磨制、食用植物油、乳制品、肉类及肉制品、水产品、方便面、速冻食品等行业的大中型企业的装备水平基本与世界先进水平同步。但是，食品工业发展方式仍然较为粗放，不少企业特别是部分中小企业生产粗放，初级产品多，资源加工转化效率低，综合利用水平不高。部分企业工艺技术水平低，循环经济和清洁生产发展滞后，能耗、物耗高，污染比较严重。

面对资源、能源及环境约束日益严峻的形势，传统的食品加工生产方式正经历深刻的变革，积极开发和应用高效分离、物性修饰、超微粉碎、非热加工、组合干燥、蛋白工程、发酵工程、酶工程、细胞工程、基因工程和分子食品等现代食品清洁生产技术，已成为食品工业未来的发展趋势。（吕竹明）

shuini hangye qingjie shengchan

**水泥行业清洁生产** (cleaner production in cement industry) 将清洁生产的理念引入水泥行业生产活动中，着眼生产源头、关注生产过程，避免污染防控单纯依赖末端治理的局限性，以确保实现节能、降耗、减污和增效等清洁生产最终目标。

水泥属于工业原材料的一种，水泥行业归为基础材料生产行业，属于高耗能、高污染行业，被国务院《大气污染防治行动计划》（“大气十条”）列为大气污染防治重点行业。

我国水泥行业清洁生产及企业清洁生产审核试点起步于20世纪90年代中后期，随着《中华人民共和国清洁生产促进法》的颁布和国家相关配套政策的实施，全国范围内的水泥行业企业开始广泛开展清洁生产工作。2009年环境保护部发布《清洁生产标准　水泥工业》（HJ 467—2009）；2014年国家发展和改革委员会、环境保护部、工业和信息化部联合发布《水泥行业清洁生产评价指标体系》，HJ 467—2009同时停止施行。清洁生产行业标准和评价指标体系结合国内外行业现状，从工艺技术装备、能源资源效率、污染物产排和管理等方面，将水泥工业企业清洁生产水平分为三级，一级代表国际清洁生产先进水平，二级代表国内清洁生产先进水平，三级代表国内清洁生产基本水平，适用于水泥生产配套石灰石矿山开采企业的清洁生产行业对标和清洁生产审核、清洁生产潜力与机会的判断、清洁生产绩效评定和环境影响评价等工作，支撑了水泥行业清洁生产的深入推进。通过在水泥企业持续开展的清洁生产审核及行业清洁生产对标活动，水泥行业的整体清洁生产水平得到了明显提高。

**水泥生产主要污染源与污染物** 水泥生产工艺包括石灰石原料矿山开采和水泥生产。石灰石开采污染源由固定有组织排放源和无组织排放源组成，其排放特征以间断排污为主，主要污染物为废气（主要为粉尘）、噪声（图1）。

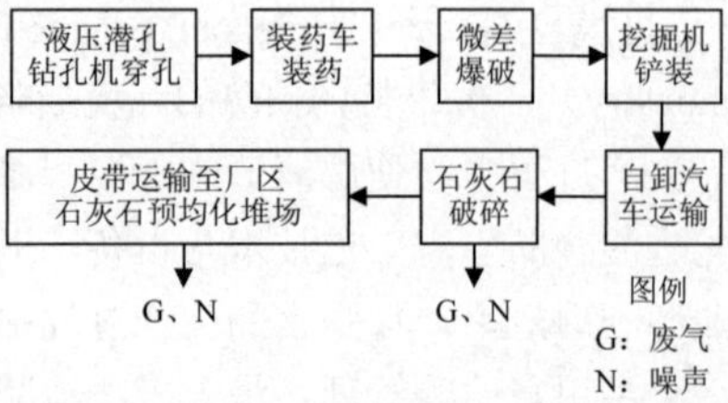


**图1　石灰石矿山开采工艺流程及产排污节点**

水泥生产包括生料制备、熟料烧成和水泥粉磨等工序，污染源由固定有组织排放源和无组织排放源组成，其排放特征以连续排污和间断排污为主，产污环节多，主要污染物为废气及噪声（废气涉及粉尘、$SO_2$、$NO_x$）（图2）。

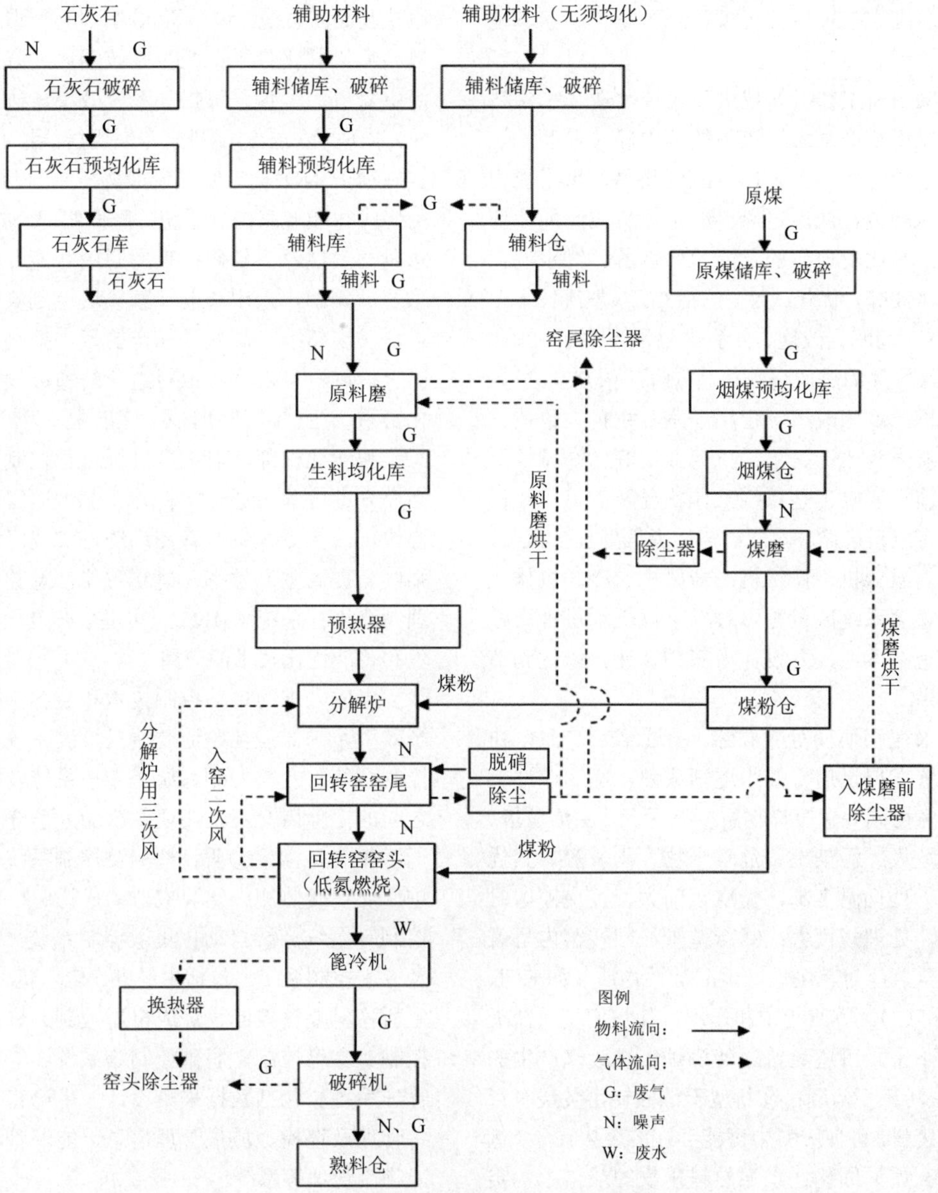


**图 2 水泥生产工艺流程及产排污节点**

**清洁生产技术** 主要包括以下几方面。

**数字化矿山建设** “数字化矿山”核心是在统一时间坐标和空间框架下，科学合理地组织各类矿山信息，将海量异质的矿山信息资源进行全面、高效和有序的管理和整合。企业通过主流数字化技术对矿山的生产规划、运行能耗指标、环保与安全状况等进行了解与管控，达到集成、节约、减员、环保、增效的目的。例如，车辆定位、人员定位系统，人员调配系统及配矿系统等。

**资源综合利用** 电厂排放的粉煤灰及脱硫石膏、选矿企业的下脚料低品位铁尾矿、磷肥厂产出的硫酸渣，以及煤矸石、氧化铝赤泥、硅废石等工业废渣（料），都可以作为生产水泥的辅助原料或混合材，既节省资源，降低了企业的生产成本，又减少了废渣堆存占用的土地及对周围生态环境的污染，还可享受国家、地方等优惠政策。

**采用新工艺、新技术及系统改造** ①生料辊压机终粉磨系统。该系统集中碎、粉磨、烘干、选粉等工序于一体，流程简单，烘干能力强，粉磨电耗低，对原料的水分、粒度的适应性强，是比较理想的节能粉磨设备。②水泥窑节能增效综合优化改造，包括C1双整流技术改造或C1筒蜗壳改造、分解炉鹅颈管改造、预热器各级旋风筒进风口改造、分解炉预燃室改造、篦冷机急冷床改造、窑尾烟室容积扩大改造、窑头喷煤管改造、三次风管改造等。③风机节能措施。影响工艺系统工作状况及产量的风机主要有原料磨循环风机、窑尾废气处理排风机、窑尾高温风机、篦冷机冷却风机、冷却机排风机、煤磨系统风机等。对以上风机均进行高效节能更新改造，并设计为变频调速，以达到节能效果。

**水泥窑协同处置技术** 近年来水泥窑协同处置发展迅速，技术逐渐成熟，应用广泛。水泥窑协同处置废弃物主要有污泥、生活垃圾、建筑垃圾、污染土、危险废物、飞灰等。其优势：①处理温度高，焚烧空间大，焚烧停留时间长，处理规模大；②新型干法回转窑内呈碱性气氛，能对燃烧后产生的酸性物质（如HCl、$SO_2$和$CO_3^{2-}$等）起中和作用，使它们变成盐类固定下来，可避免普通焚烧炉燃烧废气产生的“二次污染”问题；③新型干法回转窑焚烧有毒有害废料，可使废料中可能存在的金属元素（包括重金属）固化在水泥熟料矿物的晶格中，实现对金属元素的固化稳定处理；④新型干法回转窑系统是负压状态运转，烟气和粉尘不会外溢，从根本上防止了处理过程中的再污染；⑤水泥窑协同处置生活垃圾可为水泥窑提供一定的热量，焚烧灰渣可作为水泥熟料，具有明显的经济优势。

**污染物超低排放改造** ①窑头燃烧器改造。分级燃烧优化升级，将喷煤管下移，三次风管上移，通过分级燃烧建立还原燃烧区，实现$NO_x$的减排；优化SNCR（选择性非催化还原法脱硝）系统，调整氨水喷入位置到最佳点，提高喷枪雾化效果；减少系统漏风，降低排气筒中氧气的含量，可提高系统效率，进而减少$NO_x$排放。②生料配料工序采用智能控制系统，实施利于$NO_x$稳定窑系统煅烧控制的制度；采用烧成智能专家控制系统，降低窑内$NO_x$产生总量，实现源头控制；采用脱硝智能专家控制系统，例如，采用智能专家模块控制氨水喷入量，实现精准、高效、稳定的氨水控制。通过以上措施，可实现各原料组分的精准设计，优化窑系统运行，有利于污染物减排。

**智能化管理** 对生产过程进行控制，汇集当今先进技术，建设数字化、可视化、流程化、模块化的全流程生产管控系统，实现降低劳动强度、提高生产效率；建立智能信息数字化管理制造执行系统（MES），实现生产过程在线寻优和智能优化技术的应用。

集成先进的自动控制技术和装备，提高生产效率，降低能耗，通过质量检测系统、质量控制系统、专家控制系统、管理系统及各系统之间的无障碍交互，实现生产无人值守、办公无纸化的目标。①质量检测及控制系统。包括进厂煤在线监测、化验室自动送样、生料质量控制等系统。②自动化集散控制系统（DCS）及专家控制系统。包括生料磨（辊压机）控制、生料稳料喂料控制、烧成窑尾控制、烧成窑头控制、立磨控制、脱硝控制等系统。③信息及管理系统。包括数据采集设计、生产管理、设备管理及巡检、质量管理信息、能源管理、智能物流管理等系统。

**发展现状及趋势** 近年来，由于采取调整原料结构、扩大企业规模、采用先进技术、淘汰落后产能以及出台污染物排放标准等措施，水泥行业能耗、污染物排放大幅度下降，水泥企业正朝着高效率、高质量、高效益、低能耗、低排放的现代化大工业方向发展。但是由于受到资源、环境等方面的约束，水泥企业仍然需要进一步加大清洁生产工作力度，从工艺技术、设备改造、物料综合利用、污染治理等方面积极寻找清洁生产的机会。因此，以“第二代新型干法水泥技术”为基础，全面推进水泥行业技术升级改造是近一时期水泥行业实施清洁生产的新方向。

第二代新型干法水泥技术包括高能效低氮预热分解及烧成技术、高效节能料床粉磨技术、原料及燃料均化配置技术、数字化智能型控制技术、废弃物安全无害化处置和资源利用技术、新型低碳高标号水泥熟料生产技术、高性能无毒害氮氧化物还原催化技术、高性能高效率滤膜袋收尘技术；装备方面包括两档支撑短回转窑、新型分解炉、新型高效大推力煤粉燃烧器、第四代篦冷机、采用新型旋风收尘器的原料磨系统等。

（李云卿　杜静）

# T

tuzhuang hangye qingjie shengchan

**涂装行业清洁生产** （cleaner production in coating industry） 从涂装原材料、涂装工艺和涂装设备等方面进行优化，以提高能源和资源利用率，减少或避免污染物的产生和排放，保护和改善环境。

涂料是一类涂在物体表面形成具有防护、装饰或其他特殊功能（如防腐、绝缘、隔热、标志等）的连续固态膜层（或称为涂层）的材料。涂装行业发展至今已经有上千种涂料。我国是制造业大国，在工业生产过程中，涂装工艺涉及的行业众多，包括涉及涂装过程的所有行业，如机动车制造与维修、家具、家用电器、金属制品加工、彩钢板、集装箱、造船、工业电器设备、各类管道等。

**沿革** 早在 2006 年 8 月 15 日，国家环境保护总局就发布了《清洁生产标准 汽车制造业（涂装）》（HJ/T 293—2006）。涂装行业清洁生产主要涉及原材料、生产工艺与装备、资源能源利用、污染物产生（末端处理前）、废物回收利用和环境管理六个方面。清洁涂装是一个复杂过程，对于原材料选购、产品涂装过程的控制，因每种产品环保要求、质量标准不同而各不一样，在不同的国家、地区也各不相同，因此，在不同的行业、地区，清洁生产的审核标准也有差异。

为适应国家节能减排、清洁生产的要求，多家合资汽车公司在 2010—2013 年引进新建投产的汽车涂装车间中贯彻了清洁涂装理念，节能环保指标达到国际先进水平。

2016 年，国家发展和改革委员会、环境保护部联合工业和信息化部共同发布了《涂装行业清洁生产评价指标体系》，同年 11 月 1 日起施行。该指标体系主要针对汽车及其零部件、机电、家具（铁质）、工程机械等行业的有序涂装生产，将清洁生产指标分为五类，即生产工艺和设备要求、资源和能源消耗指标、资源综合利用指标、污染物产生指标和清洁生产管理指标，并区分了汽车车身、化学前处理、机械（物理）前处理、喷漆（涂覆）、喷粉等几个方面，对每个方面都进行了详细的规定，以有效指导各企业清洁生产。

**涂装清洁生产车间的生态和经济目标** ①减少电、燃气等能源的消耗，$CO_2$ 排放量也随之减少。②减少涂料基本材料（包括涂料基料、化学助剂及辅助材料等）的消耗量。③减少有机溶剂用量，从而减少 VOCs、臭气的排放。④减少耗水量，以减少废水排放量。⑤减少废弃物、颗粒物排放量，降低噪声。⑥减少使用（或禁用）重金属等有害物质。⑦提高涂装质量和产能，提高涂装一次合格率。⑧降低生产成本。

**清洁生产措施** 创建高效涂装工艺体系是当今以汽车涂装为代表的涂装发展的主流趋势：①提高工艺效率，向简化工艺、合并工序等高效紧凑型工艺的方向发展；②提高能源利用率，降低单台被涂器件在涂装过程中的耗能量；③提高材料利用率，采用高效率的涂装方法和涂装机械设备，例如，采用静电粉末涂装法、电泳涂装法、高压无气静电喷涂等高效涂装方法，涂料飞散少，涂料利用率高；④尽量减少 VOCs、$CO_2$、污水等的排放量；⑤提高空间利用率，坚持节省或充分利用空间的理念，尤其喷漆室和烘干室的空间；⑥提高经济-成本效益，提高投资效益，降低运行成本。

**节能措施** 涂装车间的能耗很大，烘干室、喷漆室、电泳设备和空调消耗的电能约占涂装车间总能耗的 90%。节能降耗措施主要包括：①采用具有保温节能型结构的烘干炉室。②车间空调系统的使用，除选用高效率电动机、风机外，还要重点考虑部分排风和排水（尤其是夏天的制冷水和冬天的蒸汽冷凝水）的回收利用，有双电机的中央空调机组往往选择软启动和变频调速相结合的控制方案。③采用新型干式漆雾捕集装置。例如，采用辐射与热风对流相结合的加热方式，缩短升温时间，达到节能目的。

在涂层烘干方面的节能措施包括：①研发低温固化型涂料。选用双组分低温（60～90℃）固化涂料（如双组分环氧底漆、双组分丙烯酸聚氨酯涂料），替代高温烘烤型涂料，在塑料件涂装、客车车厢涂装、汽车修补涂装和被涂件热容量大的工程机械涂装等领域已广泛采用。②研发适用于“湿碰湿”涂装工艺的涂料，以减少烘干工序、简化工艺。③研发新型涂料和与先进涂膜固化方法配套的新技术，提高热效率（能源利用率）。④采用节能型烘干炉。⑤按所选用涂料的标准烘干条件（烘干窗口），在获得所需涂膜性能的前提下，选择下限的固化条件。⑥应用紫外光固化技术，紫外光固化速度快，施涂紫外光可固化涂料，涂层在紫外光照射下，可在 1～2 min 内固化表干。而常规烘干法需要在 100℃以上加热至少 1～2 h 才能使涂层固化表干。⑦加强涂装现场的烘干室管理，制定最佳运行规范来节省能源。

具体地说，喷漆室可采取的节能措施包括：①在满足生产能力和喷涂作业功能的前提下尽可能缩小作业面积，以减少供风和排风量。②喷漆室的排风经过滤后部分循环供自动喷涂区再利用。③利用热轮装置将排风的热量交换给从室外抽取的新鲜空气（供风），回收排风的热能。④尽量提高喷漆室的有效利用率，减少空运转时间。喷漆室在生产模式和清洁模式下需求的风量不一样，清洁模式需要的风量相对较小，所以喷漆室中央空调机组需要根据不同情况供应不同的风量，因此应制定中央空调机组的控制方案。离心式风机的转速降低后，其消耗功率会大幅下降，例如，转速降到 50%时，轴机械功率锐减至 12.5%。而变频调速效率相对较高，当转速下降 50%时，效率高达 95%～98%，所以变频调速节能效率最佳。冬季控制喷漆室温度的时候，蒸汽加热空气产生大量的冷凝水，冷凝水的温度一般在 80℃左右，用回收的 80℃冷凝水对空气进行喷淋、加温和加湿，用于调节喷漆室的温湿度，既节约了蒸汽和水的用量，动能厂也相应地节省了用泵回收冷凝水的电能消耗。

**节水措施** 涂装工业可采取的节水措施包括：①逆工序补给供水法。向脱脂和磷化后的最后一道水洗工序补加自来水或纯水。②脱脂工序和磷化工序的补水采用各自的后清洗工序的水，不直接添加自来水。③采用预喷洗法。预喷洗可将被处理工件带到下道工序的处理液尽可能地减少，既能提高清洗效率并减少清洗用水量，同时又可向脱脂工序和磷化工序补水，有利于提高处理药剂和水的利用率。④清洗水的再生循环利用。现今前处理的清洗水、电泳涂装和湿打磨后的清洗水，一般都送到污水处理站处理后排放，一些工厂直接排放，水的再生循环利用率很低，并造成水质污染。为保护环境，减轻缺水的压力，科研人员致力于开发采用使涂装车间零排放和少排放污水的新技术，以及使环保限制物质的发生源封闭化的技术，即所使用的限制物质不向体系外排放的技术。⑤改进被处理工件的结构、装挂和输送方式，消除工件在漆前处理主电泳涂装过程中的兜液问题，尽量减少工件的带液量，可减少漆前处理和电泳涂装后的清洗用水量。

**污染减排措施** 降低 VOCs 排放量，从涂装材料方面来看，要减少有机溶剂耗用量，采用环保涂料进行施涂。目前，我国环保涂料主要包括水性涂料、粉末涂料、（紫外光）辐照固化涂料和高固体分涂料等。由于环保涂料品种有限，涂料的某些性能技术指标达不到溶剂型涂料的水平，因此溶剂涂料使用范围最广、用量最大，占涂料总量的 50%～60%。降低 VOCs 排放量的具体措施有：采用传统水性涂料生产工艺、高固体含量涂料生产工艺、免中涂工艺、涂层优化和优化喷涂区域（减少涂料消耗量）、废气焚烧处理、静电喷枪喷涂（提高涂料利用率）、电泳涂装法、高压无气静电喷涂、化学泳涂装法、杯式自动静电喷涂法和机器人喷涂（提高涂料利用率）等。适合汽车涂装、家具涂装等的前述高涂装效率的涂装方法主要特点是施涂的工件较小，涂装生产批量大，适合连续化流水线作业。对于涂饰部件大、生产批量小的工件（如石油机械）的涂装，不适合自动化流水线作业，可使用无气喷涂、空气辅助式无气喷涂、空气辅助式静电喷涂、空气静电喷涂等方式在一定程度上替代空气喷涂，从而最大限度地提高生产效率，降低材料损耗和环境污染。

静电喷涂与传统的手工刷涂、辊涂或气压喷涂相比具有如下优点：①施工环境和劳动条件好，静电喷涂是连续涂饰流水生产线作业，操作者的工作只是对涂饰工件的准备和装卸以及对设备的调控和看管等。②涂料利用率高，基本没有涂料射流反弹和漆雾飞散现象，漆雾损失很小，涂料利用率可达 85%～90%。③涂饰质量好，在静电场的作用下，涂料微粒分散度高，分布较均匀，因而在被涂饰工件表面形成的涂层也较平整、均匀，漆膜的光泽度、附着力均较高。④涂饰效率高，静电喷涂连续流水生产线上，传送带的运行速度可以达 24 m/min，远远超过其他的喷涂流水线。

电泳涂装具有以下特点：①涂装工艺容易实现机械化和自动化，不仅减轻了劳动强度，还大幅度提高了劳动生产率。②带电荷的高分子粒子在电场作用下定向沉积，因而电泳涂装漆膜的耐水性很好，与其他常规施涂方法相比，电泳涂装漆膜的附着力也更大。③电泳涂装所用漆液浓度较低，黏度小，损耗的漆较少。④电泳漆中采用蒸馏水作为溶剂，因而节省了大量的有机溶剂，又没有溶剂中毒和易燃等危险，从根本上清除了漆雾，改善了工人的劳动条件并减轻了环境污染。⑤提高了漆膜的平整性，减少了打磨工时，降低了成本。

涂装车间废水含大量 $COD_{Cr}$ 和磷，只有减少涂装车间的废水产生量、降低废水浓度，才能降低废水 $COD_{Cr}$ 值和总磷量。涂装车间产生的废水主要集中在前处理电泳区域，目前减少废水产生量较为成熟的措施有：①取消钝化过程，大力推行无磷化工艺；②对脱脂、磷化、电泳相关的浓溶液和稀溶液分开排放处理，并针对废水排放频率进行研究，在满足工艺要求的情况下减少排放次数；③提高进入涂装车间的白车身洁净度，提高前处理脱脂过滤设备的过滤精度；④引进新设备、新技术以延长脱脂清洗液使用时间，明确废水排放浓度标准，根据检测数据进行排放；⑤清洗水再利用等。

涂装车间最主要的固体污染物是磷化渣和废漆渣。前处理电泳采用无磷化工艺能减少磷化渣的产生。废漆渣可考虑通过优化涂层及工艺、削减涂料用量、采用静电喷涂机器人、对人工内表面喷涂采用静电喷枪等，以提高油漆附着率，减少废渣产生量。

**管理措施** 涂装管理是确保涂装工艺实施、达到涂装目的和保证涂膜质量的重要条件。涂装质量要求越高、现代化程度越高的涂装生产线，越要强化涂装车间的科学管理。涂装管理主要包括涂装车间的生产管理、工艺纪律管理、质量管理、设备管理、涂装环境管理、人员管理等。涂装管理有以下改革创新的趋向：①在涂装工程设计、建设进程中不断增强资源节约意识，工程设计要求“先进、可靠、经济、环保”，涂装生产要求“优质、高产、低成本、少公害”。②国内外两个市场竞争促使质量观念增强，创名优产品的意识深入人心。③涂装管理的发展有专业化趋向，专业化管理对提高涂装一次合格率和降低涂装成本有利。

（蒋钦名　陈贻炽）

# W

weilun gongye qingjie shengchan

**维纶工业清洁生产** （cleaner production in vinylon industry） 将整体预防的环境战略运用于维纶原料聚乙烯醇及聚乙烯醇纤维生产过程中，通过技术创新、工艺优化、设备研发、提高生产自动化程度及强化管理等手段，不断减少单位产品能耗、水耗、原料消耗，提高资源综合利用率，减少污染物排放，实现行业的健康、持续发展。

**沿革** 维纶是我国最先实现万吨级的纤维品种，至 1985 年我国已建成 14 家维纶生产企业，聚乙烯醇的总产能达到 20 万 t/a，维纶产能达到 16.5 万 t/a。2008 年后我国聚乙烯醇维纶工业进入快速发展时期，至 2020 年 12 月我国聚乙烯醇有效产能达到 89 万 t，成为世界最大的聚乙烯醇生产国。近些年来，维纶工业清洁生产主要围绕能源梯度利用、废弃物资源循环利用及污染物深度处理降低排放展开，不断提升行业清洁生产水平。中国化学纤维工业协会维纶专业委员会及标准化工作委员会于 2014 年 11 月提出编写《合成纤维制造业（维纶）清洁生产评价指标体系》，最终由国家发展和改革委员会、生态环境部、工业和信息化部于 2018 年 12 月 29 日发布了该文件，为行业开展清洁生产审核提供依据。2014 年 4 月 28 日，国家质量监督检验检疫总局、国家标准化管理委员会发布了《聚乙烯醇单位产品能源消耗限额》（GB 30528—2014）和《乙酸乙烯酯单位产品能源消耗限额》（GB 30529—2014）两项国家标准，2015 年 1 月 1 日起施行，有助于降低行业用能强度和总量。2020 年 3 月 31 日，国家市场监督管理总局、国家标准化管理委员会发布了《取水定额 第 48 部分：维纶产品》（GB/T 18916.48—2020），同年 10 月 1 日起实施，该标准为提升行业用水效率，降低行业水资源消耗量发挥了重要作用。

**主要问题** 维纶工业清洁生产要解决的问题主要是资源能源消耗量大，具体涉及湿法电石制乙炔电石渣中乙炔回收，乙炔清净废酸、废次氯酸钠处理，醋酸乙烯合成反应热综合利用，精馏残渣处理，醋酸甲酯综合利用，VOCs 治理，纺丝废水中 PVA 去除，废丝处理，废水处理“近零”排放，废盐处理，烟气超低排放达标等问题。

**清洁生产技术** 包括：湿法电石制乙炔电石渣中乙炔负压闪蒸回收技术；湿法电石制乙炔电石渣清液闭路循环零排放技术；乙炔清净废次氯酸钠水回用技术；天然气乙炔法尾气用于生产甲醇或合成氨技术；电石乙炔法固定床醋酸乙烯合成技术；水作为醋酸乙烯合成导热介质转化成蒸汽的能源综合利用技术；聚乙烯醇生产过程流程优化、差压精馏、耦合精馏、催化分解、余热综合利用技术；聚乙烯醇生产醇解母液处理高效节能塔板技术；聚乙烯醇生产废水回用技术；醋酸甲酯综合利用技术；维纶纺丝水洗水串级使用技术；维纶凝固浴多效蒸发节能技术；无泄漏原液连续过滤技术；纺丝系统封闭尾气处理技术；废丝回溶处置技术；蒸汽冷凝水闪蒸余热利用回收技术；电石渣生产水泥技术；水泥窑协同处置精馏残渣、废活性炭技术；尾气物料回收 VOCs 综合治理技术；电石渣湿法脱硫以废治废技术；废水处理零排放技术。

**发展趋势** 维纶工业清洁生产未来发展方向是节能减排，提高资源利用率。在水使用方面，不断采用新技术提高水循环利用率，减少原水取水量；在废水排放方面，做好源头治理，降低污水 COD，做好清污分流、污水预处理、生化处理、中水回收、浓水处理，实现废水"近零"排放；在固体废物方面，做好废丝回溶、废聚乙烯醇生产胶水、废渣综合利用；在废气排放方面，采用低温尾气吸收、RTO 技术实现 VOCs 达标排放，采用新型脱硫、脱硝、脱汞技术实现超清净排放；在能源综合利用方面，不断优化流程，实现能源阶梯利用，达到减少蒸汽用量和原煤采购量的目的；在用电方面，采用新型节能电机、变频技术、节能元件等；在减碳方面，采用先进的 $CO_2$ 捕获分离技术，实现生产过程中产生的 $CO_2$ 尾气减量化和资源化。 （张远东　高申保　余德宝　陶应扬）

wuran yufang

## 污染预防

**污染预防** （pollution prevention） 又称源头控制。是指通过改进生产过程、促进无毒或低毒性替代物的使用、实施环境保护技术或利用再循环材料，从源头上减少或消除污染物产生的环保措施。具体包括优先通过循环利用、废物处理或安全处置等方式，削减一切可能成为废物或释放到环境中的有毒有害物质或污染物；减轻各类化学物质和污染物对公众健康的危害和环境累积效应产生的危害。

20 世纪 60—80 年代，人类的环境意识逐渐觉醒，发达国家开始在条例规章中添加相关控制要求，控制化学废物、医疗废物甚至电子废物的收集、储运和处理，防止其破坏环境。90 年代，污染预防的概念开始出现，一些控制措施，如预防废物产生的措施，开始对废物产生量和毒性予以控制。美国最早于 1990 年 10 月通过了《污染预防法》，第一次从国家高度上将污染预防作为一项环境保护的基本国策，这一举动对污染控制进行了根本改变，令可持续发展与污染控制和预防的概念深入人心，对日后美国乃至全世界的环境保护产生了深远的影响，也间接促进了包括加拿大、德国、日本在内的发达国家污染预防型法律的立法进程。我国在其后十余年间结合其他国家经营和本国实际情况，于 2003 年 1 月 1 日颁布实施了第一部以污染预防为基本理念兼顾经济法属性的专门法律《中华人民共和国清洁生产促进法》，标志着我国从法律层面上开始实施清洁生产，走可持续发展之路。

**基本内容** 污染预防是为了从源头控制、减少污染物的产生，或使污染物产生量最小化，减轻其对环境和人体健康的危害。污染预防涉及设备或技术改造，工艺或程序改进，产品更新换代或重新设计，原材料替代，内部管理体系完善，设备维护和库存控制等。其内涵主要表现在：①污染预防主要针对单个经济主体，以废物减量化或最小化来进行环境风险控制；②污染预防政策主要由政府主导，或由其直接制定并负责监管实施；③污染预防将降低环境负面影响和提高工业生产效率看作是完成目标的主要表现；④在保护环境和人体健康方面，污染预防比末端治理成本更低、效率更高；⑤污染预防是在生产过程的源头和生产过程中预防污染源，而不是在末端控制危害，污染预防将取代末端治理。

**意义和影响** 污染预防具有更低的社会成本和更高的社会效益。从整体来看，污染预防与污染治理都有成本，污染预防成本常常是隐形的，污染治理成本则多是显性的。污染预防通过从源头控制污染物的产生，同时通过提高工业生产效率和减少对家庭、企业和社区的废物处理需求来促进经济增长。与大多数污染控制策略不同的是，污染预防具有重要的经济、法律、环境和社会效益，在污染预防实施过程中会附带产生节约资源、降低能耗、减少社会冲突等社会效益，这对于缓解中国资源能源短缺压力、实现可持续发展具有重大意义。 （吕川）

wuji huagong hangye qingjie shengchan

**无机化工行业清洁生产** （cleaner production in inorganic chemical industry） 以无机化工行业的绿色可持续发展为目标，从产品设计、有毒有害原材料替代、降低资源与能源消耗、采用清洁生产技术、加强管理等方面入手，实现从源头削减污染物的产生，以减轻或者消除无机化工行业对人类健康和环境的危害。

无机化工业是无机化学工业的简称，是指以天然资源和工业副产物为原料生产硫酸、硝酸、盐酸、磷酸等无机酸，纯碱，烧碱，合成氨，化肥以及无机盐等化工产品的工业。主要包括硫酸工业、纯碱工业、烧碱工业、合成氨工业、化肥工业、无机盐工业和无机精细化工业等。针对无机化工业产品多，生产技术多样、复杂，高耗能且废水中存在重金属等特点，无机化工业的清洁生产应重点从产品设计、有毒有害原材料替代、降低资源与能源消耗、采用清洁生产技术、加强管理等方面来开展。

通过近 30 年的努力，无机化工业的清洁生产取得了一些积极进展，包括制定了一系列清洁生产政策法规和开发推广了一批清洁生产相关技术。截至 2019 年年底，已发布的无机化工行业清洁生产评价指标体系包括《硫酸锌行业清洁生产评价指标体系》《黄磷工业清洁生产评价指标体系》《肥料制造业（磷肥）清洁生产评价指标体系》等。另外，根据清洁生产评价指标体系制（修）订原则，已发布的硫酸、氮肥、烧碱/聚氯乙烯、电石等行业的清洁生产评价指标体系（试行）也即将修订。在清洁生产技术的研发和推广方面，无机化工业也取得了一定的进展，在已发布的三批清洁生产技术导向目录中涵盖了氮肥、烧碱、硫酸、铬盐等重点无机化工行业相关清洁生产技术；相关政府部门还发布了部分无机化工行业清洁生产技术推行方案等。

**氮肥** 化肥工业的发展对我国农业的发展起着十分重要的作用。化肥工业主要包括氮肥、磷肥和钾肥，其中氮肥产量较大，占化肥总产量的 70%左右。在氮肥生产中，尿素和碳酸氢铵年产量占氮肥总产量的 90%左右，为氮肥中最主要的品种。氮肥生产主要是指以煤、油（重油或轻油）或者天然气为原料生产合成氨，进而生产尿素、碳酸氢铵的过程，主要包括合成氨生产、尿素生产或碳酸氢铵生产两个单元。氮肥行业废水的主要特点是排放量大，废水中氨氮含量较高，化学需氧量（COD）相对较低，以煤为原料的氮肥生产废水中还含有一定量的氰化物。

氮肥行业的清洁生产应从资源的综合利用、改革工艺和设备、组织厂内物料循环、改善操作、加强管理、革新产品体系等方面开展，主要的清洁生产方案包括：①造气单元。采用连续加压煤气化技术，包括多喷嘴对置式水煤浆气化技术、经济型气流床分级气化技术、HT-L 航天炉粉煤加压气化技术；优化造气炉操作条件，例如，控制操作温度和压力，根据进料煤的分析结果调整操作循环时间，可以避免过量使用蒸汽和空气，最大限度地回收热量和节省能量；优化洗气循环，例如，在造气冷却水闭路循环系统中，控制洗气水的用量，在减少泵冷却的能量消耗的同时，也可减少污水的排放量。②脱硫与硫回收。采用气体深度净化技术，如常温精脱硫工艺技术；用高效脱硫剂催化法代替稀氨水脱硫；从再生槽废液中回收硫黄，回收清净塔下水作为冷却水；再生和重新利用活性炭等。③变换单元。采用低温高效催化剂，减少原材料的消耗量。④碳化单元。回收氨贮槽的弛放气，回收碳铵包装车间的氨气，以减少空气污染和回收氨产品；从综合塔、等压吸收塔、氨洗器和洗气器收集稀氨水送至收集器中，作为汽提塔的进料，提浓后作为母液使用。⑤压缩单元。压缩机润滑油回收后经处理可降级使用。⑥氨合成与氢回收单元。回收弛放气和尾气中的氨和氢；采用 NC 型轴-径向氨（甲醇）合成塔；回收洗液中的氨等。⑦尿素单元。采用尿素生产原料气二氧化碳脱氢技术；用一套深度水解装置回收解析废液中的尿素和氨，经深度水解后的水作为锅炉给水。

**烧碱** 烧碱是一种重要的化工基础原料，目前我国的烧碱生产方法主要有离子膜法和隔膜法两种。近年来金属阳极、改性隔膜加小极距技术的应用使隔膜法制碱技术提高到了一个新的水平。烧碱生产过程中排放废水、废气、废渣，其中最难处理的污染物为原盐精制过程中产生的盐泥和金属阳极生产工艺中石棉绒配制过程中排放的废水。

烧碱生产的主要清洁生产工艺包括：①三相流烧碱蒸发技术。将三相循环流化床技术运用到蒸发过程中，利用流化床中的流化固体颗粒破坏流动边界层和传热边界层，以降低蒸发器的阻热和延长结垢，进而增强蒸发器的传热和防垢功能，达到降低蒸发过程电耗的目的。②超声波防除垢烧碱蒸发节能技术。将超声波技术运用到蒸发过程中，利用超声波在金属介质和与其直接接触的其他介质中传播产生的相关效应，来实现蒸发器的防垢和除垢。超声波还可以强化设备的传热，显著提高设备的传热系数，进而达到节能目的。③烧碱生产膜法脱硝技术。用过滤膜替代氯化钡去除硫酸根，主要原理：用过滤膜将硫酸根阻留在浓缩液中，再使用冷冻技术将浓缩液中的硫酸根以硫酸钠的形式结晶分离出来，达到脱除硫酸根的目的，同时得到副产物芒硝。使用该技术可减少30%～50%的盐泥排放，同时也避免了有毒化学品氯化钡的使用。④金属扩张阳极、改性隔膜工艺。金属扩张阳极是指在钛铜复合棒上用弹簧片与两边的阳极片相连，使复合棒两边的极片可以张开与收缩；改性隔膜是指在制膜的过程中，将一定量的改性剂（一般使用聚四氟乙烯纤维或乳液）和少量非离子表面活性剂添加到石棉浆料中，同时将其吸附在阴极网袋上，进而制成薄而均匀的石棉隔膜。采用此工艺可降低烧碱生产的电耗，提高产品产量，同时也减少了废石棉绒的产生。⑤零极距离子膜电解槽工艺。零极距离子膜电解槽是自使用高电密自然循环复极槽以来开发的新一代电解槽，具有操作方便、运行平稳等特点。同等电密下，零极距离子膜电解槽所需电压比普通离子膜电解槽低 180 mV，相应吨碱电耗下降约127 kW·h，其综合技术指标达到国际先进水平。⑥三效逆流膜式蒸发技术。依据碱液在不同压力下沸点不同的原理，通过设定蒸发器在不同的操作压力下工作，来实现工艺过程中产生二次汽的热量利用。使用该工艺技术可以降低蒸汽的消耗量。⑦余热利用技术。将氯气与氢气反应生成氯化氢时释放出的大量反应热回收利用来副产蒸汽。

**硫酸** 硫酸是基本化学工业中的重要产品之一，它不仅作为许多化工产品的原料，而且广泛应用于其他国民经济部门。硫酸生产主要是以硫黄、硫铁矿、石膏（包括磷石膏）、硫化氢为原料，采用“一转一吸”“两转两吸”等生产工艺。硫酸废水污染物比较复杂且酸值较高，主要为悬浮物、砷、氟等，冶炼烟气制酸废水中还含有镉、铅、锌等重金属。硫酸行业废气污染物主要有未能转化的二氧化硫、尾气带出的酸雾和尾气回收装置排放的少量气体。硫酸废渣污染物主要是硅和氧化铁，并含有少量硫。

硫酸行业的清洁生产工艺开发和推广主要从降低资源与能源消耗（包括节能、节水等）、减少废弃物的产生等方面开展。硫酸生产的主要清洁生产工艺包括：①活性焦法烟气脱硫。利用活性焦干法脱除烟气并回收二氧化硫再利用。采用此法对硫酸生产尾气、锅炉排放烟道气进行处理，可降低排放烟气中二氧化硫的含量，同时回收硫资源。②硫黄制酸节能、节水技术。以特质钢材回收硫酸干吸系统余热，去除酸冷器。此法有效地解决了干吸系统对酸的冷却问题，回收了这部分热量生产低压蒸汽，减少了制酸过程的耗水量。③硫酸酸洗工艺。硫铁矿制酸过程中采用稀酸酸洗净化替代水洗净化，此工艺可解决硫铁矿制酸净化过程中设备能耗高、稀酸循环利用等问题，又可使每吨酸的水耗量由 10 t 下降到 7 t。

**铬盐** 铬盐是一种基础化工原料，重铬酸钠是铬盐中最基础的产品，通过深加工可生产铬酸酐、铬粉、氧化铬绿、重铬酸钾等数十种无机铬和有机铬产品，广泛应用于电镀、制革、医药、木材防腐、印染、陶瓷、颜料、饲料等行业。目前，发达国家多采用无钙或低钙工艺生产重铬酸钠，技术先进，污染少。铬盐生产的主要污染物是废渣和含铬废水，处理难度大、成本高，且排放量大，已成为制约铬盐行业发展的关键因素。目前已研究成功且可行的处理方式为：硫酸亚铁+硫酸+石灰+板框压滤处理废水，将铬渣用作水泥矿化剂、炼钢辅料、玻璃着色剂，还可用于生产钙镁磷肥等。

铬盐行业的清洁生产工艺主要有：①铬铁碱溶氧化制铬酸钠。以冶金工业废铬铁（铬铁粉）和液体氢氧化钠为原料，在水热体系中实现铬的碱性溶出，生产铬酸盐并副产铬铁系颜料。②气动流化塔式连续液相氧化生产铬酸盐。以铬矿粉和烧碱为原料，利用专利设备气动流化塔，加压生产，以清洁燃料为能源，实现连续、安全、环保、经济运行。③碳化法生产红矾钠。在无钙焙烧工艺基础上，回收工业窑炉尾气中的二氧化碳，代替目前传统工艺中的硫酸，进行铬酸钠酸化生产红矾钠。采用该技术可使铬酸钠碳化率达 95%以上，同时避免使用硫酸，生产每吨红矾钠纯碱消耗降至 350 kg，减排二氧化碳 500 kg、二氧化硫 3.76 kg，降低了生产成本。④钾系亚熔盐液相氧化法。运用亚熔盐非常规介质反应体系，建立高效清洁转化铬铁矿资源的亚熔盐拟均相原了经济反应/分离新过程、新方法，取代传统高温窑炉气固焙烧工艺。该法采用湿法磨矿和液相氧化清洁生产工艺，不使用干磨和高温煅烧转窑，解决了传统焙烧法转窑等设备庞杂、热能利用率低、污染大的问题。⑤无钙焙烧工艺。在生产过程中不添加含钙辅料，使铬渣物性有别于有钙铬渣，进而使渣的物性得到极大改善并易于处理。由于该工艺不添加石灰石、白云石，仅加少量填料，解决了有钙焙烧含六价铬的污染问题。

（邓珺　齐红卫）

wuwuran gongyi

## 无污染工艺

**无污染工艺**（clean technology）　在工业生产中采取可减轻生产过程中造成的污染或减少最终废物产生量的技术和设备以及流程，通过提高能效及资源利用率或实施环境保护措施来消除或控制污染物的产生和排放，实现降低负面环境影响的工艺。

**概念形成过程**　无污染工艺的概念首先出现在 20 世纪中叶，由于环境污染问题的日益严重，发达国家为治理污染付出了巨大代价，人类意识到调整生产工艺流程、优化资源配置、从产品全生命周期角度出发，在污染产生源头预防或减少污染物的产生，比单纯的末端污染治理更高效，这样逐渐形成了“无污染工艺”最初的概念。欧共体委员会在 1977 年 4 月就制定了关于无污染工艺的政策，在 1984 年、1987 年又制定了促进清洁生产的两个法规，明确提出对无污染工艺示范工程提供财政支持。20 世纪 90 年代以来，由于成本的下降与工业设计之间的联系日益密切，无污染工艺在内燃机和化学品制造领域的影响越来越被人们所认知。自 2000 年前后成为工业设计关注的焦点以来，重污染和高能耗产业在转型过程中对无污染工艺的投资大量增长。

**特征**　无污染工艺的核心特征是在各工序进行之前或过程中避免或减少污染物的产生。因此，采用无污染工艺首先应考虑避免污染物的产生，从源头削减控制，其次是对产生的废物进行二次利用，最后是对污染物进行无害处理和处置。

**分类**　无污染工艺一般可以分为以下几类：改革旧工艺，消除污染环节；综合利用资源能源，建立“闭合循环”工艺流程，不排污或者少排污；更新能耗物耗低的产品或替换原辅材料，清除污染源。

**发展趋势**　随着对无污染工艺研究的不断深入，单纯的工艺改进已经不能满足环境保护与资源可持续利用的要求，工业企业从产品设计逐渐向产品生态设计转变，将生态预防的理念在产品设计的前端融入进来，使设计出的产品对生态环境不产生负面影响，从而杜绝了产品生产、使用、处理等环节可能产生的污染，对资源能源的利用也更高效，并提前考虑了物料再循环和再生利用。

在各行业对单一装置或生产工艺改进的过程中，无污染工艺的应用逐渐扩展到对工业系统的关注。随着企业清洁生产审计和清洁生产政策法规的不断完善，人们认识到不能停留在单一企业的工艺改进，而是要将工业系统作为生态圈的一部分加以考虑，在区域范围内宏观管理和规划，建设生态工业园区，以达到工业群落优化配置的目的。从工业生态学理论出发，工业群落中成员集约发展、互通物流，副产物和废物相互交换，能量和水逐级利用，基础设施和其他设施共享，可提高资源能源利用效率，从整体上实现经济和环境可持续发展。丹麦、美国、荷兰、法国、日本等工业发达国家普遍进行了生态工业园区理论与实践方面的探索。发展中国家（如中国、印度、泰国、纳米比亚和南非等）也已陆续开始尝试。未来，无污染工艺会继续延伸，关注点将扩展到产品以及消费领域并进一步强调减物质化。（孙大光）

**wuwuran nengyuan**

**无污染能源**（pollution-free energy resources）又称绿色能源或清洁能源。是指在其生产与消费等开发使用全过程中，具有较高的转化利用效率和良好的经济性，并对生态环境无污染或有较低污染的能源。

**分类** 可分为狭义无污染能源和广义无污染能源两种。狭义的无污染能源是指可再生能源，如水能、生物能、太阳能、风能、地热能和海洋能等，这些能源可以再生，基本不产生污染。广义的无污染能源是指天然气、洁净煤和核能等，这些能源在其生产及消费过程中，对生态环境无污染或产生较低污染。

**水能** 水体的动能、势能和压力能等能量资源，是自由流动的天然河流的出力和能量。广义的水能资源包括河流水能、潮汐水能、波浪能、海流能等能量资源；狭义的水能资源指河流的水能资源。我国水能资源分布不均，开发和研究程度较低，在资源利用的过程中对生态也产生了一定的影响。

**太阳能** 太阳的热辐射能，是一种无污染、可无限取用的清洁能源。目前，太阳能利用主要是太阳能热发电（能源产出）和建筑用能（终端直接用能），包括光伏发电、光热发电、太阳能热水器和太阳能空调等。使用太阳能可有效减少二氧化碳等温室气体的排放，具有较高的环境效益和经济效益。

**风能** 因空气流做功而提供给人类的一种可利用的能量，是由太阳辐射热引起的，属于无污染的清洁能源。风能是可再生能源中发展最快、最可能实现产业化的能源之一，其开发利用可有效缓解我国能源紧张的局势。

**地热能** 贮存在地球内部的可再生热能，一般集中分布在构造板块边缘一带，来源于地球的熔融岩浆和放射性物质的衰变。地热能具有热流密度大、容易收集和输送、使用方便的优点。我国地热能源丰富，阶梯利用地热能将成为一个重要的发展趋势。

**海洋能** 依附于海水中的可再生能源。海洋通过各种物理过程接收、储存和散发能量，海洋能以潮汐、波浪、温差、盐度阶梯、海流等形式存在于海洋之中。目前利用较多的是潮汐能，多用于发电，其优点是相对风能、太阳能较稳定，是一种绿色无污染的清洁能源。

**核能** 俗称原子能，是原子核里的核子（中子或质子）重新分配和组合时释放出来的能量，是一种不可再生的清洁能源。核能是我国可持续发展战略中重要的一部分，积极推进核能发展可有效减少二氧化碳等气体的排放，有助于减轻大气污染，还能降低国家对煤炭、石油等化石燃料的依存度，保障国家能源安全。

**发展现状** 目前，我国无污染能源发展呈现集中规模开发为主、分散式开发为辅，就地消纳和跨区输送并重的总体特点。该领域社会资本投融资环境良好，能源绿色低碳发展成为主流。《关于深化能源行业投融资体制改革的实施意见》《能源发展“十三五”规划》等重要的国家政策规划中也明确提出，将完善能源投融资政策，制定能源市场准入“负面清单”，鼓励和引导各类市场主体依法进入“负面清单”以外的领域。截至2019年年底，我国水电、风电、太阳能发电、生物质发电等可再生能源装机容量连续十余年居世界第一。但无污染能源行业与传统能源行业相比，对研发和投入的要求更高，成本也相应较高，盈利性较弱。因此，我国的无污染能源行业受政策和补贴的影响较大，国有资本的参与程度更高。随着近年来无污染能源行业的发展，政策也在逐渐鼓励和强化无污染能源市场的自主调节。

（朱凯　于秀玲）

wuwuran zhuangzhi

**无污染装置**　（pollution-free device）　在生产过程中不排放或少排放污染物的装置和设备，是基于清洁生产的概念提出的。

**优点**　传统的生产装置一般较少考虑环境污染的问题，在运行时往往排放大量的废气、废水、废渣、粉尘，或者产生噪声、热污染、恶臭、辐射线等。无污染装置的推广和应用，可以有效降低生产过程中的污染物排放量，达到清洁生产的目的。

**分类**　无污染装置分为两种：①本身不排放污染物的装置，如无污染能源装置（如太阳能电池等）和某些使用无污染能源的装置（如太阳灶等）。②增加了减少污染物产生和排放附属设备的生产装置，或者改变原装置的结构和材料后使其不排放污染物的装置。在设计新装置时考虑防治污染的技术措施，把防治污染的附属装置作为新装置的组成部分，例如，在高温窑炉上安装热交换器，既可消除热污染，又可利用废热。也可以用改变原装置的结构、材质等方法，例如，改变普通锅炉的结构，用自动控制装置调节燃烧条件，以防止或减少一氧化碳、氮氧化物等大气污染物的产生；设计制造无汞压力计和温度计等，以消除传统仪器所带来的汞污染。（朱凯）

wuzhi pingheng

**物质平衡**　（material balance）　在资源利用、社会生产等活动中，物质既不会产生，也不会消灭，只是从一种形态转变为另一种形态，在转变中物质总量保持不变的过程。物质在整个生活或生产活动中保持总量守恒。

**主要内容**　物质是不依赖于人类意识的独立存在，又是能为人类意识所反映的客观实在。物质平衡理论能够从能量守恒定律的角度来处理经济环境系统中的问题。

在经济生产中，物质平衡是指为保证生产经营活动正常进行和实现企业目标，采用一定方法自觉地实现一定时期内企业物质需要和物质资源之间在总量和结构、使用价值（实物量）和价值量等多个方面相对平衡协调的过程。

**理论延伸**　可持续发展与循环经济理论都以物质平衡理论为基础。人类的社会生产及经济活动是一个消耗物质资源、得到产品的过程，同时该过程也会向环境排放废弃物。因此，经济的增长同时受到资源供给能力和环境容量承载能力的双重限制，将物质资源开发利用控制在环境系统的承载能力和环境容量范围内是保持可持续发展的主导因素。（闫鹏）

wuzi shengchan

**物资生产**　（material production）　人类生产、生活所需物质资源生产过程的简称，指经过人的劳动，从而获得生产或生活所需物质资源的过程，既包括直接从自然界获得物质资源的生产过程，也包括间接满足人们需求的中间物质资源的生产过程。

广义上，物资生产指人类活动中直接和间接满足生产、生活需要的物质资源的生产过程。狭义上，主要指企业在生产满足人们需求的产品过程中，不断消耗原材料、燃料、电力、工具和设备等生产资料的过程。

物质资料是人们日常生活、生产建设活动必不可少的基础条件。物资生产对国民经济的稳定和繁荣起着举足轻重的作用，伴随着人类社会的发展和进步，人们对物资的需求水平、需求总量正在不断上升。物资生产工艺也随着科学技术水平的提升而不断进步，高新技术在生产上的推广应用也促进了行业的国际化与管理水平的提高，对于提升生产水平和效率意义重大。（闫鹏）

# X

xiyiye qingjie shengchan

**洗衣业清洁生产** （cleaner production in laundry industry） 采取改进洗涤工艺、优化服务流程、采用先进设备、使用清洁洗涤剂等综合措施，从源头降低水耗、能耗、洗涤剂消耗，减少洗涤废水排放。

**沿革** 随着人们生活水平的极大提高，洗衣行业进入了快速发展阶段，行业服务范围几乎覆盖了各个生活社区，为人们的生活带来了极大便利。但同时环境问题也逐渐凸显：节能环保设备使用率低、用水效率低、水洗洗涤剂及干洗溶剂污染问题突出、环境管理水平较低。随着环保形势的日趋严峻，洗衣业的可持续发展已经引起了社会的广泛关注。为此，国家和部分地方政府加强了对洗衣业的环境管理，先后发布了《洗染业管理办法》《北京市洗染行业经营管理规范（试行）》《重庆市洗染业管理办法》等一系列政策、法规和标准，对洗衣业提出了相关环保要求。2013 年，北京市选取洗衣业等十个服务业领域作为试点，开始重点推进清洁生产。2015 年，北京市发布了《清洁生产评价指标体系 洗衣业》(DB 11/T 1258—2015)，对提高洗衣业清洁生产水平发挥了重要作用。2018 年，为深入贯彻《中华人民共和国环境保护法》和《中华人民共和国清洁生产促进法》，指导和推动全国洗衣企业依法实施清洁生产，国家发展和改革委员会、生态环境部、商务部联合发布了《洗染业清洁生产评价指标体系》，对洗衣业装备、资源和能源消耗、污染物产生、服务和清洁生产管理等都提出了明确要求，以提高洗衣业资源利用率，减少和避免污染物的产生，保护和改善环境。

**清洁生产措施及技术原理** 针对洗衣业清洁生产采取的措施主要有：热量介质再利用、直燃式烘干、配备洗衣龙、低温洗涤、使用先进的水洗和干洗机、采用更加清洁的洗涤剂、优化洗衣服务流程、建立清洁生产管理制度等。

**热量介质再利用** 指洗衣房内经过各种工艺环节使用之后的废热介质的热能二次回收再利用，在不耗费初级热源的前提下，尽可能地提高系统用水的初级温度，可降低能耗，减少企业运营成本。例如，对排放热水、蒸汽疏水或废排气的热量进行交换回用，有条件的还可以辅助利用空气源热泵、太阳能、锅炉烟道的热量来提高初级水的温度。例如，在洗衣房内合适位置安装余热回收空气源热泵装置，用于吸收洗衣房内空气中的热量，将此部分热量集中起来加热冷水，再将加热好的温度已经从 5～10℃上升到 45℃的水送到锅炉水箱作为锅炉预热水或生活热水，可有效降低锅炉的燃气消耗量，同时余热回收空气源热泵装置还能产生相当大的冷量，此部分冷量可送到洗衣房的各个角落用于洗衣房降温。

**直燃式烘干** 使用天然气等气体作为燃料，燃烧产物稀释后与一定量的循环风进行混合，作为干燥介质进入干燥室内，对待干燥的衣物进行加热，并通过循环风机反复循环实现干燥的目的。相比传统以蒸汽为热媒的烘干方式，直燃式烘干技术运行稳定，能源利用率高，具有显著的节能效果。

**配备洗衣龙** 用自动化流水线代替大量的人工操作，能够有效节省洗涤剂用量，降低能源消耗。一般洗衣龙仓数为 8～16 仓，各仓可以同时洗涤，由中央处理器对各仓传感器检测的信息进行处理，每一个仓段按照对应指令进行预洗、主洗、漂洗、中和等洗涤程序；上一个仓内的衣物经过规定时间的洗涤，传送至下一仓洗涤，即第一仓到最后一仓依次推进，最后进入压榨机脱水，运转期间各仓衣物洗涤与压榨脱水同时进行，脱水后的衣物被送到烘干机烘干。洗衣龙可实现标准化洗涤，是自动化、集约化、能源循环利用、污水减量化的较好结合。

**低温洗涤** 通过使用具有消毒杀菌功能的低温洗涤剂来实现对衣物的洗涤和消毒灭菌。与传统洗涤剂相比，低温中性洗涤剂采用了国际上先进、环保的化工和生物材料并经科学复配而成，去污力强、洗净率高，极大降低了水、电和蒸汽消耗。如低温洗涤去污效果显著的新一代层状结晶硅酸盐助剂 SKS-6，可置换水中的钙离子、镁离子等金属成分，使水质软化，以便充分发挥洗涤剂的作用。其另一优势是能提供洗涤过程中所需要的碱度，并可稳定 pH，具有极好的储备碱度和缓冲能力，对偏碱性污垢的去除可发挥协同效应。

**使用先进的水洗、干洗机** 采用节能、节水型的水洗设备。四氯乙烯干洗剂释放到空气中对环境和人体有潜在的危害，采用全封闭洗衣机或环保干洗机，可有效降低四氯乙烯干洗剂的挥发，减轻其对空气的污染和对人体的危害。

**采用更加清洁的洗涤剂** 例如，采购有利于环保的各类洗涤剂，不用或少用含磷洗涤剂、荧光增白剂等类物质，使用不含氯化溶剂、无害或低害的环境友好型干洗溶剂。

**优化洗衣服务流程** 洗衣服务流程的优化能够提高工作效率，降低资源能源消耗。例如，合理安排洗涤批次，达到设计容量的 70%～80% 或 80%以上再开机；合理安排烘干烫平批次和停机时间，可提高电、热利用效率；安排专人将重污染衣物单独挑出，降低返洗率；根据不同材料、不同污垢程度，选择合适的洗涤剂，确定合理的洗涤水温。

**建立清洁生产管理制度** 例如，建立清洁生产宣传培训制度，提升员工清洁生产积极性；完善资源能源管理制度，降低水耗、能耗；加强洗涤剂分类管理，根据待洗物品选择合适的洗涤剂；严格废弃物管理，例如，垃圾应当分类存储，四氯乙烯排放要定时通风，四氯乙烯残渣应当单独收集，采用不渗水、密闭、外观整洁的存放系统，委托有资质的机构处理处置。

**发展趋势** 随着社会对环保和健康的要求越来越高，提供更加绿色环保、节能节水、高效便捷的洗涤服务已经成为行业发展的趋势，同时集约化的中央工厂处理模式也将成为潮流，在这种背景下，开展低耗能、低耗水、低污染的技术攻关和节能减排技术推广将成为洗衣行业开展清洁生产的重点工作，例如，使用碳氢干洗机替代四氯乙烯干洗机，研发废水回用技术等。

（李靖）

xiangjiao zhiping hangye qingjie shengchan

**橡胶制品行业清洁生产** （cleaner production in rubber products industry） 不断从橡胶制品原辅材料的选择、能源的利用以及生产工艺和设备上进行改良，从源头削减污染，提高资源利用效率，减少或者避免橡胶制品生产和产品使用过程中污染物的产生和排放，以减轻或者消除对人类健康和环境的危害。

橡胶制品业指以天然及合成橡胶为原料生产各种橡胶制品的活动，还包括利用废橡胶再生产橡胶制品；不包括橡胶鞋制造。按照《国民经济行业分类》（GB/T 4754—2017），橡胶制品业包含 7 个子行业：轮胎制造，橡胶板、管、带制造，橡胶零件制造，再生橡胶制造，日用及医用橡胶制品制造，运动场地用塑胶制造和其他橡胶制品制造业。橡胶制品行业是国民经济的重要基础产业之一。我国橡胶制品行业呈现产量持续增长、规格品种更加丰富、企业规模明显扩大等特点。

自 2011 年开始，环境保护部、工信部、国家质检总局等部门陆续发布了《橡胶制品工业污染物排放标准》（GB 27632—2011）、《轮胎行业准入条件》、《复合橡胶　通用技术规范》（GB/T 31357—2014），规定了子午胎和再生胶生产过程中防治污染的措施，橡胶制品工业企业或生产设施水污染物和大气污染物的排放限值、检测和监控要求，以及标准实施与监督等相关规定。2014 年，中国橡胶工业协会发布的《绿色轮胎技术规范》开始试行，对原材料的使用和绿色轮胎的生产等进行了规定。

我国暂未形成橡胶制品行业清洁生产评价指标体系。2014 年以来，国家发展和改革委员会同生态环境部、工业和信息化部在已发布相关标准和规范的基础上，整合编制了《轮胎行业清洁生产评价指标体系（试行）》、《再生橡胶行业清洁生产评价指标体系（征求意见稿）》，正在编制《顺丁橡胶行业清洁生产评价指标体系》《橡胶助剂行业清洁生产评价指标体系》。

**行业工艺流程及产排污节点**　橡胶制品行业污染物包括废水、废气、固体废物，其中主要污染物为废气（主要为 VOCs、颗粒物）。VOCs 和颗粒物主要产生于下列工艺过程：原辅料输送、称量及投加等环节产生的颗粒物；炼胶过程中产生的有机废气；纤维织物浸胶、烘干过程中产生的有机废气；压延过程中产生的有机废气；硫化过程中产生的有机废气；树脂、溶剂等在配料、存放时产生的有机废气。橡胶制品生产工艺流程及产排污情况见下图。

**清洁生产措施**　橡胶制品行业清洁生产主要从以下几个方面开展。

**源头控制**　①厂区车间布置应合理。易产生粉尘、噪声、恶臭、废气等的工序和装置应避免布置在靠近住宅楼的厂界以及厂区上风向，与周边环境敏感点距离需满足环保要求。②优先采用环保型原辅料。如环保型的促进剂、防老剂等；生胶应符合《天然生胶　技术分级橡胶（TSR）规格导则》（GB/T 8081—2018）的规定，胶黏剂 VOCs 无组织排放量不超过溶剂使用量的 25%；禁止使用附带生物污染、有毒有害物质的废橡胶，淘汰矿物系焦油添加剂，鼓励使用石油系列产品和林化产品，发展无臭环保型再生胶。③规范原辅料、溶剂贮存。液态挥发性有机物料应采用密闭管道输送。采用非管道输送方式转移液态挥发性有机物料时，应采用密闭容器。粉状、粒状挥发性有机物料应采用气力输送设备、管状带式输送机、螺旋输送机等密闭输送方式，或者采用密闭的包装袋、容器进行物料转移。④VOCs 质量占比大于或等于 10% 的原辅材料使用过程中无法密闭的，应采取局部气体收集措施，废气应排放至 VOCs 废气收集处理系统。

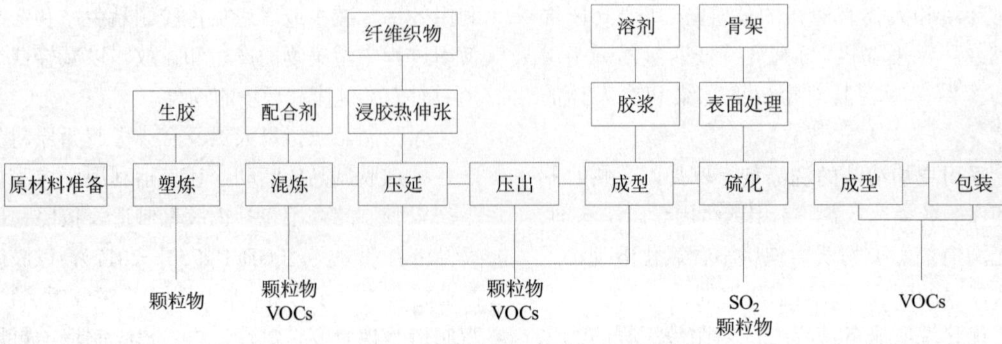


橡胶制品生产工艺流程及产排污情况

**工艺过程及装备要求** 选用自动化程度高、密闭性强、废气产生量少的生产成套设备，推广应用自动称量、自动配料、自动进料、自动出料的密闭炼胶生产线；炼胶工序优先选用密炼机，粉碎工序优先选用低线速切割搓丝粉碎系统，脱硫工序采用常压连续脱硫设备，捏精炼工序采用“三机一线”“四机一线”“九机一线”等高速比捏炼机、精炼机组成的捏精炼变频联动调节设备，逐步淘汰使用常规开放式炼胶机进行炼胶作业。

调节各种添加剂的种类或用量，提升装备作业效率，降低各工序操作温度，降低生产过程中 VOCs 的产生量；炼胶工序优先采用水冷工艺；打浆、浸胶、涂胶等工序在独立密闭空间内进行，并对溶剂进行回收，对尾气进行收集处理；再生胶生产企业逐步推广物理法脱硫，减少化学再生法的使用，特别是水油法、油法再生。

**废气收集** 在废气的收集上要做到全面、高效。首先，废气收集装置应涵盖所有产生 VOCs 的工序装备，如塑炼、混炼、压延、硫化、定型、脱硫、打浆、浸胶等生产环节以及溶剂储罐、溶剂贮存车间等易产生 VOCs 的区域。其次，优先进行密闭收集，在无法密闭收集的情况下，安装集气罩进行引风收集，确保较高的废气收集率。

①密炼机出料口进行密闭化处理，密炼机、开炼机进出料口、硫化机群设集气罩局部抽风，废气收集后集中处理，硫化罐泄压宜先抽负压再常压开盖。

②打浆、浸胶、涂布工序应在密闭空间、设备内进行，对废气进行收集处理；在有机溶剂储罐安装呼吸阀，并接入废气总管。

③再生胶生产企业采用高温高压脱硫时，应将脱硫罐泄压口接入废气总管；当采用高温连续脱硫装置时，应在脱硫设备出料口上方设集气罩，进行废气收集。

④塑炼、压延、硫化、脱硫、打浆、浸胶等生产车间顶部安装引风装置，废气收集处理后排放。破碎、配料、干燥、塑化挤出（包括注塑、挤塑、吸塑、吹塑、滚塑、发泡等）等生产环节中工艺温度高、易产生恶臭废气的部位应设置相应的废气收集系统，集气方向应与废气流动方向一致。

⑤当采用上吸罩收集废气时，排风罩设计应符合《排风罩的分类及技术条件》（GB/T 16758—2008）要求，尽量靠近污染物排放点，除满足安全生产和职业卫生要求外，控制集气罩口断面平均风速不低于 0.6 m/s。

⑥采用生产线整体密闭时，密闭区域内换风次数原则上每小时不少于 20 次；采用车间整体密闭时，车间换风次数原则上每小时不少于 8 次。

⑦废气收集处理系统应与生产工艺设备同步运行。废气收集处理系统发生故障或检修时，对应的生产工艺设备应停止运行，待检修完毕后同步投入使用；生产工艺设备不能停止运行或不能及时停止运行的，应设置废气应急处理设施或采取其他替代措施。

⑧废气收集和输送应满足《大气污染治理工程技术导则》（HJ 2000—2010）要求，管路应有明显的颜色区分及走向标识。

**末端治理** 橡胶制品业 VOCs 废气末端治理技术有吸收、吸附、燃烧、低温等离子法、生物处理、冷凝回收等，企业应根据废气产生量、污染物组分和性质、温度、压力等因素，综合分析、合理选择。

①炼胶废气粉尘含量大，要求先进行除尘处理，推荐使用“布袋除尘+介质过滤+吸附浓缩+蓄热催化燃烧”不同的组合处理工艺，在规模不大、不会扰民的情况下，废气经除尘后也可采用低温等离子法、多级吸收法、吸附法和氧化法等处理技术。

②硫化废气可采用吸收法、吸附法、氧化法、生物处理法、催化燃烧等末端处理技术。

③打浆浸胶工序废气浓度较高，先采用活性炭或碳纤维吸附再生方式进行溶剂回收，尾气再用燃烧法、低温等离子法或生物处理法等末端处理技术处理。

④再生胶生产过程中，脱硫废气经收集后优先采用“过滤除尘+余热回收+吸收法去除硫

化氢+燃烧法”组合处理工艺，在规模不大时，可采用生物处理法、吸收法等处理工艺。

⑤及时更换吸附剂、吸收剂，废气处理产生的废水收集处理达标后方可排放；产生的废吸附剂按相关要求规范处置，防止二次污染。

⑥采用溶剂浸胶工艺的 VOCs 废气去除率不低于 90%，车间内及厂界无明显恶臭，废气经处理后应满足《橡胶制品工业污染物排放标准》（GB 27632—2011）、《恶臭污染物排放标准》（GB 14554—1993）等相关要求。

（方刚　韩桂梅）

# Y

**yancao zhipinye qingjie shengchan**

**烟草制品业清洁生产**　（cleaner production in tobacco products industry）　不断采取改进烟草产品设计，降低烟草产品中焦油含量，使用太阳能或工艺余热等清洁能源，采用先进的工艺技术与卷烟设备，改善生产过程管理，严格质量控制等措施，从源头削减污染，提高资源利用效率，减少或者避免在烟草制品生产和使用过程中污染物的产生和排放，以减轻或者消除对人类健康和环境的危害。

中国是全球最大的烟草生产国和消费国，生产并消费了全球1/3的卷烟。烟草行业（包括烟草工业和烟草商业，烟草工业即为烟草制品业）是我国中央财政和地方财政的利税大户，年利税平均占全国财政收入的 8%左右。根据《中华人民共和国烟草专卖法》，卷烟、雪茄烟、烟丝、复烤烟叶统称为烟草制品。根据《国民经济行业分类》（GB/T 4754—2017），烟草制品业（行业代码 16）分为烟叶复烤、卷烟制造和其他烟草制品制造三个细分行业。其中，卷烟制造是烟草制品业的最重要组成部分。

目前，我国暂未编制烟草制品业清洁生产评价指标体系。自2006年开始，国家烟草专卖局、国家环境保护总局陆续发布了《卷烟企业清洁生产评价准则》（YC/T 199—2006）、《清洁生产标准　烟草加工业》（HJ/T 401—2007）、《卷烟企业清洁生产评价准则》（YC/T 199—2011，代替 YC/T 199—2006）、《再造烟叶生产企业清洁生产评价准则》（YC/T 555—2017）等，规定了卷烟生产过程中关于生产工艺与设备、资源能源利用、污染物产生等方面的具体要求。同时，地方一些省市也发布了烟草制品业相关的清洁生产标准，如云南省工业和信息化委员会于2010年发布了《云南省烟草加工业（卷烟）行业清洁生产评价指标体系（试行）》，为企业推行清洁生产提供技术支持。

**生产工艺及产排污节点**　烟草制品业产业链包括烟草种植及收购、烟叶复烤及卷烟生产、卷烟销售等行业，其构成见图1。

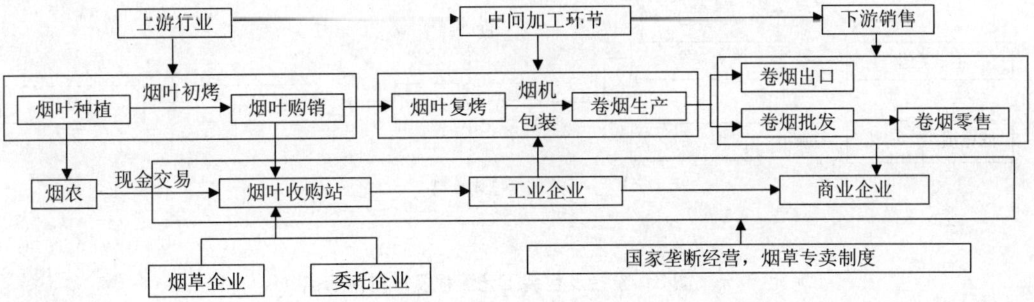


**图1　烟草制品业产业链**

对烟草制品业产业链分析可知，卷烟制造位于产业链的中心地位，其发展直接带动上下游相关产业的发展。因此，卷烟制造是烟草制品业清洁生产的重心。卷烟制造工艺流程主要包括制丝、卷接和包装。其中，制丝工艺主要包括备料、回潮、贮叶、切丝、烘丝、叶丝梗丝混合、加香、加料、贮丝等工序，其工艺任务是将各种烟叶制成配比均匀，纯净无杂质，宽度、水分、温度均符合各等级卷烟工艺要求的烟丝。卷接工艺主要包括喂丝、烟支卷制、滤嘴接装等工序，其工艺任务是将合格的烟丝按照制造规格及质量标准，卷制成合格的烟支，接装成滤嘴烟支。包装工艺采用多种包装材料和包装机械，将经烘焙后水分合格的烟支包装成符合产品质量标准、便于贮运和销售的成品。

制丝工艺流程及产排污节点见图 2，卷接及包装工艺流程及产排污节点见图 3。

卷烟生产过程中产生的污染物主要包括废气、废水及固体废物，其中废气包括锅炉产生的燃烧废气、卷烟制丝及卷烟包装产生的工艺粉尘、制丝过程中产生的烟草异味及污水站恶臭等；废水包括洗梗废水等；固体废物包括原辅材料包装物、卷烟生产过程中报废的卷烟材料及卷烟包装材料、污水站污泥等。

**清洁生产措施** 烟草制品业清洁生产主要从以下几个方面开展：

①使用更加绿色的原辅材料。生产卷烟的原料为烟叶，主要辅料有卷烟纸、接装纸、滤棒、香精、黏合剂和包装材料等。首先，积极采用绿色生态烟叶，可有效降低烟叶农残，既能保护生态环境，又能提高烟叶质量。其次，使用更加绿色、环保的卷烟纸、包装材料等辅料，减少环境污染。

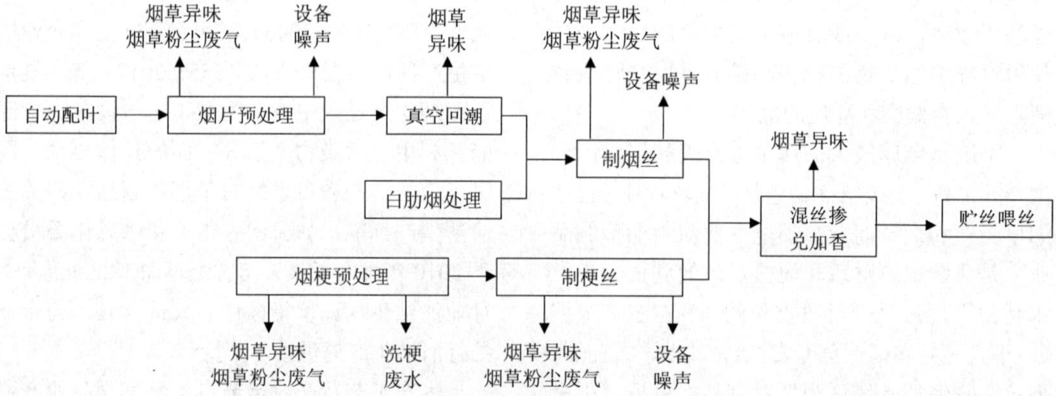


**图 2 制丝工艺流程及产排污节点**

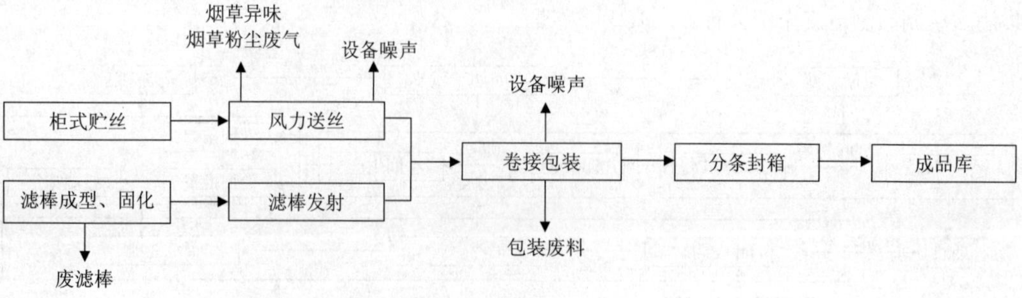


**图 3 卷接及包装工艺流程及产排污节点**

②应用节能技术，持续优化用能结构。积极应用光导照明、空调中控、能源管控等一系列先进的节能降耗技术，提升能源利用效率；通过开展制丝、卷接线能耗专项改进，优化制丝设备预热时间及工艺气体温度等措施，加强企业内部能源管控，降低能源消耗，提高能源绩效水平；使用天然气、甲醇、电等低污染或无污染的清洁能源替代燃煤锅炉，降低污染物排放。

③采用先进的生产工艺及设备。引进先进的卷接机组和制丝工艺，优化生产工艺，提高生产效率。通过应用制丝集控、卷包数采等系统，实现生产过程智能化。采用不同结构功能的自动化物流系统，包括自动化立体仓储系统、自动输送机系统、自动导引车（AGV）系统、自动控制系统、实时监控系统等，降低人员劳动强度，提高转运效率。

④优化产品设计。持续不断优化设计，降低烟草产品中的焦油含量，主要途径有：减少烟支的燃吸口数，例如，提高卷烟纸的自然透气度以加快烟支静燃速度，缩短烟支长度等；减少每口烟气中的焦油量，例如，装接过滤嘴，通气稀释等；用膨化技术增大烟丝和梗丝体积，掺用烟草薄片以减少烟丝用量等，既能增进静燃速度，同时又减少了每口的焦油量。

⑤资源、能源综合利用。对锅炉余热进行回收利用，降低能源消耗。建立中水回用装置，对污水站处理后的生产废水和生活污水再次进行处理，达标后回用于厂区绿化、冲厕等，减少新鲜水消耗。回收蒸汽产生的凝结水，用于卷包车间清洗、蒸汽降温、工艺空调水雾加湿、空调新风预处理等，减少水资源浪费。

⑥加强过程控制。通过加强精准供能和准时生产研究，构建拉动式能源供应模式，有效匹配柔性化卷烟生产要求，减少开机准备时间、设备等待时间，降低能源消耗。针对空调、蒸汽、压缩空气、配电、中水五类能源介质（系统）实施全流程分析和改善，提升清洁生产管理水平。与 TnPM（全面规范化生产维护）工作相结合，降低设备故障率，缩短故障时间；与 QC（质量控制）工作相结合，积极发挥员工主观能动性，持续优化生产操作，提高产品质量；与 6S（整理、整顿、清扫、清洁、素养、安全）工作相结合，规范企业管理，减少生产过程中的浪费，提升工作效率。

⑦废弃物综合利用。推进农业循环经济发展，研究用烟草废弃物生产生物农药，以减少化学农药的施用量。

**发展现状及趋势** 基于人们禁烟意识的提高以及对健康生活的追求，传统烟草市场将受到影响，低害性的新型烟草将占领更大的市场空间。重视基础研究和科研开发，降低卷烟有害成分，已成为烟草制品业持续发展的必然要求，采用新技术、新工艺已成为提高烟草产品质量水平、增强产品竞争力的重要手段。

烟草制品业要实现可持续发展，需要全产业链实现绿色发展。一方面，大力构建现代绿色生态烟草农业，从源头降低对环境的影响；另一方面，在烟草加工过程中注重采用先进工艺技术及装备，优化生产操作，降低能源、物料消耗，减少污染物排放。

（刘毅　刘一男）

yangzhiye qingjie shengchan

**养殖业清洁生产** （cleaner production in breeding industry） 将清洁生产的基本思想应用于养殖业生产全过程，要求生产和使用对环境温和的绿色产品，改善养殖业生产技术，减少和降低污染物的数量和毒性，将养殖业对环境和人类的影响降到最低。

为控制畜禽养殖业对环境的污染，促进养殖业健康发展，2001 年国家环境保护总局发布了《畜禽养殖污染防治管理办法》。同年 12 月，国家环境保护总局发布《畜禽养殖业污染物排放标准》（GB 18596—2001），规定了集约化、规模化畜禽养殖场和养殖区废水、恶臭排放标准和废渣无害化环境标准等。2013 年，国务院发布《畜禽规模养殖污染防治条例》，成为首部国家层面上专门的农业环境保护类法律法规，该条例对畜禽养殖产业的布局选址、环评审批、污染防治配套设施建设、废弃物处理方式和利用途径、综合利用的激励措施等均作出了规定，为促进养殖业清洁生产快速发展提供了有力保障。

**主要污染物质** 养殖业可能对环境造成污染的物质主要有：畜禽粪尿及其产生的臭气；养殖场污水；场内剖检或死亡畜禽尸体；养殖场排出的有害气体，包括二氧化碳、硫化氢、氨氮等；屠宰场（户）的固体废物、污水、下水、废气等；霉变饲料；苍蝇、蚊虫等昆虫；其他废弃物。其中，畜禽粪便是我国养殖业环境污染的主要来源，畜禽粪便中主要污染物有氨氮、总磷、总氮等。

**技术原理和工艺特点** 养殖业清洁生产包括对养殖业生产实行产前、产中、产后全过程控制。产前控制主要从养殖场的规划入手；产中控制包括科学饲养、节约用水、清洁用水、使用安全饲料等；产后控制主要指对固体废物、污水的处理以及臭气的控制。通过加强对各养殖工艺环节的控制，减少养殖业生产过程中废弃物和污染物的产生和排放，降低养殖业对生态环境的破坏。

**产前控制** 合理规划畜禽养殖场的规模，不宜过大或过小。养殖场选址应远离人群聚居区和环境敏感区，交通方便，排水条件良好。厂房设计科学，布局合理。

**产中控制** 节约用水，采用科学的饮水设施，避免造成流、跑、漏等水资源浪费现象。合理选用畜禽舍清洗方式，减少养殖污水的排放。改善饲料结构，科学饲养，提高饲料利用效率，降低排泄物中氮的含量及带来的臭味。

**产后控制** ①固体废物处理。通过物理、化学、生态、生物技术的应用，实现废弃物资源化利用。②污水处理。畜禽养殖污水处理的基本方法主要有固液分离与理化处理、厌气池发酵处理、土地处理等。③臭气控制。常用的臭气控制方法包括吸附法、吸收法、焚烧法、化学与生物除臭法、洗涤法、生物过滤与生物洗涤法、构筑防护林等。

**发展现状及趋势** 近些年，我国畜禽养殖业快速发展，在促进农民增收和保障农产品供给方面具有重要意义，但由于缺乏必要的引导和规划，我国畜禽养殖业仍有布局不合理、养殖总量超过环境容量、种养脱节、畜禽养殖污染防治设施配套不到位等状况，对生态环境造成了污染。据《第二次全国污染源普查公报》数据，2017 年我国畜禽规模养殖场水污染物排放量为：化学需氧量 604.83 万 t、氨氮 7.50 万 t、总氮 37.00 万 t、总磷 8.04 万 t，占全国水污染物总排放量的比例分别为 28.21%、7.78%、12.17%和 25.49%。随着生产规模的扩大，畜牧养殖对于环境的负面影响正在不断加剧。

养殖业清洁生产未来发展趋势包括：①合理规划养殖场。建设养殖场应做到合理规划，规模适度，选址在有一定坡度、排水良好的地方，远离人口稠密区及环境敏感区，厂房设计合理。②减少畜禽粪尿及污水排放。科学配制饲料，采用合理的饲养方式及饲喂、饮水设施，最大限度减少粪尿及污水排放。③倡导废弃物综合利用。畜禽粪便通过微生物堆肥发酵是常用的畜禽粪便无害化处理和资源化利用的技术，此外，养殖污水通过厌氧发酵可产生沼气，回收生物质能，处理后的畜禽粪水还田灌溉也正成为今后研究和发展的方向。

（李延云　高逢敬）

**yejin gongye　qingjie shengchan**

**冶金工业清洁生产** （cleaner production in metallurgical industry） 以冶金工业环境保护和可持续发展为目标，实现从产品设计到产品生产、使用和处置全生命周期过程控制，减少或者避免污染物的产生和排放，以减轻或者消除冶金工业对人类健康和环境的危害。按照生产产品性质的不同，将冶金工业分为黑色冶金工业和有色冶金工业两大类。

**沿革** 我国清洁生产始于 20 世纪 70 年代末，1992 年联合国环境与发展大会正式将清洁生产写入《21 世纪议程》，我国政府积极响应国际倡导的清洁生产战略，继联合国环发大会之后，制定了《中国 21 世纪议程》，明确提出清洁生产是实施可持续发展战略的重要组成部分。1993 年的第二次全国工业污染防治工作会议明确提出，工业污染防治必须从单纯的末端治理向生产全过程控制转变，实行清洁生产。2002 年《中华人民共和国清洁生产促进法》通过，标志着我国将依法全面开展清洁生产工作。近年来，冶金工业认真贯彻落实党中央、国务院关于实施清洁生产、搞好节能减排的要求，以全面推行清洁生产为工作重点，优化产业结构，发展循环经济，推进技术创新，取得了一定成效。

2008 年，环境保护部发布《关于进一步加强重点企业清洁生产审核工作的通知》（环发〔2008〕60 号），提出“十一五”期间，地方各级环保部门要围绕火电、钢铁、有色、电镀、造纸、建材、石化、化工、制药、食品、酿造、印染等重污染行业和“三河三湖”等重点流域，加快推进强制性清洁生产审核。各地也可以根据污染减排工作的需要，将国家、省级环保部门确定的污染减排重点污染源企业纳入强制性清洁生产审核的范围。2010 年，环境保护部发布《关于深入推进重点企业清洁生产的通知》（环发〔2010〕54 号），提出当前要将重有色金属矿（含伴生矿）采选业、重有色金属冶炼业等五个重金属污染防治重点行业，以及钢铁、电解铝等七个产能过剩主要行业，作为实施清洁生产审核的重点。2013 年 9 月 10 日国务院发布的《大气污染防治行动计划》（国发〔2013〕37 号）指出，全面推行清洁生产，对钢铁、水泥、化工、石化、有色金属冶炼等重点行业进行清洁生产审核，针对节能减排关键领域和薄弱环节，采用先进适用的技术、工艺和装备，实施清洁生产技术改造。

目前，我国冶金工业行业已经形成了较为完善的清洁生产标准和清洁生产评价指标体系。截至 2010 年，我国发布的行业清洁生产标准有 58 项，其中涉及冶金工业的清洁生产标准有 15 项，涵盖了钢铁、铅、锰、铝、镍、铜、炼焦等 7 个行业。后期清洁生产标准逐步被清洁生产评价指标体系所替代。截至 2020 年，我国发布的行业清洁生产评价指标体系有 51 项，其中涉及冶金行业的评价指标体系有 15 项，涵盖钢铁、铜、黄金、铅、锌、锰、锑、镍、钴、锗等 10 个行业，如《锌冶炼业清洁生产评价指标体系》《钢铁行业（烧结、球团）清洁生产评价指标体系》《钢铁行业（高炉炼铁）清洁生产评价指标体系》《钢铁行业（炼钢）清洁生产评价指标体系》《钢铁行业（钢延压加工）清洁生产评价指标体系》《钢铁行业（铁合金）清洁生产评价指标体系》《再生铜行业清洁生产评价指标体系》《电解锰行业清洁生产评价指标体系》《黄金行业清洁生产评价指标体系》《镍钴行业清洁生产评价指标体系》《锑行业清洁生产评价指标体系》《再生铅行业清洁生产评价指标体系》《铅锌采选行业清洁生产评价指标体系》《钢铁行业清洁生产评价指标体系》《锗行业清洁生产评价指标体系》等。

为了加快重大清洁生产技术的示范应用和推广，提升行业整体清洁生产水平，工信部发布了一系列重点行业的清洁生产技术推行方案，已经发布的冶金工业清洁生产技术推行方案包括《铜冶炼行业清洁生产技术推行方案》《铅锌冶炼行业清洁生产技术推行方案》《电解锰行业清洁生产技术推行方案》《钢铁行业清洁生产技术推行方案》等。

国家发展和改革委员会、国家环保总局于 2006 年组织编制了《国家重点行业清洁生产技术导向目录（第三批）》，涉及钢铁、有色金属等行业，共 28 项清洁生产技术，其中涉及冶金工业的技术有高炉煤气等低热值煤气高效利用技术、转炉负能炼钢工艺技术、新型顶吹沿没喷枪富氧熔池炼锡技术、300 kA 大型预焙槽加锂盐铝电解生产技术等。

冶金工业清洁生产是在工业较长的污染预防进程中逐渐推行起来的，也是国内几十年来污染预防工作基本经验的结晶。

**开展途径**　工业系统中，冶金工业是排污大户之一，其废水、废气和废渣的排放量均位居前列，环境保护成为制约行业持续发展的关键因素之一。要从根本上解决行业的污染问题，就必须大力推行清洁生产，把污染消除在生产过程之中。

冶金工业清洁生产开展途径主要包括资源的综合利用，工艺、技术和设备改造，物料再循环，加强管理，产品的替代和开发，必要的末端处理和区域范围内的清洁生产等方面。

**发展现状和存在问题** 冶金工业作为我国的工业大户，其不仅是能源与资源的消耗大户，生产过程释放的大量颗粒物、$SO_2$、$NO_x$、温室气体和废水等也使其成为环境污染大户，在冶金工业中实施清洁生产，是解决污染问题的重要途径。

目前，冶金工业清洁生产措施还不够完善、清洁生产评价指标体系还不够全面，随着行业技术的发展还需要进一步补充、修改和完善。与一些发达国家相比，我国的冶金工业清洁生产技术还需要不断地进步和提升。

**发展趋势** 党的十九大报告中指出，推进绿色发展，壮大节能环保产业、清洁生产产业、清洁能源产业。推进能源生产和消费革命，构建清洁低碳、安全高效的能源体系，推进资源全面节约和循环利用。在行业未来发展中，冶金工业清洁生产还需进一步加强与生态工业和循环经济的有机结合，不断拓展应用领域。

（邢杨　万斯）

**yiliao jigou qingjie shengchan**

**医疗机构清洁生产** （cleaner production in medical organization） 在门诊、急诊、住院等医疗服务中，使用清洁的能源和原料，采用先进的医疗技术和设备，改进医疗服务流程，提高医疗服务水平，从源头削减污染，提高资源能源利用效率，减少或者避免就诊、检查、治疗、手术等医疗过程中污染物的产生和排放，为患者提供清洁、高效、安全的就医环境和优质的医疗服务。

2012 年，国家发展和改革委员会、财政部批准北京市成为全国服务业清洁生产唯一试点城市，医疗机构作为服务业重点领域之一，正式引入清洁生产。2015 年，北京市质量技术监督局发布了《清洁生产评价指标体系　医疗机构》（DB 11/T 1259—2015），用于指导医疗机构开展清洁生产审核、评估和绩效评价，为医疗机构清洁生产提供评价指标、评价方法、指标计算方法及数据来源，规范医疗机构开展清洁生产工作，标志着北京市医疗机构清洁生产进入了标准化、规范化的新阶段。截至 2019 年，北京市已经有 19 家医疗机构开展了清洁生产。

**行业特征** 医疗机构尤其是大型综合性医院，水耗高、能耗高、污染物排放量大。①水资源消耗。医疗机构水消耗包括医疗用水、生活用水和热水的消耗。医疗用水按水质可分为市政原水、纯水、超纯水，其中纯水用于清洗消毒、各科室诊疗等；超纯水用于检验分析等。②能源消耗。医疗机构能源消耗主要包括市政热力、天然气、电力三部分，市政热力主要用于供暖和生活热水，天然气主要用于蒸汽锅炉、空调制冷、营养室及食堂等，电力消耗主要集中于建筑制冷、照明和医疗设备。医疗机构的医疗设备数量众多，包括 X 射线诊断设备、核医学设备、病理诊断设备等诊断设备，高压氧舱、手术床及手术器械、吸引器等治疗设备，消毒灭菌设备、制冷设备、中心吸引及供氧系统、空调设备、制药机械设备、血库设备、医用数据处理设备、医用录像摄影设备等辅助设备，这些设备运行频次高，运行时间长，总体能耗较高。③污染物排放。医疗机构主要产生废水、废气和固体废物等污染物。废水根据来源不同分为：由门诊、急诊、住院病房等排放的含病原微生物的医疗废水，同位素治疗和诊断产生的放射性废水，营养室、食堂排放的含油废水，住宿生活区排放的生活污水等。医疗废水须经医院污水处理系统处理和消毒，尤其是含传染病病原体的医疗废水须先消毒，再进入医院污水处理系统处理；放射性废水必须单独收集处理。医疗机构产生的废气主要有：具有挥发性的药品、溶剂产生的废气，中药煎制加工等过程产生的废气，综合性医院制剂工程产生的废气，高温消毒产生的废气，食品加工过程中的烹调油烟以及锅炉产生的烟气等。医疗机构产生的固体废物分为医疗废物和生活垃圾，其中医疗废物主要有化验室废物、手术污物、动物试验标本、废水处理污泥等，其有毒有害成分复杂，具有空间传染、急性传染和潜在传染的特性。

**清洁生产潜力** 医疗机构的清洁生产潜力主要体现在：节约使用电力、热力和水，提高能源和资源利用效率；提升污染物处理水平，规范医疗废物处置，加强含汞医疗器械管理和减量替代；提升医护人员、患者节能环保意识，加强绿色宣传，共同参与节能环保行动。

**清洁生产技术及措施** 主要包括节能、环保、节水三个方面。

**节能技术及措施** ①空调系统节能技术。主要包括利用可再生能源替代常规电能来提供冷量或热量，如利用太阳能、地源热泵、水源热泵等可再生能源；合理进行空调系统分区；有效利用二次回风；采用变频控制空调；充分利用室外新风；设置空调最佳运行模式；选择适当的温、湿度以及有效回收利用空调冷凝热等。②供热系统节能技术。主要包括冷热电联产技术、供热系统温控与热计量技术及热回收技术等。③照明系统节能技术。主要包括更换新型节能镇流器；应用照明自动控制系统，如超声波开关系统、人体红外感应开关、微机自动控制系统；节能灯改造等。④机电设备节能技术。主要包括更换节能型变压器、提高功率因数及使用低能耗设备等。⑤能源管理优化措施。主要包括强化节能意识，加强用能调查和管理；结合耗能系统特点，制定相应节能措施；加强对重点耗能设备的监管；应用复合能源站，采用多能源品种，如油、气、电、热等进行互补，确保能源安全；根据医疗机构全年、不同季节与不同时段冷热负荷来合理配置不同冷热源，提升能源利用效率。

**环保技术及措施** 具体如下。

*医疗机构水污染物控制* 医疗机构污水处理主要包括污水的预处理、物化或生化处理和消毒三部分。为防止病原微生物的二次污染，对污水处理过程中产生的污泥和废气也要进行处理。根据医疗机构的性质、规模和污水排放去向，采用不同的处理工艺，且处理工艺应考虑不同地区的技术经济条件。传染病医院（含带传染病房的综合医院）所产生污水含有病原性微生物，风险较高，宜采用处理级别较高的二级处理+消毒工艺或深度处理+消毒工艺，并须进行预消毒处理，以保证良好的处理效果。对于排入自然水体的医疗机构污水，根据国家污染物综合排放标准和医院污染物控制指标，从卫生安全和环境保护双重目标出发，宜采用二级处理+消毒工艺或深度处理+消毒工艺，且禁止向《地表水环境质量标准》（GB 3838）Ⅰ类水域、Ⅱ类水域和Ⅲ类水域的饮用水保护区和游泳区，《海水水质标准》（GB 3097）一、二类海域直接排放医疗机构污水。对于处理出水排入城市下水道（设有二级污水处理厂）的综合医院推荐采用二级处理，但考虑各地经济条件不同，也可采用一级处理工艺，但为保障消毒效果，必须加强处理效果，保证消毒前水质较好且稳定。

*医疗废物收集与转运管理* 医疗废物应按照《医疗废物管理条例》及其他相关管理要求单独进行收集、运送、贮存与处置。针对医疗机构产生的其他废物，目前比较先进的收集和转运技术为气动废物传输系统，该系统可以针对医疗机构内非传染病房的生活垃圾以及污衣被服等进行全封闭、压缩化、集装化收运及院内处理。该系统在医疗机构应用后可提高医疗机构垃圾收集效率，避免垃圾及污衣被服等污物对病患、工作人员及环境造成二次污染。

*含汞医疗器械减量与替代* 医疗汞废物需要单独分离和处理，否则会产生环境风险。为了应对医疗机构汞污染，世界卫生组织（WHO）在全世界范围内推行了“无汞化医疗”实验。国内已开展的具体措施包括：①无汞化宣传。主要针对医疗机构涉汞人员进行“汞危害及无汞化”科普宣传，包括护理人员、体温计和血压计的维修人员、接触含汞物品的仓库保管员、实验室的人员、医务人员的家属和住院的病人等，通过宣传提高职工及病人对汞危害和无汞化的认识。②建立健全汞回收制度。主要针对废弃体温计、血压计进行规范回收与统计。

③使用替代产品。直接使用电子化无汞医疗器械以替代含汞医疗器械是“无汞化医疗”最直接的实现方式。根据《关于汞的水俣公约》的要求，自2026年1月1日起，我国将禁止生产含汞体温计和含汞血压计，医疗器械的无汞化更新换代是履行公约的必然途径。

医用织物洗涤　医用织物洗涤技术可参考《医院医用织物洗涤消毒技术规范》（WS/T 508）中的要求。该标准规定了医用织物洗涤消毒的基本要求，包括分类收集、运送与存储操作要求，洗涤、消毒的原则和方法，清洁织物卫生质量要求，资料管理与保存要求。医疗机构和提供医用织物洗涤服务的社会化洗涤服务机构均应执行该标准。

**节水技术及措施**　在保证医疗服务需求的前提下，减少水资源的消耗，提高用水效率。主要包括采用节水型器具、感应式用水器具，应用智能控制系统，冷凝水回收利用以及中水回用等。

**发展现状及趋势**　医疗机构清洁生产体现在绿色建筑、绿色能源、绿色环境和绿色管理等方面，医疗机构开展清洁生产可提高能源、资源利用率，减少污染产生，改善环境，保障医护人员和患者健康，促进经济与社会协调发展。自北京市在医疗机构推进清洁生产以来，有近20家医疗机构开展清洁生产审核并通过了清洁生产审核评估。通过开展清洁生产审核，实施清洁生产方案，实现节电1 761万kW·h，节约天然气280万$m^3$，节水24万t，在减排化学需氧量、氮氧化物、一般固体废物方面也取得了较好效果。随着国家和北京市深入推进建立健全绿色低碳循环发展的经济体系和促进生产生活方式绿色转型，会有更多医疗机构开展清洁生产。未来，医疗机构开展清洁生产过程中，应加强危险化学品规范化管理，推进温度计、血压计、医用汞合金等含汞医疗器械和材料的替代使用；推广放射科数字化摄影技术，减少显影液排放；推广使用非接触式或脚踏式节水型用水器具，推广冷凝水回收利用技术，推广高效新风系统等。在新型冠状病毒等传染性疾病防控常态化的背景下，更应该加强医疗废物的规范化收集、贮存、清运和处置。同时，医疗机构作为窗口型公共服务机构，开展清洁生产可对广大患者及其他企事业单位起到良好的示范作用。　（李晓丹）

**yiyao zhizaoye qingjie shengchan**

**医药制造业清洁生产**　（cleaner production in pharmaceutical manufacturing industry）　将清洁生产的理念引入医药制造生产过程中，采用绿色产品设计，使用先进的生产技术和设备，改进优化原辅材料加工、制粒、压片、包衣、胶囊填充、灌封等生产工艺，减少资源和能源的浪费，推行医药原材料、资源和能源的循环利用，限制污染排放。

**沿革**　2002年，《中华人民共和国清洁生产促进法》颁布，为清洁生产奠定了法律基础。清洁生产在制药行业的推行最早是由中国化工学会提出的，拓展了节能领域，并且取得了显著的成效，提高了制药行业的生产效率。随着我国制药行业的不断发展，企业给环境造成的污染也日益增大，制药企业制定了一系列的节能环保策略，加强了能源管理以及环境保护的力度。当前，制药企业已经认识到了清洁生产的重要性，也在努力协调经济发展与环境保护的关系，将清洁生产理念落实到生产过程中，取得了重要的成果。

医药制造行业经过了持续的产品结构调整、高能耗高污染产品淘汰和企业搬迁，以及GMP达标改造、技术及工艺装备等升级改造，整体节能减排技术水平有所提高，但与国外先进企业相比，能耗、物耗及对环境的污染均有一定的清洁生产潜力。因此，医药制造业推行清洁生产意义深远。

**清洁生产措施及技术原理**　针对医药制造业清洁生产采取的措施主要有以下几项。

**选用清洁的生产工艺及技术**　为了提高产品的产率，生产中一般会采用催化剂。化学催化剂在制药工业中的应用已经十分成熟，包括金属催化剂和有机催化剂。近年来，医药制造企业还开始大量研究发展生物催化剂。近十年中，得益于细胞的定向进化、诱变等技术的发展，生物催化可适用的范围呈现指数增长。但由于生物催化剂技术壁垒的存在，目前生产性的报道常见于大型制药公司。另外，还有微波萃取、电化学和光化学等工艺，有待进一步规模化应用。

**采用新型清洁原辅材料** 溶剂几乎贯穿了制药工业中的每个生产环节。传统的制药工业中大量使用挥发性有机化合物（VOCs），导致废物量增加、空气污染和影响工人健康等问题。制药工业产生的废气，80%归因于溶剂的排放。因此，绿色溶剂的选择是清洁生产战略中的优先考虑事项。纯水是现在较为常用的绿色溶剂，可以有效代替许多有毒有害溶剂。甘油也可以作为溶剂，其对有机物有良好的溶解性，并且具有低毒性、低价格和可更新的特点。可使用$CO_2$作为超临界流体来萃取反应物，其优点在于可以在近常温温度下作为反应介质并且没有易燃易爆的危险。不过，由于$CO_2$是非极性分子，不太适宜萃取极性极强的物质，但可以通过添加夹带剂提高流体的极性。

**提高热能利用率** 医药工业生产流程中，原料药、化学合成药和中药的提取会消耗较多蒸汽，制剂和中成药消耗蒸汽相对较少。在生产工艺中，蒸汽主要用在生物发酵、化学合成、蒸发、蒸馏、干燥、萃取、分离、精馏等工序的设备上。提高热能（蒸汽）利用率，应本着既满足工艺要求，又节约能源的目的，在供热系统、能量转换设备（如锅炉）、输送热能管道、用热设备等主要用能环节，采用先进的技术和科学的管理方法，节约能源。

**提高锅炉热利用率** 可以采用以下措施：①选用新型清洁锅炉，燃烧效率高，热利用率高。②在对锅炉燃烧系统充分分析研究后，增加或用好省煤器和空气预热器，可提高热效率。③合理设计供热系统，辅助系统（如风机、水泵等）要配置得当。④提高司炉工和管理人员的操作水平。

**隔热保温技术** 首先应设计安装好热力管网，避免出现选材不合理、口径不相匹配、走向不正确等现象，以降低热力管网中的热量损耗。其次要准确计算保温层厚度，选择最佳经济厚度，选择导热系数低、操作安装方便的先进复合型保温材料，使保温层充分起到保护管网、减少热损失、延长管网寿命的作用，节约能源。

**合理设定用能设备运行方式** 常见措施包括：①精馏过程应正确选择最优回流比、最优压力、最佳进料状态以及进料板的位置，以达到节能降耗的目的。②干燥过程提倡应用连续式常压干燥或采用二次或多次干燥技术。③蒸发过程中，宜使用多效蒸发薄膜蒸发和压气式蒸汽再利用等工艺方式。④针对工艺过程中的各个用热环节，利用各类换热器进行余热回收利用，使废弃余热得以充分利用。

**提高电利用率** ①解决电机不相匹配的问题。②坚决淘汰老式电机及能耗高的机电设备。③采用先进操作技术，保障变压器经济运行。控制功率因数，采取相应措施把功率因数提高到 0.9 以上。④加强输电设备的合理布置，尽量把电能损耗降到最低。⑤改进工艺设备，采用适用的节电新技术，提高电能利用率。

**提高生产控制水平** ①对每一步反应过程进行物料平衡，做到定额发料。②加强对原料纯度的分析，做到达不到反应工艺要求的不投料，减少副产物的产生。③改革工艺和优化反应控制条件，包括投料方式、搅拌方式、搅拌时间、反应温度、压力等。④对反应所用溶媒进行回收时，应分门别类地进行，蒸馏时要严格控制时间、温度，确保回收率。⑤对起催化作用的重金属，应进行工艺改革，降低单位耗用量，同时减少使其进入环境的机会。⑥对废弃物的母液进行提取，并资源化利用。⑦对各种有毒溶剂进行研究，研究无毒无害溶剂的替代可行性。⑧对收率影响较大的反应过程，列入厂内科技攻关计划。⑨加强操作过程的管理，严格按规程操作。

**加强管理** 制药工业中污染物的产生有相当一部分是管理不严造成的。另外，缺乏完善的岗前培训造成工人操作不当也可导致低收率、高消耗。因此，有必要加强企业环境管理。在针对国外制药企业的调查中发现，绝大部分公司制定了清洁生产相关战略，但是不到一半的公司由指定人员或者部门来推行。如果是由指定部门来执行清洁生产策略，则部门类别因公司而异。有些公司指定生产工艺设计部门，而有些公司会设立环境、健康与安全（EHS）部门。在少数情况下，会交由业务部门推行，其优点是能够及时根据上层决策调整政策。许多大公司会在每一个工厂设置一个清洁生产团队，其优点在于团队常驻现场，能对现场发生的状况及时制定出对策。因此，各制药企业有必要根据自己的实际情况，因地制宜地制定清洁生产推行方略。

**发展现状及趋势**　医药制造业是国民经济体制中的重要产业，同时又是消耗及污染较高的产业。因此，在生产的过程中，应推行清洁生产技术，建立完善的管理机制，加大审核力度，通过政府部门的调控引导以及相关法规政策的配合实现清洁生产，更好地实施节能减排，推动国民经济的可持续发展。

近年来，我国经济发展迅速，人们对生活质量也有了更高的要求，更多的人开始重视医疗保健，有力推动了制药行业的发展，使制药业成为我国发展最快的行业之一。当前，我国已经成为世界上主要的原料药生产、出口国之一，国际化发展背景下，医药制造企业需要更加重视可持续发展战略，贯彻绿色发展理念，制定整体污染控制策略，强化源头预防、过程控制、末端治理等综合措施，积极落实碳达峰、碳中和目标要求。探索人工智能、云计算、大数据等信息化技术在实验动物模型构建、药物设计、药理研究、临床实验等环节的应用，缩短研发周期、降低研发成本，赋能医药产业链绿色低碳发展。（于承迎）

**yinran hangye qingjie shengchan**

**印染行业清洁生产**　（cleaner production in printing and dyeing industry）　在印染生产加工过程中，使用清洁的能源，以及对人体及环境无害、符合生态环保要求的染料助剂和纺织材料，选用节能高效、绿色环保的印染装备和工艺技术，强化资源综合利用及污染物末端治理，减少资源消耗和污染物排放，提升行业绿色发展水平。

印染是指在一定的温度、湿度、压力等工艺条件下，将染料、涂料等着色剂固着到纤维、纱线、织物等纺织原料上的物理和化学加工过程，一般包括前处理、染色/印花、后整理等工序。

**沿革**　2000 年开始，我国清洁生产发展模式在印染行业有了实质性进展，采取了限期淘汰污染严重的小型漂染厂等措施。随着《清洁生产审核暂行办法》首次提出强制性清洁生产审核，印染行业清洁生产审核开始实施，重点放在了污染物产生量大并超标严重的环节、构成生产“瓶颈”的环节、采取措施后能够产生显著环境效益与经济效益的环节。2006 年 7 月，国家环保总局发布了《清洁生产标准　纺织业（棉印染）》（HJ/T 185—2006），为棉印染企业开展清洁生产提供技术支撑。同年 12 月，国家发展和改革委员会发布了《印染行业清洁生产评价指标体系（试行）》，用于评价印染企业的清洁生产水平，为企业推行清洁生产提供技术指导。

**主要环境问题**　印染行业是纺织产业链中水污染物排放的主要环节，也是水污染物减排重点关注的行业之一。一方面我国印染行业规模较大，是全球最大的印染生产加工基地，其产量占全球一半以上；另一方面由于印染生产过程中需要以水为介质进行染色、水洗等湿加工，使得印染行业的废水排放量较大，并且印染工艺中添加的染料、助剂等化学品和纤维上的杂质、浆料、油剂等物质产生了诸多的水污染物。印染废水水量大、污染物浓度高，是较难处理的工业废水之一，虽然“十三五”时期以来印染行业水污染物减排取得了显著成效，但废水排放量占全国工业废水排放量的比例仍然较高，面临较大的水污染物减排任务和压力。

**清洁生产工艺**　印染行业清洁生产遵循“源头预防、过程控制、末端治理”原则。源头预防是指选用节能环保型的染料、助剂、坯布等原材料，优先选用清洁能源。过程控制是指生产全过程的控制，涉及的每个工艺都应从提高资源综合利用率、提升产品品质和生产效率、降低能耗水耗、减少污染排放的角度寻找合理的改进方案。末端治理是指对生产过程中产生的污染物进行末端处理，使最终排入环境的污染物最少化，降低对环境的影响。

按照印染生产工艺流程，针对前处理、染色/印花、后整理等工序分别采取相应的清洁生产技术、措施和改进方法。①前处理工序。该工序清洁生产目的主要是减少原材料使用量、提高能源资源利用率。主要方法措施包括：减少助剂的使用量，用生物酶等新型环保助剂替代传统碱剂；缩短前处理工艺流程与时间，采用退煮漂两步或一步法替代传统的退煮漂三步法工艺，采用高效节能环保型前处理设备；降低工艺温度，采用低温型前处理助剂和冷轧堆前处理工艺；实施工艺用水的分质分流回用等。②染色/印花工序。该工序清洁生产目的主要是提高能源资源利用率、减少原材料使用量、禁用有毒有害染化料。主要方法措施包括：使用高上染率染料、低温型染料助剂，采用冷轧堆染色工艺；采用无毒无害低污染的染化料；采用耗水量较少的染色/印花工艺；采用高效节能的水洗设备；使用环保型印花浆料，杜绝使用禁用类染料助剂等。③后整理工序。该工序清洁生产目的主要是提高能源资源利用率、降低污染物排放量。主要方法措施包括：常规能源（燃煤等）的清洁化使用，加大清洁能源（天然气、中压蒸汽等）的使用比例，少用或者不用非清洁能源；提高定形机能源利用率，安装定形机尾气净化和热能回用装置等。

**发展现状与趋势**　经过长期、充分的市场化发展，印染行业已从产业链上的“瓶颈”环节发展成为规模大、国际竞争力强的优势行业。印染行业坚定不移地走清洁化绿色发展之路，升级清洁生产工艺技术装备，节能减排取得显著成效。2015—2020 年，印染行业单位产品水耗下降 17%，由 1.8 t/100 m 下降到 1.5 t/100 m；单位产品综合能耗下降 15%，由 41 kg 标煤/100 m 下降到 35 kg 标煤/100 m；水重复利用率由 30% 提高到 40%，提高 10 个百分点。印染废水分质处理分质回用技术在行业内得到普遍推广，印染废水低成本深度处理及回用技术取得进展，废水处理工艺不断优化。同时，印染行业开展环境管理，全面实施排污许可证管理制度，依法依规排污，公开环境信息，履行社会责任，接受公众监督。

在行业今后的发展中，随着环境所能容纳的污染物越来越少，国家和地方的环保政策将更趋严格，污染物排放要求进一步提高，印染行业面临的节能减排特别是水污染物减排压力将持续增大，节能减排形势依然严峻。必须进一步降低能源资源消耗并提高利用率，单位产品能耗、水耗进一步降低，水重复利用率逐步提高，污染物排放量持续降低，扩大能源管理系统的推广应用；进一步加大清洁生产实施力度，深入开展清洁生产审核工作，通过清洁生产评价指标体系指导和规范印染企业清洁生产工作，提升清洁生产水平；引导企业全面践行绿色发展理念，鼓励优秀企业申报绿色制造名单，使更多的优秀印染企业成为国家绿色工厂；秉承节能减排、绿色低碳、循环利用、持续发展的理念，从产品研发、原料供应、生产加工等环节，建设和完善印染企业绿色供应链体系。

（陈志华　张怀东）

**yinshua hangye qingjie shengchan**

**印刷行业清洁生产**　(cleaner production in printing industry)　不断从印刷产品设计、原辅材料选择、能源利用以及生产工艺和设备上进行改良，从源头削减污染，提高资源利用效率，减少或者避免印刷生产和产品使用过程中污染物的产生和排放，以减轻或者消除对人类健康和环境的危害。

印刷是将文字、图画、照片等原稿经制版、施墨、加压等工艺，使油墨转移到纸张、织品、塑料品、皮革等材料表面上，批量复制原稿内容的技术。《印刷技术术语　第 1 部分：基本术语》(GB/T 9851.1—2008)中将印刷定义为:“使用模拟或数字的图像载体将呈色剂/色料(如油墨)转移到承印物上的复制过程。”

**沿革** 自 20 世纪 80 年代以来，在促进污染物减排、降低能耗、惠及社会民生等方面，我国的印刷行业清洁生产取得了一定成效。政策及市场要求印刷技术更加环保，包装耗材更加节约，印刷品废弃后易于回收再利用、可自然降解，实现无污染、低污染包装。据估算，印刷企业因实施各项环保措施，能耗及材料综合成本每年减少约 5 亿元，挥发性有机化合物(VOCs)的排放每年约降低 1.5%。绿色印刷认证企业数量目前只占全国的 0.15%，但其产值却占到了全行业的 4.5%。总体来看，我国印刷业正在走向“数字”“按需”“绿色”“集约”，在产业转型中不断寻求突破与发展。2017 年国家新闻出版广电总局发布的《印刷业“十三五”时期发展规划》，将“由印刷大国向印刷强国的初步转变”列为“十三五”时期的主要目标之一，印刷技术的发展势在必行。

2018 年，国家发展和改革委员会、生态环境部、工业和信息化部联合发布了《印刷业清洁生产评价指标体系》，对于印刷业生产工序中的 VOCs 的计算公式、排放量、产生量等进行了说明，此外还对污水排放、固体废物处置进行了规定。该指标体系为指导和推动印刷企业依法实施清洁生产，提高资源利用率，减少和避免污染物的产生提供了支撑。

**传统工艺及产排污节点** 传统印刷工艺主要有平版印刷、凸版印刷、凹版印刷和孔版印刷。印刷行业工艺流程及主要产排污节点见下图。

平版印刷、凸版印刷、凹版印刷和孔版印刷工艺各不相同，但废水、废气(主要为 VOCs)、固体废物来源和排放方式基本类似。VOCs 排放主要集中在印刷、烘干、复合等生产工艺过程中，一般来源于所使用的原辅材料，如油墨、清洗剂、稀释剂、润版液和胶黏剂等，以及印后使用胶黏剂的复合过程、印后的覆膜工序和上光工序。VOCs 可能的排放途径一般包括油墨调配过程中的溶剂挥发、印刷过程中的油墨溶剂挥发和烘干阶段、印后复合过程中的胶黏剂挥发及设备清洗过程等。

**清洁生产措施** 印刷行业清洁生产主要从以下几个方面开展。

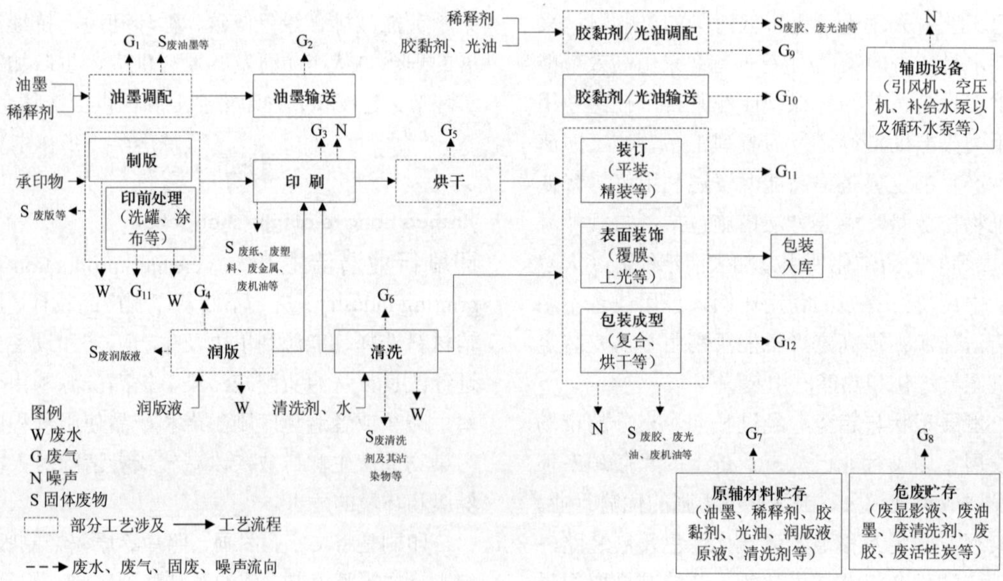


**印刷行业工艺流程及主要产排污节点**

**原辅材料源头替代** 源头替代是印刷行业污染治理的根本措施，应推广使用低挥发性环保原辅材料。鼓励使用通过中国环境标志产品认证的油墨、清洗剂和润版液等环境友好型原辅材料。①使用低 VOCs 含量的油墨。如水性油墨、树脂型油墨、大豆油基胶印油墨、能量固化油墨（UV、EB 固化油墨）等低 VOCs 含量的油墨。②推广使用免酒精润版液。在胶印工艺中应使用免酒精润版液/无醇润版液，或低醇润版液（VOCs 含量在 5%以下），应不使用或在少数情况下少量使用酒精或异丙醇作为润版液的添加剂（添加量≤3%）。③推广使用环保型油墨清洗剂。应尽量不使用溶剂型油墨清洗剂（如乙酸乙酯等），推广使用低（不）挥发和高沸点的清洗剂，逐步推广使用 VOCs 含量≤85%的油墨清洗剂（洗车水）。④溶剂型上光油可用水性上光油或 UV 上光油替代。在覆膜工艺中，使用水性覆膜胶，在印刷品装订工艺中使用水性胶黏剂或聚氨酯型胶黏剂来代替溶剂型胶黏剂。⑤含 VOCs 原辅材料年使用量在 10 t 以下的，全面实施源头替代措施。

**加强过程控制** ①推广使用先进设备和技术。鼓励企业采用密闭型生产成套装置，推广使用自动清洗橡皮布装置、润版液循环过滤装置和冲版水过滤循环技术。鼓励企业实施柔印等技术改造。企业在现有平版印刷工艺技改时宜采用压力固化、调温固化、反应固化等平版印刷方式代替加热固化平版印刷方式。②规范原辅料贮存。油墨、稀释剂、清洗剂等含 VOCs 的原辅料在非即用状态时，应加盖密封并密闭存放于安全、合规场所。废油墨、废清洗剂、废活性炭等含 VOCs 的危险废物，应分类放置于贴有标签的容器内，加盖密封，并存放于安全、合规场所。确保贮存油墨、溶剂等的容器材质结实、耐用，无破损、无泄漏，封闭良好。③规范原辅料调配和转运。严格控制清洗剂或洗车水的调配量，推广使用清洗剂定量压盘装置。溶剂型油墨、稀释剂等的调配应在独立密闭间内进行。鼓励对四色机或多色机使用集中供墨系统或袋装油墨，减少小罐墨的使用，降低油墨的损耗并减少油墨在印刷机中的存放量。专色自行配墨工艺无集中供墨系统时，原辅料转运应采用密闭容器封存，并缩短转运路径。④规范原辅料使用与回收。严格控制车间内部清洗剂或洗车水的 VOCs 挥发量，所有盛装油墨、清洗剂、洗车水的容器，在不使用时应加盖密封，使用后的废擦机布应及时放入有效密封的塑料袋（桶）之中，作为危险废物处理。废油墨桶、废清洗剂桶等危险废物，应符合危险废物相关处理规定。⑤印刷机清洗时应采用自动清洗、高压水洗或二级清洗等方式，清洗后废液不得造成二次污染。⑥鼓励企业实施绿色印刷，执行绿色印刷标准，通过绿色印刷认证。

**提高废气收集率** 使用的原辅材料 VOCs 含量≥10%的生产工艺装置或区域都应当对产生的 VOCs 废气进行收集。①印刷过程应在密闭空间或设备中进行，无法设置密闭环境的，VOCs 排放工段和设备必须配备集气罩、排放管道等局部收集设施，应采用集气效率高的集气罩，保持罩口呈微负压状态，且罩内负压均匀。根据员工操作方式，集气罩设置尽量靠近污染物排放点，确保废气收集效率。应按照《排风罩的分类及技术条件》（GB/T 16758—2008）、《局部排风设施控制风速检测与评估技术规范》（AQ/T 4274—2016）规定的方法测量控制风速，测量点应选取在距集气罩开口面最远处的 VOCs 无组织排放位置，控制风速不应低于 0.3 m/s。集气罩设计应满足 GB/T 16758—2008 要求。②废气收集可考虑靠墙式等距等高收集（管线过长时可考虑中高压中继风机），优化支管、汇管结构，气体输送管道与支管的夹角不得低于 60°，VOCs 污染气体收集与输送应满足《大气污染治理工程技术导则》（HJ 2000—2010）的要求，集气方向与污染气流运动方向一致，管路应有明显的颜色区分及走向标识。收集系统要与生产设备、废气处理设施同步启动，设备性能参数要与现场情况一致。③通过合理设计进风、出风风向以及流速，使印刷有机废气处于相对封闭的状态，防止紊流、旋涡带来的废气逸散。④所有气体收集管路不得有破损。管线连接处需有密封垫。

**提升污染治理水平** 印刷过程产生的废气根据废气产生量、污染物成分特征、风量和排放条件（温度、湿度、压力和颗粒物）等因素综合分析后，合理选择适宜的处理技术及设备。实行排放浓度与去除效率双重控制，治理设施去除效率不应低于80%且不产生二次污染，行业标准有更高要求的执行行业标准。①对于技术先进、规模大、有实力的企业，废气经捕集后推荐采用活性炭吸附+催化燃烧在线或定期脱附再生方式处理。②对于中小规模的企业，综合不同印刷工艺和原辅材料使用等实际情况，废气经捕集后推荐采用活性炭吸附+第三方脱附再生方式处理。③规范工程设计。采用吸附处理工艺的，应满足《吸附法工业有机废气治理工程技术规范》（HJ 2026—2013）要求。采用催化燃烧工艺的，应满足《催化燃烧法工业有机废气治理工程技术规范》（HJ 2027—2013）要求。④配套治理设施前端应设置纸毛、粉尘过滤系统，过滤系统要达到后续处理的高效、净化等级要求。⑤在印刷企业比较集中的地区，鼓励建立统一的活性炭再生中心，妥善解决废活性炭处置问题。⑥妥善、及时处置次生污染物。废气处理产生的废水应定期更换和处理；废气处理产生的废过滤棉、废吸附剂等固体废物应按照相关危险废物管理要求规范处置，防止二次污染。

**加强设施运行管理** ①污染防治设施确保正常使用。企业污染防治设施按照计划需要拆除、闲置或因检修暂停使用的，应提前10个工作日向环保监管部门书面报告，检修期间，产生污染物的工序不得生产使用；因突发故障不能正常运行的，应当及时采取措施修复，并在24小时内向环保监管部门报告，报告要说明故障原因、采取的措施等。②采用催化燃烧装置的设备其运行记录中必须包括催化剂种类、净化效率和空速，催化剂的装填、更换时间和数量。每日记录催化燃烧装置流化床进出口温度、压降等参数。③吸附装置应记录吸附材料种类、更换/再生周期、更换量，并每日记录操作温度等参数，同时还应记录更换下来后的吸附材料的处置方式。④应根据实际生产工况和治理设施的设计标准，建立相关的各项规章制度以及运行、维护和操作规程，明确耗材的更换周期和设施的检查周期，建立主要设备运行状况台账制度，保证设施正常运行。⑤推进生产设施与污染防治设施“分表计电”。企业的每套污染治理设备及其对应的生产设施均应独立安装智能电表，并与地区重点企业在线督查系统联网。智能电表需具备运行状态、实时电压、电流、功率数据采集上传功能，确保生产工艺设备、废气收集系统以及污染治理设施同步运行。⑥VOCs治理设施应保证在生产设施启动前开机，在生产设施运营全过程（包括启动、停车、维护等）保持正常运行，在生产设施停车后，将生产设施或自身存积的气态污染物全部净化后停机。VOCs治理设施宜与生产设施联锁。

**强化环保监督管理** ①落实监测监控制度。废气处理设施的进、出口均应设置永久性标准采样口，安装符合《气体参数测量和采样的固定位装置》（HJ/T 1—1992）要求的气体参数测量和采样的固定位装置，并满足《固定污染源排气中颗粒物测定与气态污染物采样方法》（GB/T 16157—1996）规定的采样条件。排气筒高度按照环评制度要求设置，环保标志牌设置规范，废气采样孔在采样结束后及时封闭。

企业每年至少开展一次VOCs废气处理设施进、出口监测和厂界无组织排放浓度监测，重点企业废气处理设施监测每年不少于两次。监测需委托有资质的第三方进行，监测指标须包含颗粒物、主要特征污染物、非甲烷总烃和总VOCs等指标，并根据废气处理设施进、出口监测参数核算VOCs处理效率。地区生态环境部门每半年对辖区内包装印刷企业开展废气监督性监测。鼓励企业配备便携式VOCs监测仪器，及时了解掌握排污状况。对于使用符合国家有关低VOCs含量要求的油墨和胶黏剂、排放浓度稳定达标且排放速率满足规定要求，不建设或不运行VOCs末端治理设施的企业，应增加 VOCs 监控预警系统。在进口处设置 VOCs 监控预警系统，监控进口 VOCs 浓度不得高于执行标准的要求。

②建立健全企业各类台账记录并严格管理。其中，生产信息：主要产品印刷量等生产基本信息。原辅材料信息：含 VOCs 原辅料（油墨、稀释剂、清洗剂、润版液、胶黏剂、复合胶、光油等）名称及其 VOCs 含量，采购量、使用量、库存量，原辅材料技术说明书，含 VOCs 原辅材料回收方式及回收量等。废气收集处理设施：废气处理设施进、出口的监测数据（废气量、浓度、温度、含氧量等）；废气处理设施相关耗材（吸收剂、吸附剂、催化剂等）购买处置记录；废气收集和处理设施关键参数（一次性吸附剂更换时间和更换量、再生型吸附剂再生周期及更换情况、废吸附剂储存及处置情况、催化温度、电或天然气消耗量、催化剂更换周期及更换情况等）。

③加强企业运行管理。企业应系统梳理 VOCs 排放主要环节和工序，包括启停机、检维修作业等，制定具体操作规范，落实专人管理，确保 VOCs 处理设施长期有效运行。组织油墨清洗剂使用以及其他相关方面的培训，加强固体废物（纸毛、废版等）的管理，健全内部考核制度，加强人员能力培训和技术交流。建立非正常工况申报管理制度，企业出现项目停产、废气处理设施停运、突发环保事故等情况时，应及时向当地生态环境部门进行报告并备案。

（李子秀　方刚）

**youji huagong hangye qingjie shengchan**

**有机化工行业清洁生产**　（cleaner production in organic chemical industry）　以有机化工行业的绿色可持续发展为目标，从产品设计、有毒有害原材料的替代、降低资源与能源消耗、采用清洁生产技术、加强管理等方面入手，实现源头削减污染物的产生，以减轻或者消除有机化工行业对人类健康和环境的危害。

有机化工行业指以天然资源煤、石油、天然气和生物质为原料，经过化学加工得到“三烯”（乙烯、丙烯、丁烯）、“三苯”（苯、甲苯、二甲苯）、“一炔”（乙炔）、萘等八大基本有机化工原料，然后再进一步加工成为有机化工产品的工业，主要包括合成纤维、合成塑料、合成橡胶、化肥、农药等工业。

**沿革**　我国有机化工业自 20 世纪 90 年代中期开展清洁生产以来，取得了一些积极进展，包括制定了一系列清洁生产政策法规，开发并推广了一批清洁生产相关技术。截至 2019 年年底，已发布的有机化工行业清洁生产评价指标体系包括《环氧树脂行业清洁生产评价指标体系》《1,4-丁二醇行业清洁生产评价指标体系》等。另外，根据国家发展和改革委员会会同生态环境部、工业和信息化部发布的第一批、第二批清洁生产评价指标体系制（修）订计划，聚乙烯、聚丙烯、精对苯二甲酸（PTA）和有机磷农药等行业的清洁生产评价指标体系正在制（修）订中。在清洁生产技术的研发和推广方面，有机化工业也取得了一定的进展，在已发布的三批清洁生产技术导向目录中，涵盖了石油炼制、涂料、聚氯乙烯、农药等重点有机化工行业相关清洁生产技术；相关政府部门还发布了部分有机化工行业清洁生产技术推行方案等。

**石油炼制业**　石油炼制业是国民经济的支柱行业，不仅提供各种石油产品，也为石油化工、化纤、化肥等工业提供原料。

石油炼制业的清洁生产主要从以下方面开展：①技术改进。采用加氢脱硫工艺，改善原料质量；采取加氢精制，替代电化学精制；使用硫转移催化剂，减少催化剂再生烟气中的二氧化硫含量；焦化冷焦水闭路循环利用（降温—分油—冷却—复用）；采用催化剂磁分离技术，处理从装置内卸出的平衡催化剂，将其中重金属污染较轻的部分加以回收，重返装置系统继续使用；利用焦化装置，处理污水处理厂“三泥”。②过程控制。改进换热流程，提高热回收率，减少产污量。冷热物流之间的换热应合理匹配，使宜于利用的热量充分回收，提高需加热物流的换热终温，降低需冷却物流的换热终温，合理选择壳程、管程及换热器结构参数。③设备更换和维护。改造储油系统，减少油品的蒸发和“呼吸”损失；改造加热炉，提高热效率；采用循环线采样设备，替代放料式采样。④加强管理。加强设备管理，避免泄漏的问题；控制挥发性有机液体储罐的污染，选择合适的存储和密封形式，并按要求定期检测；改进操作，减少油品储运过程中的油气挥发损失；采取污水分级控制，根据污水的性质设置含油污水、含盐污水、含硫污水、生活污水、低浓度清净废水、污染雨水等处理系列，并按质进行分类处理。⑤废弃物循环利用。改造初馏塔、常压塔顶，将塔顶气体压缩冷凝，同时回收丙烷、丁烷作为产品；减压塔顶气体抽出，脱硫后作为加热炉燃料；回收催化裂化再生烟气中的一氧化碳热能；加强水的重复利用和循环使用；回收火炬气作为燃料；用含硫化氢的酸性气体直接制取硫酸。

**涂料行业** 涂料行业实质上是为国民经济各行业服务和配套的行业。涂料对金属、混凝土和木材等底层材料起保护和装饰的作用，是不可或缺的功能材料。

涂料行业的清洁生产工艺主要包括：①全密闭式溶剂型涂料一体化生产工艺。在溶剂型涂料生产过程中，采用密闭的拌合、输送、研磨、调漆和包装工艺及设备，既减少了粉料的流失，增加了产品产量，又降低了粉尘和挥发性溶剂的排放。②桥梁涂料清洁生产工艺。采用水性桥梁涂料替代传统的溶剂型桥梁涂料。原理：采用耐候性等性能优异的水性树脂代替溶剂型树脂，用水代替有机溶剂生产水性桥梁涂料，生产工艺同一般水性涂料。该工艺可减少有机溶剂使用量的 70%～80%，同时也降低了生产、运输、使用等环节由于有机溶剂的挥发而产生的环境危害。③汽车涂料清洁生产工艺。采用水性汽车涂料替代传统的溶剂型汽车涂料。原理：采用水性树脂代替溶剂型树脂，用水代替有机溶剂生产水性电泳底漆、中涂漆和面漆，生产工艺同一般水性涂料。该工艺可减少有机溶剂使用量的 60%～70%，同时也可降低生产、运输、使用等环节中由于有机溶剂的挥发而产生的环境危害。④集装箱涂料清洁生产工艺。采用水性集装箱涂料替代传统的溶剂型集装箱涂料。原理：采用耐磨性、耐溶剂性等性能优异的水性树脂代替溶剂型树脂，用水代替有机溶剂生产水性集装箱涂料，生产工艺同一般水性涂料。该工艺可减少有机溶剂使用量的 70%～80%，同时减轻生产、运输、使用等环节中由于有机溶剂的挥发而产生的对海洋等外环境的危害。⑤光固化涂料清洁生产工艺。以紫外光固化技术为基础，生产光固化涂料，生产工艺类似一般溶剂型涂料，原料主要有光敏树脂、光引发剂和活性稀释剂等。该工艺可节约资源和能源，减少污染物如挥发性有机化合物（VOCs）等的排放，同时实现涂料的速干。⑥木器涂料清洁生产工艺。采用水性木器涂料替代传统的溶剂型木器涂料。原理：在保证涂料性能基本达到溶剂型木器涂料要求的前提下，用水取代传统溶剂型木器涂料中 60%～70%的有机溶剂作溶剂，生产水性木器涂料，生产工艺同一般水性涂料。该工艺可减轻生产、运输、使用等环节中由于有机溶剂的挥发而产生的环境危害。⑦氨基树脂废水回用技术。对氨基树脂生产中产生的废水进行回收利用，废水处理工艺包括沉降过滤、初精馏、再精馏、沉降。通过从氨基树脂废水中分离出有效物质，既可减少约 50%的废水量，降低废水处理难度，又可回收利用废水中的有效组分。

**聚氯乙烯行业** 聚氯乙烯是五大通用合成树脂之一，具有良好的物理及机械性能，可生产建筑材料、包装材料、电子材料和日用消费品，广泛应用于工业、农业、交通运输、电力电信和包装等各领域。聚氯乙烯生产是环境污染比较大的一个行业，排放的“三废”数量大、污染物种类多。聚氯乙烯生产中废水主要是乙炔发生电石渣废水、氯乙烯合成含汞废水等，这些废水中的悬浮物、化学需氧量（COD）超标，流入水体后进行集中处理的难度很大；废气主要有氯乙烯精馏尾气等；固体废物主要有电石渣（浆）、卤代烃残液和废汞催化剂等。

聚氯乙烯行业的清洁生产工艺主要包括：

①乙烯氧氯化法生产工艺。采用乙烯为原料生产聚氯乙烯。原理：在含铜催化剂作用下，乙烯发生氯化反应得到二氯乙烷，纯净的二氯乙烷经裂解产生氯乙烯和氯化氢，氯化氢再与乙烯发生氧氯化反应，生成二氯乙烷，二氯乙烷经裂解产生氯乙烯，最后氯乙烯经过聚合得到聚氯乙烯。该工艺与电石法生产聚氯乙烯相比，既避免了电石渣等固体废物的产生，也不使用汞触媒。②低汞触媒生产技术配套控氧干馏法回收废触媒中的氯化汞及活性炭新工艺一体化技术。该技术既降低了汞的消耗及排放量，又减少了含汞废活性炭的排放。③干法乙炔电石渣生产水泥技术。干法乙炔工艺产生的电石渣用于生产水泥。干法乙炔生产聚氯乙烯产生的电石渣量大，很难处理，目前将电石渣作为水泥生产的原料是解决电石渣问题的最好办法。同时，由于干法乙炔产生的电石渣水分含量低，可省去水泥生产中的压滤和烘干步骤，节省了大量的能源。④低汞触媒应用配套高效汞回收技术。指通过工艺改造将升华到氯乙烯中的氯化汞回收的技术。汞触媒是制约电石法生产聚氯乙烯发展的重要因素之一，低汞触媒是将氯化汞固定在活性炭有效空隙中的一种新型催化剂，其汞含量仅为6%。该催化剂不仅活性高，而且催化剂中汞的使用量和升华速度得到了大幅度的降低，进而有效减少了重金属汞的消耗和排放。⑤盐酸全脱吸工艺技术。采用盐酸全脱吸技术，处理水洗后的副产物含汞盐酸。采用该技术后，脱除的氯化氢回收利用，将产生的废水送回吸收塔，作为水洗工序的用水。这样既保证了氯化氢资源的高效利用，又使含汞废水不出系统。⑥利用生物膜法处理聚氯乙烯生产聚合母液。既降低了排放污水中的COD含量，又使废水得到综合利用，减少了母液污水的排放量。（邓珺　齐红卫）

youse jinshu yayan jiagongye qingjie shengchan

**有色金属压延加工业清洁生产**（cleaner production in non-ferrous metal rolling processing industry）　以有色金属压延加工业的绿色可持续发展为目标，在生产过程中，从生产工艺与装备、资源能源消耗与利用、污染物产生、产品特征和环境管理等方面入手，实现从源头削减污染物，提高资源利用效率，以减轻或者消除对人类健康和环境的危害。

**沿革**　有色金属压延加工业在能源消耗、污染物排放方面，远低于有色金属冶炼业，因此，专门针对该行业发布的清洁生产文件相对较少。目前，已发布的行业清洁生产相关标准有 4 项，包括《铝及铝合金管、棒、型材行业清洁生产水平评价技术要求　第 2 部分：阳极氧化与电泳涂漆产品》（YS/T 781.2—2012）、《铝及铝合金管、棒、型材行业清洁生产水平评价技术要求　第 3 部分：粉末喷涂产品》（YS/T 781.3—2012）、《铝及铝合金管、棒、型材行业清洁生产水平评价技术要求　第 4 部分：氟碳漆喷涂产品》（YS/T 781.4—2012）、《铝及铝合金板、带、箔行业清洁生产水平评价技术要求　第 5 部分：亲水铝箔》（YS/T 782.5—2013），可参考的清洁生产标准和技术规范包括《铸造企业清洁生产综合评价方法》（JB/T 11995—2014）、《清洁生产标准　金属切削加工》（DB 11/T 673—2009）、《铜及铜合金熔铸冷却水零排放和循环利用规范》（GB/T 27681—2011）。此外，经过多年发展，连续铸造技术、连续挤压技术、行星轧制技术、高速（干）切削技术、加工设备数控装备、环保型切削液等一批清洁生产技术、装备及材料在行业一定范围内得到有效推广和应用。

**主要问题**　目前，我国有色金属压延加工业清洁生产技术普及率仍较低，虽然行业骨干企业的技术和装备已居世界领先水平，但行业内中小型企业占90%以上，产业集中度较低，生产规模小，产品附加值低，采用的生产技术和装备仍相当落后，环保管理水平较低，这也导致中小企业成品率低、资源利用效率低、能耗高。此外，在清洁生产技术、装备、产品等方面的研发资金投入严重不足，挤压机、表面处理设备等部分技术装备和新能源汽车用动力电池正负极铜箔和铝箔材料、超大规模集成电路用高强高导引线框架材料等高精尖产品仍依赖进口。

**清洁生产工艺** 有色金属压延加工是指铜、铝贵金属、稀有稀土及其他常用有色金属压延加工，其中铜、铝压延加工业约占整个行业体量的 80%。铜压延加工主要包括熔炼、铸造、轧制、挤压、拉伸、退火等工艺环节，铝压延加工主要包括熔铸、铸轧、冷轧、切边、铝箔轧制、高速分卷分切、退火等工艺环节。

**铜压延加工** ①连续铸造技术，包括立式全连续铸造、上引连续铸造和水平连续铸造。该技术生产能力强，自动化程度高，产品质量稳定，成品率高，部分卷状坯料单卷重量大、长度长，可以直接进行冷加工，大大缩短了生产工艺流程。②行星轧制技术，是互成 120°角配置的三轧辊自转，同时又绕轧制线公转，从而实现对管坯复合轧制的技术。该技术节能效果好，省去了加热、挤压工序，工艺废料大大减少，综合成品率得到有效提高。该法比挤压法生产铜管每吨节能 600 kW·h 以上。③连续挤压技术。最早发源于英国，我国对该项技术进行了消化、吸收、再创新，从而实现了铜及合金棒、型、线、带多品种连续挤压，特别是完成了扩展连续挤压的技术创新，形成了以铜线杆为坯料的铜材生产新技术，不仅大大缩短了生产流程，提高了生产效率，还实现了高效节能。目前我国该项铜加工技术和装备已居世界领先水平。

**铝压延加工** ①Conform 连续挤压技术，有效利用了坯料和旋转挤压轮之间的强摩擦所产生的足够的挤压力和温度，将杆料、颗粒料或熔融金属以真正连续大剪切变形方式直接挤压成制品。该技术具有能耗低、材料利用率高、设备轻巧、投资少、易实现全过程自动控制等特点。②真空/气氛保护连铸技术，是在特殊冶金环境下实现材料连续制备的一种方法，可以实现高纯度材料制备的目标，降低熔体中气体和杂质含量，营造各种冶金气氛以满足不同材料制备的需要。该技术不仅可以得到优质坯料，能耗少，生产周期短，生产成本低，同时设备及基建投资少，便于与后续工序连接组成连续生产线。③半固态铝合金加工技术。金属在凝固过程中，进行强烈搅拌，或通过控制凝固条件，抑制树枝晶的生成或破碎所生成的树枝晶，形成等轴、均匀、细小的初生相均匀分布于液相中的悬浮半固态浆料，这种浆料在外力作用下即使固相率达到 60%，仍有较好的流动性。利用压铸、挤压、模锻等常规工艺进行加工成形，也可以用其他特殊的加工方法制成零件。该技术适用于铸造、挤压、锻压、焊接等多种成型工艺，可以做到少或无切削加工，具有节约资源、提高生产效率、延长整体设备的使用寿命、提高产品性能等特点。

**发展趋势** 从产业布局角度出发，未来势必以行业兼并重组的方式，淘汰落后企业，并随着新企业的加入，积极贯彻清洁生产理念，引入新材料、新技术、新产品，从而提升行业整体竞争力。

从技术装备角度出发，随着国内外市场竞争日趋激烈，有色金属压延加工生产企业都以优质、高效、节能、环保、低成本、高附加值为目标，在工艺流程、生产设备、高精尖产品等方面将迎来新一轮的技术革新。在满足产品质量的情况下，缩短生产工艺流程，生产装备大型化、高速化，各工序实现连续化和紧凑化是行业技术发展的方向和主流，以实现节约能源、提高成品率、缩短生产周期、降低生产成本，最终提高产品的市场竞争力。

（郭儒　刘紫薇　关晓东）

youse jinshu yelianye qingjie shengchan

**有色金属冶炼业清洁生产** （cleaner production in non-ferrous metal smelting industry） 以有色金属冶炼业的可持续发展为目标，从产品绿色设计、有毒有害原材料的替代、降低资源与能源消耗、采用清洁生产技术、加强管理等方面入手，实现从源头削减污染物，以减轻或者消除对人类健康和环境的危害。

有色金属冶炼业是指以天然资源和工业副产物为原料生产有色金属产品的工业，主要包括常用有色金属冶炼、贵金属冶炼、稀有稀土金属冶炼等，如铅、锌、铝、铜冶炼，金、银、铂冶炼和钨钼、稀有轻金属、稀有高熔点金属、稀散金属、稀土金属及其他稀有稀土金属冶炼等，但不包括钍和铀等放射性金属的冶炼。针对有色金属冶炼业高耗能且存在重金属污染等特点，其清洁生产应重点从产品的绿色设计、降低资源与能源消耗、采用清洁生产技术、加强管理等方面来开展。

有色金属冶炼业清洁生产技术工艺主要包括以下几项。

**新型顶吹沿没喷枪富氧熔池炼锡技术** 通过调节喷枪插入熔体的深度、喷入熔体的空气过剩量、加入还原剂的量和加入速度，以及多次或分批放出金属等手段，达到控制反应平衡和速度的目的，从根本上解决传统熔池熔炼过程中残渣含锡过高的问题。该技术的突出特点：一是熔炼效率高；二是热利用效率高，燃煤消耗小；三是环境效益好。

**300 kA 大型预焙槽加锂盐铝电解生产技术** 在铝电介质预焙槽电解工艺中加入锂盐，降低电解质的初晶点，提高电解质导电率，降低电解质密度，使生产条件优化，产品产量提高。该技术的突出特点是在极距不变的情况下，降低了电解槽工作电压，提高了用电效率，减少了氟化物的挥发，改善了生产作业环境。

**电热回转窑法冶炼砷灰生产高纯白砷技术** 高砷烟尘中的砷主要以三氧化二砷（$As_2O_3$）的形态存在，它是一种低沸点的氧化物，并具有升华的特性。利用这一性质，在高温条件下使三氧化二砷在回转窑内挥发，随烟气进入冷凝收尘系统，温度降低再结晶析出，得到白砷产品。高砷烟尘中锡、铅、铁等的氧化物因沸点较高，在电热回转窑控制的温度条件下不挥发，进入残渣中，从而达到三氧化二砷与锡、铅、铁等的氧化物分离的目的。锡在残渣（窑渣）中富集，返回锡系统处理可以得到回收。该技术避免了砷灰对环境的污染，使资源得到综合利用。

**氢氧化铝气态悬浮焙烧技术** 氧化铝生产焙烧系统由一台稀相闪速焙烧主炉和一组内衬耐火材料的高效旋风换热设备组成。其主要工作原理为：含水 10%的氢氧化铝经文丘里预热干燥器及两级旋风预热器预热至 425℃左右后，进入焙烧炉锥部，在焙烧炉内与高热气流（1 100℃）进行快速热交换。由于炉体结构及物料、高温气流的合理配置，使得氢氧化铝始终处于悬浮状态，从而能够快速完成焙烧过程。经焙烧后的氧化铝经高温旋风筒分离，进入由四级旋风筒和一级流化床组成的冷却系统。冷却后的氧化铝（低于 80℃）进入下一道工序。废气经一级预热旋风分离后进入电除尘器，经除尘后[含尘质量浓度低于 50 mg/m$^3$（标况）] 排入大气。其主要特点是热效率高，能耗低，不产生燃烧烟尘。

**白银炉炼铜工艺技术** 白银炉炼铜技术是铜精矿焙烧和熔炼相结合的一种方法，以将压缩空气（或富氧空气）吹入熔体中，激烈搅动熔体的动态熔炼为特征。该技术的特点：炉料制备简单；熔炼炉效率高；炉渣含三氧化二铁（$Fe_2O_3$）少，含铜低；能耗低；提高了铜的回收率；烟尘少，环境污染小。

**低碳低盐无氨氮稀土氧化物分离提纯技术** 以自然界广泛存在的钙镁矿物为原料，通过碳化反应制备高纯碳酸氢镁/钙溶液，并应用于稀土萃取分离和沉淀，革除了液氨或高成本的液碱皂化有机相工序；通过对稀土萃取、煅烧和锅炉燃烧等环节中产生的 $CO_2$ 气体进行捕收，实现 $CO_2$ 资源化再利用；通过钙、镁等碱土金属离子在碱转、碳化等过程中的相互传递作用，实现镁盐的循环再利用。与传统工艺相比，该技术可解决稀土提取过程中的盐和温室气体大量排放问题，消除了氨氮废水污染，减轻了末端治理压力，在保证产品质量的同时，显著降低了生产成本，提高了稀土行业清洁生产水平。

**非皂化萃取分离稀土技术** 采用具有原创性的协同萃取技术、萃取过程酸平衡技术、稀土浓度梯度调控技术等非皂化萃取分离稀土工艺技术，突破了氨水皂化萃取分离稀土的传统方式，可消除萃取分离过程中因氨水皂化或液碱皂化带来的氨氮或钠盐废水污染，同时大幅度降低生产成本。

**稀土精矿低温硫酸化动态焙烧技术** 稀土精矿采用浓硫酸分解，经熟化、回转窑低温（250～260℃）焙烧、水浸、净化等工序制备硫酸稀土浸出液，含氟焙烧尾气采用碳酸氢铵分解产生的氨气进行吸收处理；浸出液采用伯胺萃取回收钍；萃余液采用化学沉淀方法生产碳酸稀土。该技术可从源头上解决稀土精矿酸法生产过程中产生的含氟废水、废气和含钍放射性废渣等问题。（邢杨　何军）

**yuantou kongzhi**

**源头控制** （source control） 又称污染预防，是指在整个生产过程中预防和控制污染，把污染控制在污染源处的环保措施。既减少有用物质和能量的浪费，又减少污染物产生后治理所需的费用。不仅可降低生产成本，还有利于产品获得绿色标志，增加市场竞争力，是企业提高效益的一个重要途径。

源头控制主旨在于在废物产生之前就将其消除，它涉及材料的选择，产品的设计、制造，原材料的购买和使用，生产过程的控制，能源和物料的循环利用等，最终减少废物产生量或降低废物毒性。

20世纪60年代至70年代初，发达国家一味追求工业发展速度，忽视了随之而来的环境污染问题，造成各国环境公害事件频发，环境污染对人体健康造成的威胁日益严重。此后，各国政府开始对环境问题给予极大关注，并采取了相应的环保措施和行政管理对策。但是，通过十多年的实践发现，这种在生产末端对污染物进行控制的方法，把环境责任单纯地归于环保处理设施的基建投资和运行费用及环保管理等人员上，往往会造成企业负担加重且积极性减退，经常被动消极地等待环境保护部门的监管。另外，等到污染物产生后再想办法处理，不能很好地将污染控制与生产过程控制结合起来。由于没有抓住“源头”，不仅浪费了原材料，也造成了多余废物的产生，不能很好地保证资源能源的利用效率。于是，以“污染预防”和“源头控制”为核心思想的环境立法理念逐步发展起来。我国也开始研发一系列以源头控制、降低能耗物耗、提高资源能源利用率为核心理念的清洁生产技术并逐渐应用于各行各业。

源头控制不但能减少污染物的产生、排放，还有利于资源的重复利用。①节省资源。在产品的整个生命周期贯彻节约资源的理念。从原材料的运输，产品的加工制造，设施的运行，物料的使用到产生废物都要以降低资源能源的使用量、提高使用效率为目标。重复使用或减少材料消耗可大大减少浪费。最终，将有更多的有用材料被回收或更少的废物被送往垃圾填埋场或废物焚烧设施。②降低废物的毒性。在产品生产过程中，通过选择无害或危害较小的原辅材料，来达到减小最终废物毒性的目的。③降低成本。一方面，从源头控制可以减少末端废物的产生量，降低处理成本。另一方面，生产工艺和过程的改变也可以减少各环节中的成本，例如，使用更轻便的材料及减轻产品或其包装的重量会降低产品运输费用。

（吕川）

# Z

zaozhi gongye qingjie shengchan

**造纸工业清洁生产** （cleaner production in paper industry） 将整体预防的环境策略运用于制浆造纸生产过程中，使用清洁的能源和原料，采用先进的制浆造纸工艺技术与设备，提高水资源、能源和纤维原料的利用效率，减少对森林资源的消耗，加强黑液和固体废物综合利用，改善管理，最大限度地减少或者避免制浆造纸生产过程中污染物的产生和排放。

**沿革** 1994年10月，联合国环境规划署亚太地区办公室（UNEP-ROAP）在曼谷召开了工业环境管理网（NIEM）第三阶段工作会议，研究了1995—1997年亚太地区造纸行业清洁生产行动计划，重点是进行造纸企业清洁生产审核和培训，中国国家环境保护局和轻工总会参加了会议，并推荐中国6家造纸企业作为第一批清洁生产审核示范试点。为配合淮河流域治理，我国于1996年8月在淮河流域河南、安徽的9个试点企业开展了第二批造纸企业清洁生产审核示范。1998年年初，我国第三批造纸行业清洁生产审核试点工作开始，在海河流域4省（河北、河南、山西、山东）12家制浆造纸企业进行清洁生产培训及审核示范活动，该项工作持续到1999年3月底结束。2002年后，随着《中华人民共和国清洁生产促进法》的颁布和国家相关配套政策的实施，全国范围内的造纸工业企业开始广泛开展清洁生产工作，造纸工业的整体清洁生产水平得到了明显提高。

造纸行业清洁生产标准的不断完善为造纸工业开展清洁生产工作提供了充分的依据。2006年国家发展和改革委员会发布了《制浆造纸行业清洁生产评价指标体系（试行）》，同年国家环境保护总局发布了《清洁生产标准 造纸工业（漂白碱法蔗渣浆生产工艺）》（HJ/T 317—2006），2007年发布了《清洁生产标准 造纸工业（硫酸盐化学木浆生产工艺）》（HJ/T 340—2007）和《清洁生产标准 造纸工业（漂白化学烧碱法麦草浆生产工艺）》（HJ/T 339—2007），2009年环境保护部发布了《清洁生产标准 造纸工业（废纸制浆）》（HJ 468—2009）。2015年，国家发展和改革委员会、环境保护部、工业和信息化部对原有的造纸行业清洁生产相关标准进行了整合，联合发布了《制浆造纸行业清洁生产评价指标体系》，上述制浆造纸行业清洁生产评价指标体系和清洁生产标准同时停止施行。为了加快重大清洁生产技术的示范应用和推广，提升行业整体清洁生产水平，2011年工业和信息化部发布了《关于印发铜冶炼等5个行业清洁生产技术推行方案的通知》（工信部节〔2011〕113号），其中包括《造纸行业清洁生产技术推行方案》，进一步推动了造纸工业清洁生产技术的推广和应用。

**生产工艺及污染排放情况** 制浆是指利用化学、加热、机械或上述综合的方法将植物纤维原料离解变成本色纸浆或漂白纸浆的生产过程（图1）。造纸是用机械方法处理水中的纤维，使其成为适合纸机抄造需要的纸浆，打好的纸浆通过配浆进入纸机系统，通过网部、压榨部、干燥部、压光卷纸制成成品纸（图 2）。

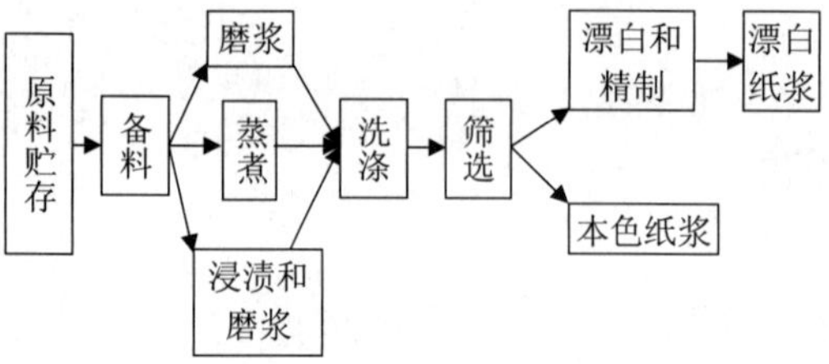


图 1　制浆生产工艺流程

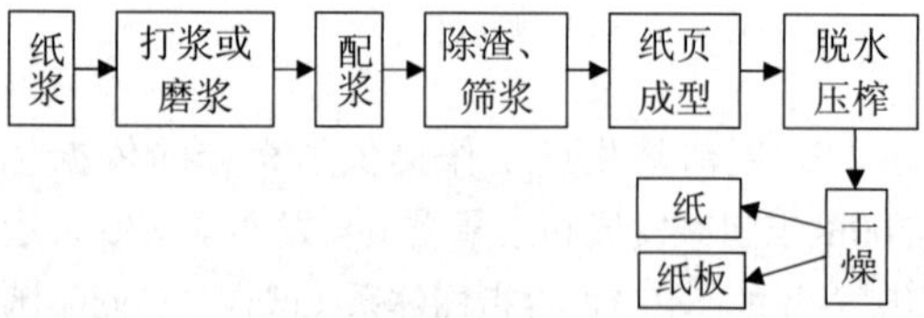


图 2　造纸生产工艺流程

制浆造纸生产过程中产生的废水、废气和废渣对环境有很大的影响，其中废水排放对环境的影响尤为严重。制浆过程中产生的废水主要为蒸煮工段产生的黑液和中段废水，其中黑液为高浓废水，主要成分为木质素、纤维、半纤维及其降解中间产物，目前多数制浆厂采用碱回收系统来处理黑液；中段废水主要来源于洗浆、漂白、碱回收工段。造纸废水主要为纸机白水，主要成分是流失的纤维、淀粉等造纸填料。

造纸工业废水的主要特征污染物为 COD、AOX 和氨氮。COD 为造纸工业最主要的污染物，来自蒸煮、洗浆、漂白、碱回收以及造纸过程中排放的废水，其中蒸煮工段产生的黑液 COD 污染负荷最高。AOX 主要来自漂白工段，其产生量的大小与所采用的漂白工艺和漂白剂有关。氨氮主要来源于亚铵法制浆企业，我国亚铵法制浆企业较少，亚铵法制浆工艺主要应用于麦草制浆和个别竹浆生产企业。

**清洁生产措施**　造纸工业清洁生产技术发展的主要目标为减少污染、节水节能、充分利用纤维资源。目前造纸工业已经针对备料、蒸煮、洗浆、筛选、漂白和造纸系统研制了一系列清洁生产技术，产生了较为明显的环境效益和经济效益。

**备料工段**　湿法备料洗涤水中的污染物主要是一些重力沉降性能良好的树皮、泥沙、木屑、叶穗等杂物和原料的水抽出物等。这部分洗涤水筛滤去除漂浮杂物及沉淀去除泥沙等物质之后即可循环使用，同时还可使用中段废水处理厂出水和纸机白水补充循环洗涤水，而不必使用清水，充分提高了水的回用率。

**蒸煮工段**　采用低卡伯值蒸煮工艺，低卡伯值蒸煮的目的是在浆料蒸煮阶段尽可能多地脱除粗浆中的木素，以减少漂白损耗及化学品的消耗，使制浆脱木素产生的绝大部分有机污染物进入碱回收系统，增加热能回收量并最终降低进入污水处理厂的漂白废水中污染物的排放量，节约污水处理费用。

**洗浆和筛选工段**　采用高效黑液提取设备，提高粗浆的洗净度和黑液的提取率，减少洗浆系统物料流失，降低纸浆进入漂白系统时污染物的挟带量。采用封闭的洗浆—中浓筛选工艺，封闭洗筛的目的是以最低的稀释因子尽可能高效地置换出粗浆中的固形物，减少洗筛系统废水外排。

**漂白工段**　采用氧脱木素技术，利用氧气在碱性条件下对中高浓度的粗浆进行深度脱木素，减少废水中 AOX 的含量，其废水可以并入蒸煮黑液进行回收处理。采用无元素氯漂白技术（ECF），以二氧化氯全部替代元素氯作为漂白剂，降低废水中 AOX 的含量。采用全无氯漂白技术（TCF），全部以过氧化氢及臭氧作为主漂剂进行纸浆漂白，从根本上避免氯化有机物的形成。

**造纸工段**　采用白水回用技术。造纸工段的白水产生量虽然很大，但污染较轻、易于回收，根据白水中固形物含量的不同，分别回用于系统的不同部位，例如，纸机网部白水循环到流浆箱，用来稀释纸浆。白水回收技术装备包括多圆盘过滤机、气浮式处理系统、斜板沉降处理系统等。

**发展现状及趋势**　近年来，由于调整原料结构、扩大企业规模、采用先进技术、淘汰落后产能以及出台水污染物排放新标准等措施，造纸工业能耗、取水量以及水污染物排放量大幅度下降，造纸工业企业正朝着高效率、高质量、高效益、低能耗、低排放的现代化大工业方向发展。但是由于受到资源、环境等方面的约束，造纸工业企业仍然需要进一步加大清洁生产工作力度，从工艺设备改造、废水回收利用、物料综合利用、环境管理等方面积极寻找清洁生产的机会。（吕竹明）

zhenzhi gongye qingjie shengchan

**针织工业清洁生产**　（cleaner production in knitting industry）　以针织工业环境保护和可持续发展为目的，在织、染、缝生产全过程中通过质量、环境、能源管理，不断改进生产设备和工艺，从源头预防和减少污染的产生，以减轻或消除针织工业对人类健康和环境产生的危害。

**沿革**　清洁生产是20世纪80年代发展起来的环境保护战略措施，90年代针织行业开始推进清洁生产工作。自2000年起，国家相关部门编制并发布了三批《国家重点行业清洁生产技术导向目录》，共有11项清洁生产技术涉及针织印染，包括转移印花新工艺、丝光淡碱回收技术、自动调浆技术和系统、气流染色技术等。这些技术的应用和推广具有明显的环境效益、经济效益和社会效益。

工业和信息化部于2010年发布了《针织印染产品取水计算办法及单耗基本定额》（FZ/T 01105—2010），规定了取水与用水范围、针织印染产品单位产量取水量计算、标准品与标准品产量计算、各类针织印染产品取水单耗基本定额。2017年，工业和信息化部在《印染行业准入条件（2010年修订版）》基础上进行修改并发布了《印染行业规范条件（2017版）》，对针织印染产品的综合能耗和取水量提出了新要求。

**主要污染物**　针织产品的主要生产过程包括织造、染整及成衣加工。其中，坯布织造过程主要产生噪声和电、原料的消耗。染整过程包括前处理、染色、印花、后整理工序，是针织行业资源消耗和污染物产生的主要环节，该过程消耗大量的水、电、蒸汽，产生的废水中含有纤维素、半纤维素、果胶、蜡脂、碱剂及未利用的染化料助剂等，含有大量有机及无机污染物；该过程还容易产生废气及锅炉废渣、污泥等，是针织行业清洁生产的主要关注环节。成衣加工的主要污染物为生产过程中的边角余料。

**清洁生产措施**　针织行业清洁生产主要涉及清洁的能源与原料、清洁的生产过程和绿色产品等，通过适宜的评价方法正确识别出重要环境因素和改进能源绩效的机会，采取措施，尽量减少污染物的产生和排放。

**清洁的能源与原料**　在针织行业内推广应用清洁能源，如太阳能、天然气等。推进新型绿色环保纤维在行业内的应用，使用环保型染化料和助剂等。

**清洁的生产过程**　在加工过程中，注重设备的技术改造、更新，优化生产工艺，利用在线检测与生产过程智能信息化管控系统，严格控制生产工艺流程，提高编织质量、效率和染色的一次成功率，最大限度地减少污染物的产生，同时降低资源消耗，提高能源利用率。

织造加工推广大卷装编织技术和成型编织技术，使用节能织针，加强对设备的维护保养，减少原料、电的消耗和噪声的排放。

染整加工在不同阶段有针对性地实施清洁生产：①前处理。使用生物酶低温精练技术、冷轧堆前处理等低温加工技术替代传统工艺进行针织物前处理，以降低前处理过程中的能源消耗，节约蒸汽、水，减少排放废水中COD的含量，降低成本。②染色。使用小浴比、高效、低能耗的染色机，如匀流染色机，通过增加小功率的横向循环泵，使染槽底部的染液通过主泵纵向地单向循环的同时也横向地来回循环，加快了染液的混合与搅拌，在极低浴比的条件下也能够达到匀染的效果。再如气液染机，使用的气流机配备可独立工作的纯溢流喷嘴，把气流染色机和溢流染色机的功能完美融合在一起，根据工艺要求通过自动控制系统自动切换，实现了一台染色机具备气流染色和溢流染色两种功能。实际应用中，气液染机针对高密度、厚克重面料，具有染色不出现折痕的能力，同时拥有良好的匀染性能和染出色彩饱和度高的特点，节省了不必要的风机耗电。涤纶针织物采用免水洗分散染料，节水效果明显，一些针织大企业已采用超临界二氧化碳染色，水耗几乎为零。③印花。推广两种新型印花技术。一是数码印花技术，该技术通过将各种数字化图形输入计算机，再经电脑分色印花系统处理后，由专用控制系统按图像点阵结构将喷墨印花墨水（包括活性、分散、酸性染料及涂料等）直接喷印到织物上，后经蒸化或水洗过程完成印花加工过程。二是活性染料冷转移印花技术，该技术将图案经计算机分色后雕刻在凹版上，配以不同的染料，生产转移印花纸或膜，然后经过印布机一定的温度、压力和时间控制，将印花纸或膜的图案转印至面料上，后经冷堆固色及水洗等过程完成加工。与传统印花技术相比，这两项新技术节水、节能效果明显。另外，涤纶织物热转移印花用水性分散色浆取代油性色浆，可大大减少 VOCs 排放。④后处理。应用针织平幅水洗机，采用动态过滤水，洗液快速交换，提高了水洗效率，生产用水还可逐级利用，达到高效、节能节水的目的。⑤定型。采用双层节能热风拉幅定型机，配备数字化能耗监控系统、余热回收系统和废气处理系统，可显著提高能源利用效率，减少颗粒物、油烟等有害物质排放，还可减少占地面积。

成衣加工随着成型编织技术的日益成熟，省略了部分裁剪和缝制工序，进而减少了边角余料的产生。

**绿色产品** 绿色针织产品是指在针织产品整个生命周期中，从产品设计、原料及染化料的筛选、工艺制定、设备投入、产品制作、包装运输到使用后的循环再生、废弃处理等各环节，都将绿色环保理念贯穿始终。

**发展现状与趋势** 近年来，随着科技进步和设备改造升级，先进工艺技术得到逐步推广和应用，针织行业节能减排工作取得了明显成效。但是，针织行业仍面临企业规模小而分散、清洁生产不规范、资金投入不足等问题，今后将加强针织行业清洁生产技术的推广应用，规划建设生态染整产业园，将染整企业集中入园，开展针织企业清洁生产评价，实施清洁生产示范工程，引导企业自愿通过质量、环境、能源管理体系认证，使针织行业走可持续发展的道路。

（赵齐　王智）

zhiye jiankang anquan guanli tixi

**职业健康安全管理体系** （occupational health and safety management systems） 用于实现职业健康安全方针的管理体系。其作用是为管理职业健康安全风险和机遇提供一个框架。职业健康安全管理体系的目的和预期结果是防止对工作人员造成与工作环境相关的伤害和健康损害，以及提供健康安全的工作场所。

**沿革** 职业健康安全管理体系产生的主要原因是企业自身发展的需求。随着意外事故所造成的损失加大，各国对职业健康安全方面的法令规定日趋严格，采取了安全保护的有关措施，对工作场所及工作条件的要求逐步提升。企业也逐步认识到职业健康安全是应尽的社会道义和法律责任，并将控制作业活动、产品或服务对其职工所造成的各种危害风险和对职工健康安全的管理纳入企业的管理活动。英国在全球率先制定了职业健康安全管理体系指南（BS 8800：1996），之后美国、澳大利亚、新西兰、日本、挪威的相关机构和组织也先后制定了职业健康安全管理体系的标准。1999 年，英国标准协会（BSI）、挪威船级社（DNV）等 13 个组织提出了职业健康安全评价系列（OHSAS）标准，即 OHSAS 18001《职业健康安全管理体系　规范》、OHSAS 18002《职业健康安全管理体系　OHSAS 18001 实施指南》。OHSAS 18001 标准参照了 ISO 14000 的模式，与 ISO 9000 和 ISO 14000 具有相同的管理体系原理，综合了世界各国和组织在职业健康安全管理方面比较成功的经验，发布后受到了世界各国的广泛关注。我国制定《职业健康安全管理体系》GB/T 28000 系列标准时，等同采用了 OHSAS 18001 标准。OHSAS 18001 标准于 1999 年正式颁布，2007 年进行了修订。OHSAS 18001 标准是组织建立职业健康安全管理体系的基础，也是企业进行内审和认证机构实施认证审核的主要依据。

2013 年，国际标准化组织（ISO）开始编制一项新的标准——ISO 45001《职业健康安全管理体系　要求及使用指南》，用于取代 OHSAS 18000 系列标准。2018 年 3 月 12 日，该标准正式发布。ISO 45001 的发布为全球提供了一个统一的职业健康安全管理体系标准，借助对 ISO 标准的认可程度，组织可获得更高的可信度。此外，ISO 45001 职业健康安全管理体系也更容易与其他管理体系相整合。

**职业健康安全管理体系标准**　ISO 45001 标准规定了对组织的职业健康安全管理体系的要求及使用指南，旨在使组织能够提供健康安全的工作条件以预防与工作相关的伤害和健康损害，同时主动改进职业健康安全绩效。这包括考虑适用的法律法规要求和其他要求，制定和实施职业健康安全方针和目标指标，并可通过取得第三方认证机构认证的形式，向外界证明其职业健康安全管理体系是否符合标准的要求。

ISO 45001 标准更加关注组织环境，要求组织考虑那些来自职业健康安全管理方面的社会因素；标准强调了领导在职业健康安全管理体系中的作用；引入风险的思维来建立、实施和完善组织自身的职业健康安全管理体系；此外，标准更加关注绩效的监视与测量。ISO 45001 由组织的背景和环境、领导力、策划、支持、运行、绩效评价、改进等几个部分组成，各部分之间互相结合，形成 PDCA 循环［按照 Plan（策划）、Do（实施）、Check（检查）、Act（处置）的顺序进行循环质量管理］的管理体系，并确保组织的职业健康安全管理持续改进。

职业健康安全管理体系为组织提高职业健康安全绩效提供了一个科学、有效的管理手段，有助于推动职业健康安全法规和制度的贯彻执行，使组织的职业健康安全管理由被动强制行为转变为主动自愿行为，提高了职业健康安全管理水平。此外，实施职业健康安全管理体系有助于消除贸易壁垒，可为企业带来直接和间接的经济效益，有助于企业树立良好的形象，因此得到了众多企业的响应，全球越来越多的企业建立了职业健康安全管理体系，并积极通过认证。

**职业健康安全管理体系标准在中国**　我国一直关注职业健康安全管理体系标准，并将其转化为国家标准。1999 年 10 月，国家经贸委颁布了《职业安全卫生管理体系试行标准》，2001 年 11 月 12 日，国家质量监督检验检疫总局颁布了《职业健康安全管理体系　规范》（GB/T 28001—2001）。针对 OHSAS 18001 标准的修订，我国对标准也进行了修订和转化，并于 2011 年 12 月 30 日发布了《职业健康安全管理体系　要求》（GB/T 28001—2011）。ISO 45001 标准发布后，我国的标准也进行了同步更新并替换为《职业健康安全管理体系　要求及使用指南》（GB/T 45001—2020）。

为促进职业健康安全管理体系工作的开展，2000 年 7 月成立了全国职业安全卫生管理体系认证指导委员会、全国职业安全卫生管理体系认证机构认可委员会和全国职业安全卫生管理体系审核员注册委员会等机构，同时制定了职业安全卫生管理体系认证、认可、注册等的一系列基础性文件，使我国的职业健康安全管理体系认证工作更加规范并易于与国际接轨。2002 年，国家认证认可监督管理委员会对职业健康安全管理体系认证实行统一管理，使职业健康安全管理体系认证认可制度融入国家统一的认证认可制度当中。我国已有越来越多的企业建立了职业健康安全管理体系，并通过认证获得证书。截至 2020 年 6 月 30 日，职业健康安全管理体系认证证书全国共计 239 842 张。

（邹兰）

**zhige hangye qingjie shengchan**

**制革行业清洁生产**　（cleaner production in tanning industry）　在制备皮革的原辅材料的选择、能源的利用以及生产工艺和设备等方面进行改良，从源头削减污染，提高资源利用效率，减少或者避免皮革制品生产和产品使用过程中污染物的产生和排放，以减轻或者消除对人类健康和环境的危害。

制革是指将从猪、牛、羊等动物体上剥下来

的皮（即生皮），进行系统的化学和物理处理，制作成适合各种用途的半成品革或成品革。半成品革经过加工成为成品革也属于制革工业的范畴。

**沿革** 我国的皮革制造已有悠久的历史。从石器时代开始，历经铜器时代、铁器时代，时至今日，皮革制品依然在人类社会生产和生活中有着极为广泛的应用。当前，制革工业是我国轻工行业的支柱产业之一，在我国国民经济建设和出口创汇中发挥着重要作用。经过多年的快速发展，我国已成为世界主要皮革制品的生产地区。

制革工业快速发展的同时，也带来了环境污染问题。制革污水不仅产生量大，而且是一种成分复杂、浓度高、含重金属污染物的有机废水，一直是水环境监管的重点，在“水十条”中也被列为专项整治重点。制革行业涉及危险废物的产生和排放，一般工业固体废物产生量也较大，危险废物和一般工业固体废物管理也是制革行业面临的重要挑战。制革企业主要分布于人口密集、经济发达的东部沿海地区或者大中城市周边，如华东地区，广东、福建沿海等局部区域，产业发展和环境容量之间的矛盾愈加突出。

我国针对制革行业污染物排放做出了明确要求。《制革及毛皮加工工业水污染物排放标准》（GB 30486—2013）规定了制革及毛皮加工工业的现有企业及新建企业水污染物排放浓度限值和单位产品基准排水量；2017 年国家发展和改革委员会、环境保护部、工业和信息化部发布的《制革行业清洁生产评价指标体系》在《清洁生产标准　制革工业（羊革）》《清洁生产标准　制革工业（猪轻革）》《清洁生产标准　制革工业（牛轻革）》的基础上，结合我国近年来制革行业的最新发展、资源能源消耗、污染物产生以及企业环境管理等状况，进行了补充调整。

**行业工艺流程及产排污节点** 典型制革生产工艺流程如下图所示。

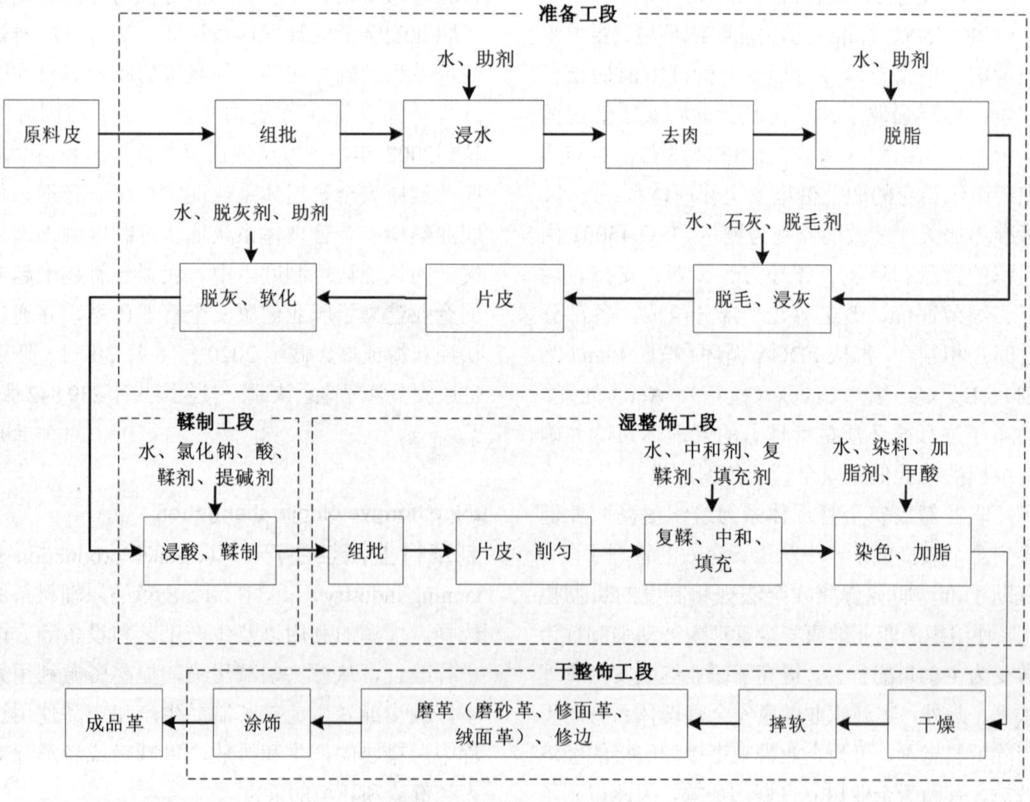


**典型制革生产工艺流程图**

制革行业主要污染物包括废水、废气、固体废物以及噪声。

废水污染是制革工业最主要的环境污染。制革生产工艺流程复杂，用水量大，使用了大量的水和化工材料，如酸、碱、盐、硫化钠、石灰、表面活性剂、鞣剂（铬鞣剂）、加脂剂、染料及助剂等。化工材料除部分被吸收外，很大一部分进入废水中。同时，在生产过程中，皮中大量的蛋白质和脂肪转移到了废水中。有研究表明，采用目前的制革技术，每加工 1 t 原料皮，消耗各类化工材料 600～700 kg，并且大约有 30%的皮胶原蛋白作为固体废物被抛弃。

制革工业废气（锅炉废气除外）主要产生于磨革、摔软、干削匀、涂饰工序及生皮库和污水处理设施。主要污染物类型为挥发性有机物（VOCs）、颗粒物和恶臭气体。

制革工业产生的一般工业固体废物主要包括原料皮修边、去肉、脱毛、片灰皮、灰皮修边、综合废水处理等工序产生的废毛、无铬皮及综合废水处理污泥等。危险废物主要包括含铬废水处理污泥、皮革切削产生的含铬皮革废碎料等。

制革工业的噪声主要产生于生产设备（如转鼓、磨革机、振软机、剖层机、削匀机等）和辅助生产设备（如风机、空气压缩机、水泵、气泵等）的运行。一般情况下，各主要噪声源声级水平均大于 80 dB（A）。

**清洁生产措施** 制革行业清洁生产主要从以下几个方面开展。

**源头控制** 制革企业应使用环境友好型化学品替代具有较高环境毒性的化学品，减轻制革加工对人类健康和环境的不利影响。例如，严格禁止使用在国际上禁用的含致癌芳香胺基团的染料；使用新型复鞣、加脂材料，提高皮革对加脂剂的吸收效率，慎用能促进三价铬氧化为六价铬的富含双键的加脂剂；减少甲醛及其他有害挥发性物质的使用；提倡使用新型水溶型或水乳型涂饰材料，逐步替代溶剂型涂饰材料；用非卤化物表面活性剂代替卤化物表面活性剂；用易生物降解的助剂代替不易降解的助剂。

**工艺过程及装备** 包括：①推广使用工艺过程节水技术。主要包括浸水废液循环利用、浸灰废液循环利用、铬鞣废液循环利用等技术。此外，可将制革工序中的流水洗改为闷水洗或闷水洗—流水洗交替进行；将有液操作工艺改为无液操作或者小液比工艺，如脱灰工序的有液操作可改为无液操作，复鞣工序可以实施小液比操作；将部分工序合并，降低用水量，例如，浸水工序和脱毛工序可以合并，浸水结束后倒去部分水后直接进行脱毛浸灰操作，此外还有脱灰和软化工序合并，中和、复鞣、填充工序合并等。采用闷水洗可以减少 25%～30%用水量；采用小液比工艺，可以减少 30%～40%用水量；工序合并可减少 50%左右废液排出量。

②采用超载转鼓、Y 型转鼓等节水减排的加工设备。加强对企业用水量的监控，不但在企业总入水口安装流量计，而且要在用水量大的设备入口安装流量计，做到按工艺精确用水。杜绝大开、大冲、大洗，用水不计量，严重浪费水资源的粗放式用水操作行为。

③采用精密型片皮机、削匀机及磨革机等有利于节能减排降耗的机械设备。

④使用固体盐对原料皮进行防腐处理的，原料皮浸水前需进行转笼抖盐，并对废盐进行回收利用或者单独规范处理，以减少进入制革废水中的食盐。

⑤采取转笼除盐技术、低硫低灰脱毛技术、脱毛浸灰废液循环利用技术、少氨或无氨脱灰技术、高吸收铬鞣技术、铬鞣废液循环利用技术、无铬鞣剂技术、高效喷涂工艺等，减少 $COD_{Cr}$、氨氮、氯离子、三价铬和 VOCs 的产生量。

**污染治理** ①制革加工废水处理应贯彻“分质分流、单项与综合处理相结合”的原则，对各工序产生的含较高浓度有害成分的废水可先进行预处理。可进行预处理的废水包括含硫化物的废水、脱脂废水和含铬废水，其中含铬废水必须进行预处理。制革企业的含铬废水需单独收集并进行碱沉淀等脱铬处理，达到相应排放标准要求后再进入综合污水处理站。鼓励企业对含硫废水和脱脂废水也进行单独收集和预处理，含硫废水预处理推荐采用催化氧化、化学混凝和酸化回收等技术，脱脂废水预处理推荐采用酸提取或气浮等技术。

②制革企业综合废水应依次经过物化处理、生化处理后达标（GB 30486 或地方标准）排放，是否进行深度处理可根据排放或回用要求进行选择。对于执行间接排放标准的企业（包括从生皮到成品革、从生皮到蓝湿革加工等），推荐采用物化处理+好氧生化处理的综合废水处理方式；对于执行间接排放标准的从蓝湿革到成品革加工的企业，推荐采用物化处理+厌氧生化处理+好氧生化处理的综合废水处理方式；对于执行直接排放标准的从生皮到成品革、从生皮到蓝湿革加工的企业，推荐采用物化处理+好氧生化处理+深度处理的综合废水处理方式；对于执行直接排放标准的从蓝湿革到成品革加工的企业，推荐采用物化处理+厌氧生化处理+好氧生化处理+深度处理的综合废水处理方式。

③磨革、干削匀、摔软等伴有粉尘产生的工序，其所用的机器设备应配备有效的通风除尘集尘系统。涉及 VOCs 产生的喷涂工序，应配备有效的抽排风系统和 VOCs 处理设施，确保达标排放。污水泵房、污泥脱水间、加药间等产生恶臭的废水处理设施均应设置通风或臭气收集设施，采取生物净化、化学氧化或等离子分解等技术进行有效处理，并达到相关排放标准要求。

④根据“减量化、资源化、无害化”的原则，对固体废物进行分类收集和规范处置。牛皮加工去肉产生的油渣应进行综合利用，禁止随意丢弃或者排入废水处理设施。采用保毛脱毛法，实现毛的回收利用。鼓励制革企业采用再生铬鞣剂制备技术、工业蛋白及蛋白填料制备技术、工业明胶生产技术、再生革生产技术、静电植绒材料生产技术等固体废物综合利用技术，对产生的一般工业固体废物和危险废物在厂界内进行综合利用。对于不能综合利用的固体废物，应做好安全处理处置。

⑤鼓励制革企业集中生产和集中治污。提升现有制革园区清洁生产水平；在具备较高环保承载能力、资源充足的地区建立制革园区，聚集制革企业集中生产或承接制革企业转移；新建（改建、扩建）制革企业应进入依法合规设立的制革园区或工业园区，鼓励园区外的企业迁入园区；制革园区应建设污水集中处理设施，对园区内企业污水统一收集、集中处理；在制革园区建立集中供热系统，逐步淘汰分散燃煤锅炉。

**环境管理** ①环境管理制度与环境风险预案健全并有效实施。制定完善的企业环境管理制度并有效运转。制定切实可行的突发环境事件应急预案，定期排查环境安全隐患，配置应急物资并定期开展应急演练；应急工程设施建设、应急物资储备等应符合规定：企业污染治理设施发生异常或重大事故时，应实施相关应急预案，及时采取应急措施，并按规定向有关部门报告。

②严格执行环境管理台账制度和自行监测制度，加强在线监控设备的管理、维护和运用。在第一类污染物车间排放口和企业总排放口，根据行业监管要求，筛选特征污染物，安装在线监测设施。编制企业自行监测方案，开展自行监测工作。实现在线监测设备与生态环境部门联网，保证设备运行率、监测数据传输率和数据有效率不低于 90%；按期如实向当地生态环境部门提供在线监测数据。此外，废水集中处理设施运营单位有权由有资质的单位或持证上岗人员对服务范围内的各皮革企业排水情况进行采样监测；废水集中处理设施在线监控数据也必须连接至省、市、县三级生态环境部门监控中心。

③企业须进行雨污分流；完善初期雨水、事故废水的收集处理设施，设置初期雨水、事故废水收集池，收集池宜采取地下式设计并布置在厂区地势较低处；初期雨水、事故废水须进行有效处理，防止废水直接外排。厂区内含铬废水管线应采取架空或地上明渠明管敷设，

废水管道应满足防腐、防渗漏、防堵塞等方面的建设规范及标准要求，生产装置等易污染区地面应按相关要求进行防渗处理，同时制定有效的地下水监控方案，防止地下水污染。对污水管道及排污沟（口）定期清理，确保畅通，并做好检查记录。企业的废水排放口应满足采样、监测计量等工作条件，并按所在地生态环境主管部门的要求设立标志。

④化学需氧量、氨氮、二氧化硫、烟粉尘、挥发性有机物、总铬等污染物排放量达到排污许可管理的指标要求；废水、废气、噪声、恶臭等各项污染物排放达到国家或地方污染物排放标准要求。

⑤污泥、废渣等不得露天堆放，存放场所应进行防渗处理，并在周围设置截流和收集设施。一般工业固体废物自行处置或综合利用的，应当明确最终去向，或与综合利用单位签订合同。危险废物应由有资质的单位进行处置。

⑥新建（改建、扩建）制革企业必须符合国家法律法规、产业政策和行业发展规划，符合土地利用总体规划、土地供应政策和土地使用标准，严格执行环境影响评价制度。自然保护区、风景名胜区、饮用水水源保护区、文化保护地等环境敏感区内，以及土地利用总体规划确定的耕地和基本农田保护范围内，禁止新建（改建、扩建）制革企业。

⑦鼓励制革企业开展清洁生产审核和“一企一策”企业深度治理方案制定，建立清洁生产持续推进机制，提升企业清洁生产和绿色发展水平。

**发展现状及趋势** 近年来我国皮革工业快速发展，推进了国内在制革工艺清洁技术及高档产品工艺生产方面的研发工作，并已经取得了一系列可以产业化的工艺技术研究成果，为清洁制革技术的实施和高质量皮革产品的生产提供了支撑，为我国皮革工业的持续发展、行业技术进步和转型升级、实现我国从皮革工业大国转变为皮革工业强国的整体战略创造了必要条件。

清洁生产技术的推进是大势所趋，也是制革业实现可持续发展的必由之路。未来，制革行业的提升主要体现在制革清洁生产技术、污染治理技术以及充分利用原料皮资源开发高附加值产品方面，而清洁化生产工艺、先进的制革和毛皮加工技术以及节能减排、资源节约和再利用等技术和工艺的改进，也将决定企业的发展高度。（林雨琛　郭亚静）

**zhongyao yinpian jiagong he zhongchengyao zhizaoye qingjie shengchan**

**中药饮片加工和中成药制造业清洁生产**（cleaner production in processing of traditional Chinese medicines decoction pieces and manufacture of Chinese patent medicines industry） 在中药饮片的净制、切制、炮制和中成药制造的预处理、提取、制剂、包装等工序中，使用清洁的能源和原料，采用先进的工艺技术与设备，持续改进工艺设计和优化产品设计，减少或者避免生产过程和产品使用过程中污染物的产生和排放，从源头削减污染，提高资源利用效率，提供对环境和人体健康更友好的产品。

中药饮片加工是对采集的天然或人工种植、养殖的动物和植物中草药进行加工、处理的活动，包括各种中药材经过加工、炮制后形成中药饮片的过程以及其他提取中药的加工。中成药制造是直接用于人体疾病防治的传统药的加工生产。中成药包括用中药传统制作方法制作的各种蜜丸、水丸、冲剂、糖浆、膏药等；用现代制药方法制作的中药片剂、针剂、胶囊、口服液等；专门治病的药酒。

**沿革** 中国化学工业协会最早将清洁生产引进制药行业，提出在制药生产中全过程节能的思想，为清洁生产在制药行业的推行奠定了坚实的基础。2009 年，北京市质量技术监督局发布《清洁生产标准　中药饮片加工和中成药制造》（DB 11/T 675—2009）；2014 年，北京市质量技术监督局发布《清洁生产评价指标体系　医药制造业》（DB 11/T　675—2014），代替了 DB 11/T 675—2009；2015 年，甘肃省质量技术监督局发布《清洁生产　中药饮片加工和中成药制造》（DB 62/T 2572—2015）。中药饮片加工和中成药制造业清洁生产标准的颁布和完善，为开展行业清洁生产工作提供了依据，提升了行业整体清洁生产水平。

**工艺流程** 中药饮片加工主要工序可简单分为净制、切制、炮制三大工序。①净制。即净选加工，可根据具体情况，分别使用挑选、风选、水选、筛选、剪切、刮削、剔除、刷擦、碾串及泡洗等方法，以达到净度要求。②切制。切制时，除鲜切、干切外，均须进行软化处理，方法有喷淋、浸泡、润、漂、蒸、煮等。软化处理应按药材的大小、粗细、质地等分别进行，分别规定温度、水量、时间等条件，应少泡多润，防止有效成分流失。切制的方法有切、劈、捣、碾、锉、研乳等。切制要求一定规格的厚薄度、粒度，切制后的饮片应及时干燥，以保证质量。③炮制。中药炮制是按照中医药理论，根据药材自身性质以及调剂、制剂和临床应用的需要，所采取的一项独特的制药技术。炮制又称炮炙。常用的炮制方法有：如炒、煅、制炭、蒸、煮、煨等加热处理的；酒炙、醋炙、盐炙、姜炙、蜜炙、油炙等加入特定辅料再经加热处理的；采用制霜、水飞、发芽、发酵等工艺处理的。

中成药制造的主要工艺可简单分为药材的预处理，药材活性成分的提取、分离与纯化，制剂与包装。①药材的预处理。包括非药用部位的去除、杂质的去除、药材的切制、必要的炮制四个部分。②药材活性成分的提取、分离与纯化。提取工艺是中药制造的关键环节，传统提取方法包括煎煮法、渗漉法、回流提取法、溶剂提取法等。其中溶剂提取法应用最广泛，常见的提取溶剂包括水、亲水性的有机溶剂、亲脂性的有机溶剂三类。现代提取方法有超临界流体萃取法、半仿生提取法、超声提取法、旋流提取法、加压逆流提取法等。分离、去除药材中的无效成分是中药制造的目标之一，常用的分离纯化方法有醇沉法、水沉法、大孔吸附树脂法、超滤法、膜分离法、高速离心法等。③制剂与包装。不同剂型的制剂成型工艺不同。剂型包括：丸、散、膏、丹等传统剂型；片剂、硬胶囊、软胶囊、口服液、水针剂、粉针剂等机械化生产的常规剂型；缓释制剂、控释制剂、迟释制剂、靶向制剂等新剂型。包装分为内包装和外包装，内包装按不同剂型要求分装、灌装，外包装按产品要求包装成指定规格的成药。

**资源能源消耗及产排污特征** ①水资源。水资源消耗涉及生产用水、辅助设施用水和生活用水，其中生产用水主要包括车间生产用水、冲洗设备用水等；辅助设施用水主要为空调补水、制纯水设备用水、锅炉用水等；生活用水主要为办公楼清洁用水、食堂用水、宿舍用水以及绿化用水等。具有用水量大、清洗等环节循环回用潜力大、制剂等环节用水纯度要求高等特点。②能源。能源消耗以电力、天然气为主，其中电力主要用于各生产设备及辅助设备运行，天然气主要用于燃气锅炉和食堂的使用。随着药品生产质量管理规范（GMP）的应用和发展，洁净空调系统的能耗显著增加。③污染物。污染物主要有废水、废气、固体废物、噪声等。废水主要为中药废水、清洗废水和生活污水。其中，由中药清洗、浸泡、提取等生产环节产生的废水、废液，有机污染物浓度高，尤其是纤维素、木质素、蛋白质、氮磷元素等含量高。废气主要是预处理、制剂等工序中产生的药物粉尘和烟雾，以及锅炉烟气和餐厨油烟等。其中，药物粉尘和烟雾等可回收利用，清洁生产潜力大。固体废物包括药材的废渣，废包材，药材清洗、筛选过程中产生的污泥，日常办公生活产生的生活垃圾等，具有种类复杂、繁多，循环利用难度大等特点。噪声包括风选、筛药、切药、压片、粉碎、空压、包装等工序以及风机等机器运行产生的噪声，其中，粉碎等设备产生噪声的频率较高，洁净制药车间的噪声控制要求较高。

**清洁生产措施及技术原理** ①药品设计和中药材选择。药品设计方面，利用最新技术成果，开发对环境和人体健康更友好的新型药品；充分利用中药材，提高中药材利用率；在生产、使用和报废处置等环节对环境无害；延长药品保质期，减少报废；简化包装，使其易降解、易处理。原料选择方面，减少有毒有害物料的使用，使用可回收利用的包装材料，合理包装药品，使用可降解和易处理的原材料，科学合理存储，保证中药材的稳定性和有效性。②工艺和设备。包括：局部关键技术的革新，采用先进、高效的设备，提高药品产量，并减少废物的产生；改革设备布局，避免中药半成品传递中的流失，减少生产过程中的物料损耗；中药饮片和中成药生产线采用全新流程，建立连续、闭路生产流程，可减少物料损失，提高药品产量及中药材转化率，减少废物产生；工艺操作参数优化，例如，在原有工艺基础上，适当改变浓度、温度、压力、时间、搅拌条件、必要的预处理等操作条件，延长工艺中溶液的使用寿命，提高中药材转化率，减少废物的产生；工艺更新，例如，采用新工艺，淘汰落后旧工艺，采用智能化技术、高效催化技术、膜分离技术等高新科学技术成果，提高中药材利用率，杜绝废物的产生；配套自动控制装置，实现过程的优化控制，避免人为产生的误操作。③使用清洁能源。选用天然气等清洁能源，太阳能、风能、氢能、地热能等新能源和可再生能源，回收利用中药生产过程中的蒸汽凝结水和锅炉烟气余热等。④过程控制。建立从中药材投入到废物循环回收利用的生产闭合圈，将回收流失物料作为原料，返回中药饮片和中成药生产流程中；废料经适当处理后作为其他生产过程的原料加以利用或作为副产品回收。⑤综合治理。应用先进污染防治技术、综合处理技术和无害化处理技术，减少污染物的排放，例如，利用膜分离等技术处理制药废水并回用，利用低氮燃烧技术减少锅炉烟气氮氧化物的排放，利用高效粉尘收集处理系统收集回用药物粉尘等。

**发展现状及趋势** 随着经济的发展，人们健康观念的转变，医学模式的创新，以及人口老龄化进程的加快，中药饮片和中成药以源于天然、副作用小等优势，逐渐受到关注推崇，尤其在应对和防治新冠肺炎疫情中，中成药发挥了独特作用，提高了患者康复率。未来，中药饮片加工和中成药制造业将向着优化生产结构、实现生产现代化、提高产品质量、增加产品附加值方向发展，例如，引进国际最先进生产设备和技术，实现提取、纯化、配料、灌装、灭菌、检漏、装盒、装箱、码垛等工序无人化、智能化；利用现代科学技术手段，开发新产品，突出高效、速效、长效和剂量小、毒性小、副作用小的特点。中药饮片加工和中成药制造业将从规范标准、中药材选用及种植、原料检测、药物组方方法、临床试验、生产及治疗等领域持续提升，更好地推动产业发展、服务于人民健康。（李旭）

**zhongzhiye qingjie shengchan**

**种植业清洁生产**（cleaner production in planting industry） 将污染预防的清洁生产策略应用于种植业生产全过程，通过使用对环境温和的绿色投入品，改善种植业生产技术，减少种植业污染物的产生，从而降低种植业生产过程对环境和人类造成的危害。

**清洁生产措施** 按照生产技术农艺流程，种植业清洁生产可从以下方面进行：①产地环境评价。通过对农业种植用地进行现场考察，对灌溉用水、土壤等取样检测，对产地环境质量现状作出科学判断。②投入品使用。种植业清洁生产过程中所选用的种子应为具有优良品质的正规品牌产品，施用的化肥、有机肥、生物肥等均应达到国家、行业或地方标准要求。使用高效、低毒、低残留的农药，严禁使用国家禁用农药制剂。按照《聚乙烯吹塑农用地面覆盖薄膜》（GB 13735—2017）要求合理使用农膜。③生产管理。灌溉用水符合《农田灌溉水质标准》（GB 5084—2005），根据各地气候条件和农作物特性，采取合理的节水灌溉措施。应用生物技术、物理技术等先进农艺措施减少病虫害的发生。推广可降解地膜使用，提高残膜回收率，避免造成白色污染。④产品质量控制。建立健全农产品质量安全检测制度，由专业机构对农产品质量进行检测。严控农业投入品质量和用量，加强过程管理，建成科学的质量安全可追溯体系。⑤人员管理。强化清洁生产的宣传引导和培训，提高农业从业者的科技文化素质。加强对农技人员的培训，提高农业清洁生产推广队伍水平。重点培训农民专业合作社、种植大户、农业企业负责人等新型经营主体，提升清洁生产示范能力。⑥废弃物综合利用。减少种植业废弃物的产生和对生态环境的污染，推进秸秆等农业废弃物的回收和资源循环利用。

**发展现状及趋势**　目前，种植业从业者为追求农作物单产的提高，大量使用农药、化肥等农用化学品，导致农业自然资源退化和严重的农业环境污染现象，具体表现在：①种植过程中过量使用化肥，且利用率较低；②农药使用超标，残留问题严重；③忽视地膜回收和处理，造成农田土壤物理性状变劣、作物生长受阻、产量和品质下降；④灌溉用水不达标，部分地区工业废水和生活污水未经处理或处理未达标即用于农业灌溉；⑤农业固体废物对农业环境和农产品造成了一定的污染。

未来种植业清洁生产发展方向主要包括：①强化绿色肥料的生产应用，研制和生产环境温和型绿色肥料，改进施肥技术；②研制和使用对环境温和的绿色农药；③加强研制和推广可降解地膜，提高地膜的回收率，开发回收地膜再生技术。（李延云　高逢敬）

**zhusu he canyinye qingjie shengchan**

**住宿和餐饮业清洁生产**　（cleaner production in hotel and catering services）　将清洁生产的理念引入住宿和餐饮业服务活动中，对各个系统、环节进行监测和分析，找出高能耗、高物耗、高污染的原因，在确保顾客舒适度、安全及健康要求的前提下，提出对策、制定方案，降低能耗、物耗、水耗，减少废水、餐饮油烟、厨余垃圾等污染物产生量，最大限度地减少对自然资源的破坏及对环境造成的污染。

住宿餐饮行业是国民经济结构中第三产业的重要传统行业，不仅吸引了大量劳动力就业，也成为促进消费、拉动经济增长的重要力量。但近年来，住宿餐饮企业数量不断增加，也带来许多环境问题。住宿和餐饮业通常是能耗大户，宾馆饭店单位面积年均耗电量是普通住宅的10～15倍，同时普遍存在水资源浪费的情况，人均日耗水量是城市居民的5倍左右，产生的废水、废气（油烟）、固体废物、噪声等造成局部污染严重。因此，在当前建设美丽中国、推进绿色发展背景下，大力推行清洁生产成为住宿和餐饮行业可持续绿色发展的必然选择。

2012年，国家发展和改革委员会、财政部批准北京成为全国唯一一个服务业清洁生产试点城市。2013年起，住宿和餐饮业作为北京市服务业清洁生产10个试点领域之一，开始探索行业清洁生产发展模式，选取部分住宿和餐饮企业开展了清洁生产审核，并在多个企业建立了清洁生产示范项目，取得了显著的环境和经济效益。在此基础上，2015年北京市发布了《清洁生产评价指标体系　住宿餐饮业》（DB11/T 1260—2015），2018年北京节能环保中心组织编制了《住宿餐饮行业清洁生产培训教材》，对行业大规模实施清洁生产具有较大的推动作用。

**清洁生产措施**　针对住宿和餐饮业清洁生产采取的措施主要有：空调系统节能、供热系统节能、照明系统节能、节水措施、厨余垃圾削减处置、餐饮油烟治理等。

**空调系统节能**　中央空调进行余热回收，可减少主机负荷，节省主机的耗电量，同时也能降低主机的故障率，延长主机的使用寿命；中央空调循环水系统变频节能技术，可提高热交换效率；选用能效标识为1级的空调可降低能耗，定期对空调系统进行清洗、消毒可以使每年平均运行能耗、费用降低15%～20%；公共区域采用$CO_2$浓度调节新风量技术，可调节和控制新风量一直处于最佳节能运行状态，节能量可达20%～35%；采用冰蓄冷技术，可节省运行费用，移峰填谷，平衡电网，减少国家电力投资。

**供热系统节能**　宾馆饭店采用冷热电三联

产技术，可提高能源利用效率，减少碳氧化物及有害气体的排放；采用供暖系统温控与热计量技术可提升室内舒适度，提高热网供热质量；安装太阳能热水器可有效减少电耗；采用热泵技术，能够从自然界的空气、水或土壤中获取低位热能，经过电能做功，再向建筑供热，可降低用于供热的一次能源消耗；使用可变空气容量的供暖和空调系统，可以降低这些系统的能耗费用。

**玻璃幕墙涂刷太阳能反射涂料** 住宿和餐饮单位通常会配备玻璃幕墙，可对玻璃幕墙涂刷透明玻璃隔热涂料，如 JH-0504 纳米涂料，其对光波有独特的选择功能，在不影响采光的前提下，可有效隔绝太阳辐射热和其他热辐射，起到夏季降温、冬季保温的双重效果。

**照明系统节能** 推广绿色照明节电方式，可以减少照明系统能耗、节约成本。LED 作为第四代照明电光源，使用寿命一般为3万～5万h，远高于白炽灯的 1 000 h 和荧光灯的 5 000 h，绿色环保，抗冲击强度大，便于运输，使用更安全。

**厨房节能** 采用节能灶具可解决空烧浪费的问题，实现天然气充分燃烧；选用能效标识为1级的节能电器（冷藏冷冻设备、烤箱等），可以大大节约能耗；厨房设计应能适用于低生产量的时期，以降低在较少客人进餐时每位客人的能源消耗量。

**节水措施** 住宿单位可建立雨水收集、中水回用系统，用于浇灌、冲厕、冲洗路面、冷却循环用水等。绿化灌溉鼓励采用喷灌、微灌、渗灌、低压管灌等节水灌溉方式。采用节水器具，正确选择客房马桶冲水箱规格，将客房内部分浴缸改为淋浴，淋浴喷头设置感应式出水龙头。餐饮单位可安装智能自动节水阀，厨房餐具后期的两道清洗水回收后可用于下一池头道预洗，可大大降低水耗，减少废水排放。

**引导客人绿色消费** 在显著位置张贴节水、节电等绿色环保宣传标识，培养客人绿色消费意识，主动降低水耗、电耗、物耗。

**餐饮废水处理** 餐饮废水含有大量的油脂、悬浮颗粒和有机污染物。餐饮废水处理可选用餐饮废水一体化处理设备，集除油、降有机物、除悬浮物于一体，既节约占地，又节省投资。选用无毒、高效、适用范围广、价廉的多功能混凝剂，或用已有药剂复配出性能优越的净水剂。原则上中、小型餐饮单位落实三级隔油、二级隔渣措施，完善管理制度，定期清理、消毒；大型餐饮单位在落实三级隔油、二级隔渣措施的基础上，所排污水应与生活污水一起集中处理。

**餐饮油烟治理** 传统的煎、炒、烹、炸过程中会产生油烟，其中含有对人体有害的物质，以气溶胶的形态存在于大气中。有烧烤类服务的单位可选用新型万能蒸烤箱替代或减少果木燃料，减少油烟排放；宜选用新型复合式油烟净化设备，结合灶眼数量设计风量，降低噪声，同时能够确保油烟净化效率达到 90%以上，有效减少非甲烷总烃等挥发性有机物排放；连锁餐饮企业建设中央厨房可以通过技术分解、标准化流程化的操作减少油烟排放。

**干洗剂污染控制** 对有干洗设备的酒店，使用具有净化回收干洗溶剂功能的全封闭式干洗机，逐步淘汰开启式干洗机，减少干洗剂对环境的污染。

**厨余垃圾削减处置** 厨余垃圾包括餐厨垃圾和废弃食用油脂。应提倡节约、精细化管理，从源头上减少厨余垃圾的种类和产生量；产生的垃圾实行分类存放，使用专用容器将食物残渣、废料、废油脂分类盛放，并委托有资质的清运单位收运进行资源化、无害化、减量化的处置，如堆肥和加工成宠物饲料等。

**完善能源管理系统** 分项计量系统可实现重点建筑能耗的在线监测和动态分析。采取照明与动力系统优化设计、采暖空调系统节能设计、冷热水系统合理设计等措施，建立建筑节能测量与监控以及建筑物业节能管理智能化系统，达到理想的节能效果。

**发展现状及趋势** 随着网络技术和智能手机在行业的深度结合，近年来，线上外卖行业发展迅速，传统住宿和餐饮企业趋向通过互联网和科技创新构建专业化供应产业链，建立绿色原辅料生产基地，合作建设采购基地，建立绿色配送链。因此，清洁生产理念也将逐步向上下游产业链延伸，企业将更加重视绿色加工和配送模式创新，联合上游包装、下游垃圾回收循环利用企业，在绿色包装、一次性餐饮具垃圾回收和循环利用、绿色营销等方面持续发力，打造绿色化、专业化产业链。（李靖）

# 条目分类索引

# 条目汉字笔画索引

说　明

一、本索引供读者按条目标题的汉字笔画查检条目。

二、条目标题按第一字笔画数由少到多的顺序排列，同画数的按笔顺横（一）、竖（丨）、撇（丿）、点（、）、折（乛，包括ㄱ乚く等）的顺序排列，笔画数和笔顺都相同的按下一个字的笔画数和笔顺排列。第一字相同的，依次按后面各字的笔画数和笔顺排列。

三画



四画



五画



六画



七画

## 八画



## 九画



## 十画



## 十一画



## 十二画



## 十三画



## 十四画



## 十五画

# 条目外文索引

说　明

本索引按照条目外文标题的逐词排列法顺序排列。

E



I



M



O



P

# 本书主要编辑、出版人员


董 事 长：武德凯

总 编 辑：何家振

首席编辑：季苏园

责任编辑：张　娣　谷妍妍

装帧设计：彭　杉　宋　瑞

责任印制：满　好